✓ 실무에 바로 쓰는 데이터시각화 노하우!

데이터시각화를 하는 가장 쉬운 방법

by 구글 루커 스튜디오

천영훈 저

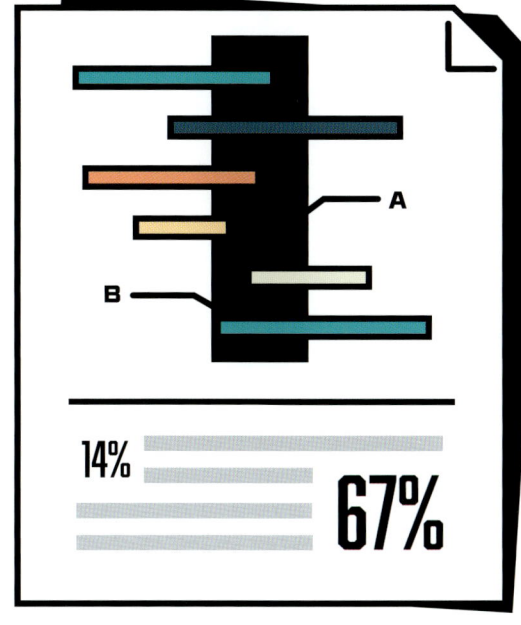
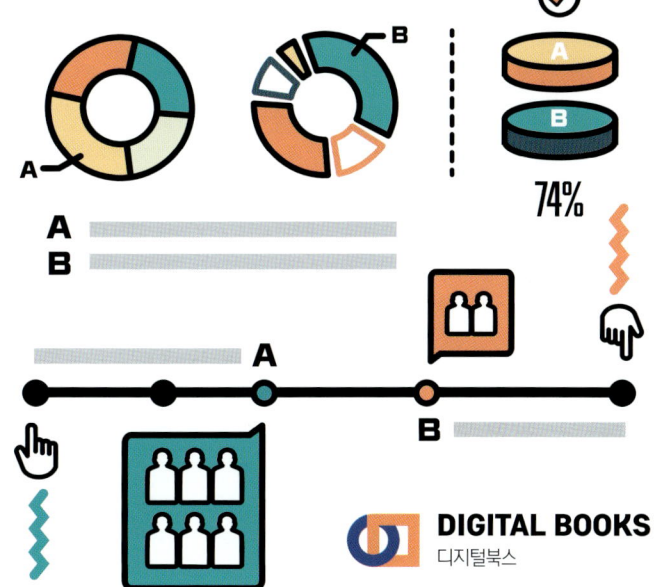

DIGITAL BOOKS
디지털북스

☑ 실무에 바로 쓰는 데이터시각화 노하우!

데이터시각화를 하는 가장 쉬운 방법
by 구글 루커 스튜디오

| 만든 사람들 |
기획 IT·CG기획부 | 진행 권용준 · 정은진 | 집필 천영훈
표지 디자인 원은영 | 편집 디자인 이기숙

| 책 내용 문의 |
도서 내용에 대해 궁금한 사항이 있으시면
저자의 홈페이지나 디지털북스 홈페이지의 게시판을 통해서 해결하실 수 있습니다.
디지털북스 홈페이지 digitalbooks.co.kr
디지털북스 페이스북 facebook.com/ithinkbook
디지털북스 인스타그램 instagram.com/digitalbooks1999
디지털북스 유튜브 유튜브에서 [디지털북스] 검색
저자 이메일 ceo@blog119.co.kr
저자 유튜브 www.youtube.com/@miracleGA4

| 각종 문의 |
영업관련 digital1999@naver.com
기획관련 djibooks@naver.com
전화번호 (02) 447-3157~8

※ 잘못된 책은 구입하신 서점에서 교환해 드립니다.
※ 이 책의 일부 혹은 전체 내용에 대한 무단 복사, 복제, 전재는 저작권법에 저촉됩니다.
※ 유튜브 [디지털북스] 채널에 오시면 저자 인터뷰 및 도서 소개 영상을 감상하실 수 있습니다.

머리말

우리는 매일 수많은 데이터를 접하며 살아갑니다.

그러나 이 방대한 데이터 속에서 의미 있는 통찰을 얻기 위해서는 단순한 숫자 이상의 것이 필요합니다. 바로 데이터 시각화입니다. 데이터 시각화는 복잡한 정보를 직관적으로 이해할 수 있도록 도와주는 강력한 도구입니다. 시각적 표현을 통해 데이터의 패턴, 추세, 이상치를 한눈에 파악할 수 있으며, 이는 의사결정 과정에서 중요한 역할을 합니다.

데이터 시각화는 단순히 데이터를 아름답게 꾸미는 것을 넘어, 데이터를 통해 이야기를 전하고 설득력을 높이는 데 기여합니다. 효과적인 시각화는 복잡한 분석 결과를 쉽게 전달하고, 청중의 관심을 끌며, 중요한 메시지를 명확하게 전달할 수 있습니다. 따라서 데이터 시각화는 정보의 힘을 극대화하는 필수적인 기술로 자리 잡고 있습니다.

이 책에서는 데이터 시각화의 원리와 기법을 탐구하며, 간단한 성적표부터 매장분석, 그리고 마케터를 위한 AARRR 보고서 등의 예시를 통해 그 중요성과 활용 방법을 알아볼 것입니다. 데이터 시각화와 데이터 기반 스토리텔링은 복잡하고 난해한 수치를 적절한 차트를 사용해 의미 있게 전달하는 것입니다. 이 책은 시간과 공간의 제약을 받는 독자를 위한 것으로, 초심자도 비교적 짧은 시간 안에 만족스러운 시각화 리포트를 만들 수 있도록 구성되어 있습니다.

구성상 루커 스튜디오를 처음 접하는 수강생들이 자주 실수하는 부분을 보완하기 위해 의도적으로 반복되는 내용이 많습니다. 또한 어려운 부분은 과감히 건너뛰어도 괜찮으며, 외우려고 하기보다는 필요할 때 다시 찾아보고 참고하면서 익혀 나가시길 바랍니다. 차근차근 따라오면 비교적 쉽게 데이터 시각화를 이해할 수 있을 것이며, 어느 순간 자연스럽게 익숙해질 것입니다.

이 책이 데이터를 통해 세상을 이해하고 변화시키고자 하는 모든 이들에게 유용한 지침서가 되기를 바랍니다.

저자 천영훈 (ceo@blog119.co.kr)

CONTENTS

머리말 • 5

PART 01 데이터 시각화

Chapter 01 구글 루커 스튜디오를 이용한 데이터 시각화 ········ 13
- A or B, 그것이 문제로다 ········ 13
- 구글 루커 스튜디오의 소개 ········ 14
- 연결 – 시각화 – 공유 ········ 15
- 측정기준 vs 측정항목 ········ 15

Chapter 02 성적표 만들기 ········ 17
- STEP 1 : 연결 ········ 17
- STEP 2 : 시각화 ········ 24
- 측정항목, 측정기준 구별 주의 ········ 31
- 완료된 성적표와 핵심 필드 ········ 33
- STEP 3 : 공유 ········ 34
- 외우지 마세요. 참고만 하세요. ········ 35
- 새로고침 vs 데이터 다시 연결 ········ 36
- 기본 사용법 정리 ········ 37

PART 02 매장 보고서

Chapter 01 연결 ········ 41
- 시나리오 ········ 41

- 더 쉽게! 템플릿 이용 …………………………………… 42
- 템플릿을 이용해 보고서 사본 만들기 …………………… 43
- 데이터 연결 …………………………………………… 44

Chapter 02 시각화 : 레이아웃 구성 ………………………… 48
- 로고와 링크 …………………………………………… 48
- 레이아웃의 마법사 텍스트 ……………………………… 50

Chapter 03 시각화 : 동적 필터 …………………………… 52
- 날짜 필터 ……………………………………………… 52
- 다양한 필터 …………………………………………… 54

Chapter 04 시각화 : 스코어카드 ………………………… 58
- 핵심을 한눈에 ………………………………………… 58
- 차트의 대량생산 ……………………………………… 62
- 사용자 정의 함수 ……………………………………… 64

Chapter 05 시각화 : 시계열 차트 ………………………… 69
- 추세 확인 ……………………………………………… 69

Chapter 06 시각화 : 원형 차트 …………………………… 75
- 비율 비교 ……………………………………………… 75

Chapter 07 시각화 : 막대 차트 …………………………… 79
- 값 비교 ………………………………………………… 79

CONTENTS

Chapter 08 시각화 : 시계열 누적 차트 ·················· 85
- 추세의 누적 ·················· 85

Chapter 09 시각화 : 페이지 추가 ·················· 93
- 페이지 추가 ·················· 93
- 컨트롤 복사 ·················· 94

Chapter 10 시각화 : 표 ·················· 96
- 최악의 가독성 극복 ·················· 96

Chapter 11 시각화 : 100% 누적 영역 차트 ·················· 106
- 비율의 추세 ·················· 106

Chapter 12 시각화 : 누적 열 차트 ·················· 118
- 값의 상세 분석 ·················· 118

Chapter 13 시각화 : 피봇 테이블 vs 분산형 차트 ·················· 122
- 차트 고수의 척도 피봇 테이블 ·················· 122
- 피봇 테이블의 반대말, 분산형 차트 ·················· 130
- 그 외 다양한 차트 ·················· 139

Chapter 14 공유 ·················· 141
- 공유 및 예약 ·················· 141

Chapter 15 더 많은 차트, 더 많은 기능 – N차 학습 ·················· 145
- 2개 이상 다른 데이터 소스 ·················· 145
- 추가된 데이터 소스 관리 ·················· 146

- 완성 보고서 복사하기 ·· 146
- 엑셀 연동 ·· 149
- 빅쿼리 연동 ··· 149
- 구글 시트 데이터 전처리 ·· 150
- PARSE_DATE 함수 ··· 151
- 구글 시트 데이터 범위로 불러오기 ······································ 155
- 차트 간 상호 관계 ·· 157
- 피봇 테이블의 확장 ·· 159
- ChatGPT로 차트 만들기 ·· 161

PART 03 구글 애널리틱스 4 데이터를 활용한 AARRR 보고서

Chapter 01 마케터만을 위한 AARRR ·· 165
- AARRR 분석 ··· 165
- 기원 ·· 165
- 개선 ·· 166
- 시나리오 ··· 166
- 자사의 계정 vs 구글 데모 계정 ··· 168
- AARRR 템플릿 사본 만들기 ··· 171
- 데이터 연결 ··· 173

Chapter 02 ACQUISITION (유입) ··· 175
- 기간 컨트롤 ··· 175

CONTENTS

- 유입별 접속 수 비교 ·· 177
- 유입 세션수 ·· 180
- 활성 사용자 수 ··· 182
- 유입 기기별 비율 ··· 183
- 유입 지역 ··· 185

Chapter 03 ACTIVATION (행동) ································· 187
- 참여 및 전환 데이터 ·· 188
- 인기 페이지 ·· 191
- 세션과 참여율 추세 ··· 193

Chapter 04 RETENTION (재방문 데이터) ···················· 197
- 신규 사용자/재사용자 비율 ····································· 197
- 재 방문자 세션수 ··· 200
- 재 방문자 참여율 ··· 201
- 재 방문자의 체류시간과 전환 데이터 ······················ 202

Chapter 05 REVENUE (매출) ·· 205
- 사용자당 매출 (계산된 필드 추가) ··························· 205
- 유입별 성과 : 표 ·· 207
- 유입 소스/매체별 성과 비율 : 도넛 차트 ················· 210

Chapter 06 REFERRAL (referral + organic) ················· 212
- 추천 유입 세션수 ··· 213

- 추천 유입 참여율 ·········· 214
- 추천 유입 체류 시간 및 전환율 ·········· 215
- 추천 유입 전환분석 ·········· 216

Chapter 07 공유 및 기타 ·········· 217
- 공유 ·········· 217
- AARRR 보고서 입체해석 ·········· 218
- 데모 계정 AARRR 완성본 – 사본 만들기 ·········· 220
- 끝이 아닌 시작입니다 ·········· 227

데이터 시각화

CHAPTER 01. 구글 루커 스튜디오를 이용한 데이터 시각화
CHAPTER 02. 성적표 만들기

구글 루커 스튜디오를 이용한 데이터 시각화

■ A or B, 그것이 문제로다

회사원 김상혁 씨와 그의 팀원들은 다음 주에 있을 중요한 프로젝트의 진행 상황을 발표하기 위해 회의실에 모였습니다. 발표자는 두 개의 차트를 준비했습니다. 하나는 A 차트, 다른 하나는 B 차트입니다.

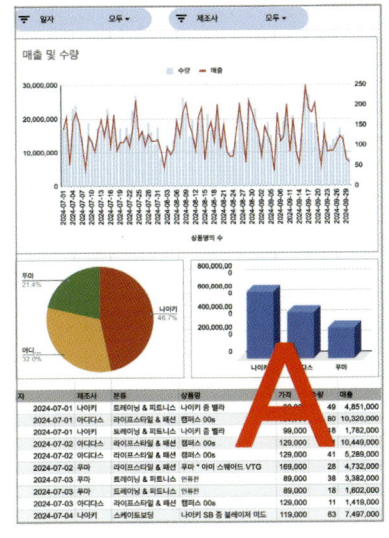

A 차트는 세부적인 데이터가 잘 정리된 테이블 형식과 막대 그래프를 포함하고 있어, 각 항목에 대한 구체적인 정보를 제공합니다. 그러나 팀원들은 전체적인 흐름을 파악하는 데 시간이 걸리고, 핵심 메시지를 빠르게 이해하기 어려워합니다.

반면, B 차트는 다양한 시각적 요소를 활용하여 데이터를 직관적으로 보여줍니다. 시계열 차트로 시간에 따른 트렌드를 한눈에 파악할 수 있고, 원형 차트와 막대 그래프는 주요 성과 지표를 명확하게 전달합니다. 팀원들은 B 차트를 통해 빠르게 인사이트(Insight)를 얻고, 중요한 결정을 내릴 수 있습니다.

결국 발표자는 B 차트를 선택하여 발표를 진행하기로 합니다. 이는 청중에게 명확한 메시지를 전달하고, 회의의 효율성을 높이는 데 큰 도움이 됩니다. 이런 상황은 데이터 시각화에서 가독성이 얼마나 중요한지를 잘 보여 줍니다.

■ 구글 루커 스튜디오의 소개

구글 루커 스튜디오는 데이터 시각화 도구입니다. 이와 유사한 도구로는 태블로(Tableau), 마이크로소프트의 Power BI 등이 있으며, 이 책에서는 루커 스튜디오를 중점적으로 소개합니다.

구글 루커 스튜디오는 일부 유료 서비스가 있지만, 무료 기능만으로도 실무에 충분히 활용할 수 있습니다. 구글 아이디만 있으면 쉽게 시작할 수 있으며, 하루 정도면 중급 수준으로 배울 수 있을 만큼 진입 장벽이 낮습니다. 그럼에도 불구하고 활용도는 매우 높습니다.

또한, 보안 측면에서도 구글 루커 스튜디오는 강점을 가지고 있습니다. 엑셀을 통해 차트를 공유하면 원치 않는 정보까지 전달될 위험이 있지만, 루커 스튜디오를 사용하면 사용자가 허용하는 범위 내에서만 안전하게 공유할 수 있습니다.

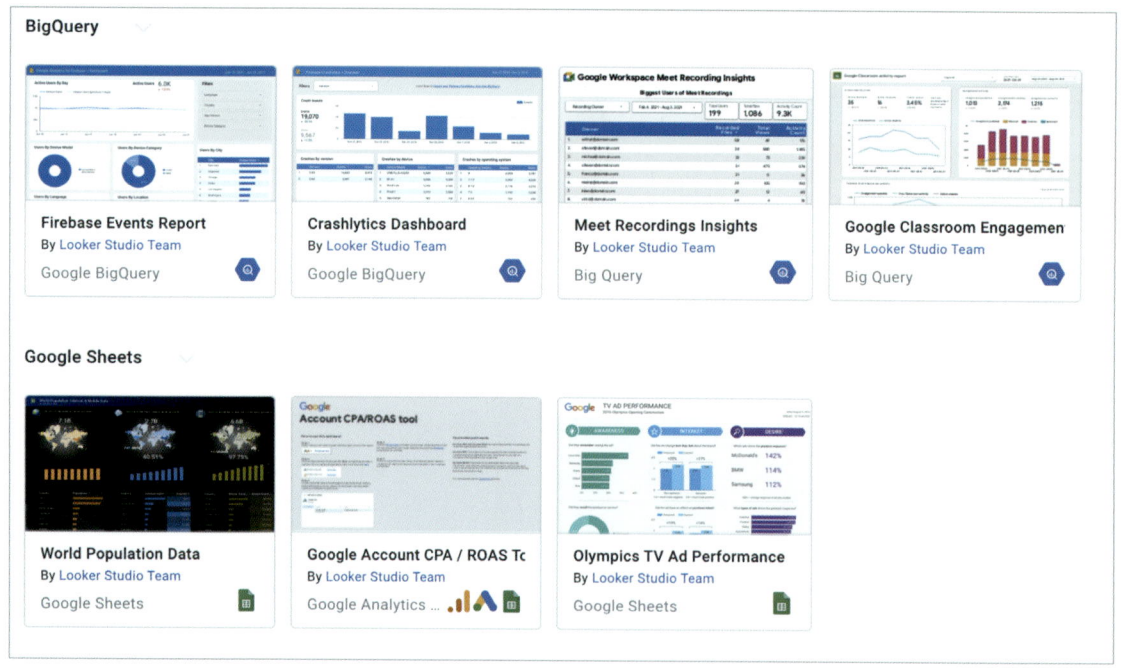

▲ 무료 기능만으로도 충분히 데이터 시각화 구현 가능합니다.

구글 루커 스튜디오의 주요 장점을 정리하면 다음과 같습니다.

- 구글 아이디로 무료로 사용 가능
- 낮은 진입 장벽과 짧은 학습 시간

- **보안 강화** : 링크를 이용한 차트 공유 및 통제 가능한 보안 레벨

물론, 엑셀과 실시간 연동이 불가능하다는 단점이 있지만, 구글 시트를 통해 어느 정도 해결할 수 있습니다.

■ 연결 - 시각화 - 공유

구글 루커 스튜디오는 '연결 - 시각화 - 공유'라는 기본 구성으로 되어 있습니다.

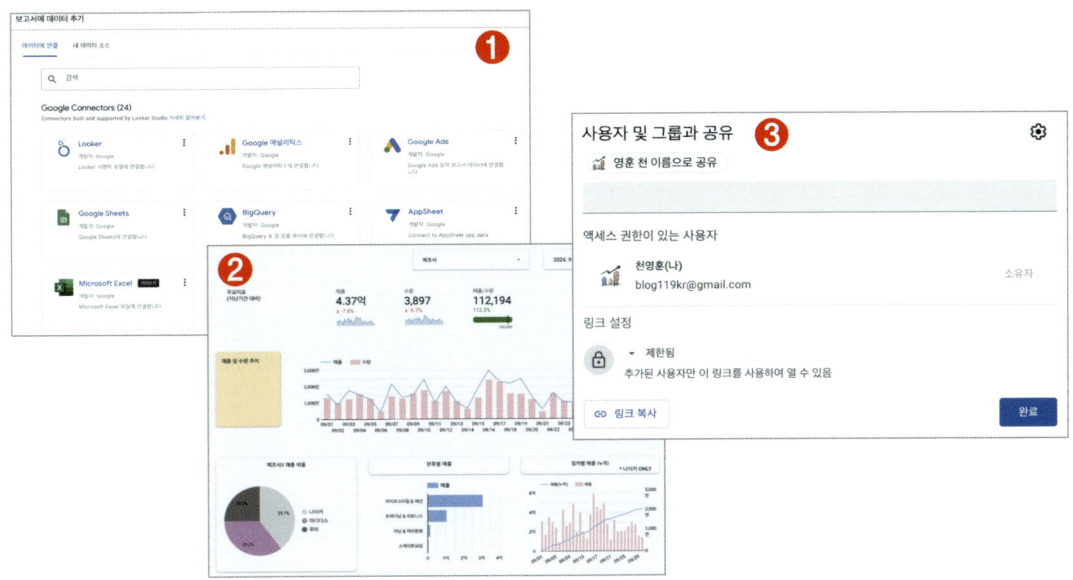

▲ 구글 루커 스튜디오 기본 구성 : 연결 - 시각화 - 공유

❶ **연결** : 엑셀(파일), 구글 시트, 구글 애널리틱스, 빅쿼리 등 모든 데이터와 연결 가능
❷ **시각화** : 다양한 차트 및 컨트롤(필터)을 이용한 시각화
❸ **공유** : 직관적인 공유 옵션

> **Tip** 책에서 이어질 실습 또한 연결, 시각화, 공유의 순서로 진행됩니다.

■ 측정기준 vs 측정항목

모든 데이터는 키(Key)와 값(Value)으로 구성됩니다. 특히 값(Value)이 텍스트인지 숫자인지에 따라 저장 공간의 크기가 달라지기 때문에, 데이터를 효율적으로 관리하려면 값의 성격(텍스트 또는 숫자)을 미리 정의해야 합니다.

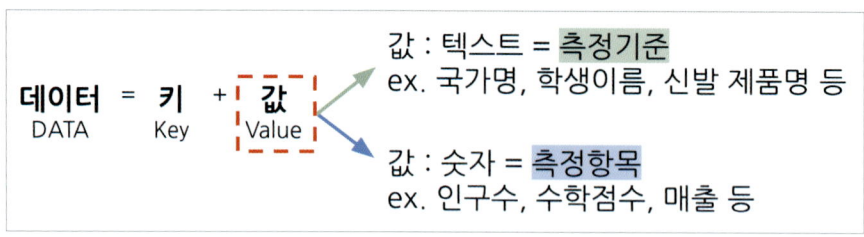

▲ 값의 자료형에 따라 측정기준/측정항목으로 나뉩니다.

이러한 데이터의 유형을 자료형이라고 하며, 매우 세분화되어 있지만 너무 자세하게 알 필요는 없습니다. 그러나 구글 루커 스튜디오에서는 최소한 텍스트 데이터는 측정기준, 숫자 데이터는 측정항목으로 정의된다는 정도는 알아야 합니다.

- **측정기준** : 값이 텍스트인 데이터
- **측정항목** : 값이 숫자인 데이터

> **Tip** 한글 맞춤법에 의하면 '측정 기준'으로 띄어 써야 하나, 구글 루커 스튜디오에서 '측정기준', '측정항목'으로 표시되므로 본문에서도 구글 루커 스튜디오의 표기를 따릅니다.

이런 관점에서 다음의 성적표는 '이름'이라는 텍스트형 데이터인 측정기준 1개와 '국어, 영어, 수학'이라는 숫자형 데이터인 측정항목 3개로 이루어져 있습니다.

이름	국어	영어	수학
김민준	54	63	0
이서현	숫자1	숫자2	숫자3
박지훈	43	12	53
최수진	38	16	37
장어진	58	13	72
윤도현	70	73	84

(텍스트1: 이름 열)

- **측정기준 = 텍스트 데이터** : 이름(1개)
- **측정항목 = 숫자 데이터** : 국어, 영어, 수학(3개)

성적표 만들기

측정항목과 측정기준을 이용해 차트를 만들어가는 과정은 구글 루커 스튜디오를 이용해 성적표를 직접 만들어보면 알 수 있습니다.

■ STEP 1 : 연결

01 데이터 사본 만들기

구글 루커 스튜디오는 데이터를 이용해 차트를 만드는 도구이므로, 반드시 데이터와 연결되어야 합니다. 그 대상은 빅쿼리, 구글 시트 등 다양한 데이터 베이스에 연결할 수 있습니다. 이 책의 실습에서는 구글 시트 데이터를 이용합니다.

여러분이 새롭게 데이터를 만드는 것은 다소 번거로우므로, 미리 준비된 구글 시트를 복사해서 사용합니다. 이때 복사본을 사본이라고 하며, 사본을 만들어, 해당 URL 주소를 구글 루커 스튜디오와 연결하면 됩니다. 여기서 사본은 자기 것으로 만든다는 뜻인데, 그래야만 원활한 접속이 가능합니다.

> 앞으로 이어지는 실습은 모든 웹브라우저에서 사용 가능하나, 구글에서 무료로 제공하는 웹브라우저인 크롬 (Chrome) 브라우저에서 좀 더 최적화된 상태로 사용할 수 있습니다.
>
> 또한, 실습에서는 구글 로그인이 필수입니다. 구글 계정이 없는 경우 지메일(Gmail) 계정을 생성한 후 진행하기 바랍니다. 구글 계정은 https://gmail.com에서 생성할 수 있습니다.

❶ 웹브라우저에서 구글 계정으로 로그인한 후, 주소 표시줄에 'https://blog119.co.kr/looker'를 입력합니다.

❷ PART 01. 성적표 → DATA → '데이터 사본 만들기'를 클릭합니다.

❸ 팝업창에서 [사본 만들기] 버튼을 클릭합니다.

▲ 복사를 통해 데이터 사본을 만듭니다.

복사된 구글 시트 사본은 개인 구글 드라이브에 저장됩니다. 만일 사본을 만드는 도중 에러가 발생하면 구글 로그인을 하지 않았거나, 구글 드라이브 용량이 꽉 찼기 때문입니다. 에러가 발생하면 다음에 설명할 **'참고_구글 드라이브 용량 확인 : 사본 제작 에러 시'**를 참고 바랍니다.

> **Tip** '1개의 시트 = 1개의 데이터'이므로 구글 시트 내에 워크시트가 다량일 때는 워크시트가 '성적표'와 반드시 일치함을 확인해야 합니다. 실습에서는 혼동을 방지를 위해 1개의 워크시트만 사용했습니다.

❹ 화면 하단의 워크시트가 '성적표'임을 확인하고 상단의 인터넷 주소 URL 전체를 복사해 이후 데이터 연결 과정(❽)에서 사용합니다(윈도우 : Ctrl + C 키 / Mac OS : ⌘ + C 키).

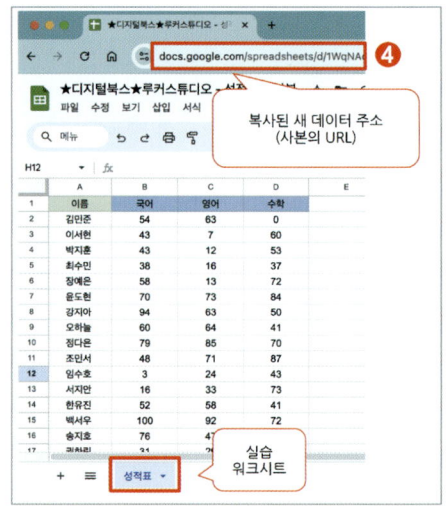

▲ 본문과 여러분의 사본 URL의 주소는 다릅니다.

> 📖 **참고** _ 구글 드라이브 용량 확인 : 사본 제작 에러 시

사본 제작 에러는 (대부분) 구글 드라이브 용량이 충분하지 않을 때 발생합니다. 이는 구글 드라이브 접속으로 확인할 수 있습니다(단, 구글 로그인은 필수입니다.).

❶ 웹브라우저의 주소 표시줄에 주소 https://drive.google.com을 직접 입력해 접속한 후, 화면 왼쪽의 메뉴를 통해서 확인 가능합니다.

❷ 크롬 브라우저 기본화면에서 우측상단의 Google 앱 아이콘(⋮⋮⋮)을 클릭한 후 나타나는 팝업창에서 [드라이브] 아이콘을 선택하면 나타나는 구글 드라이브 화면에서 확인할 수 있습니다.

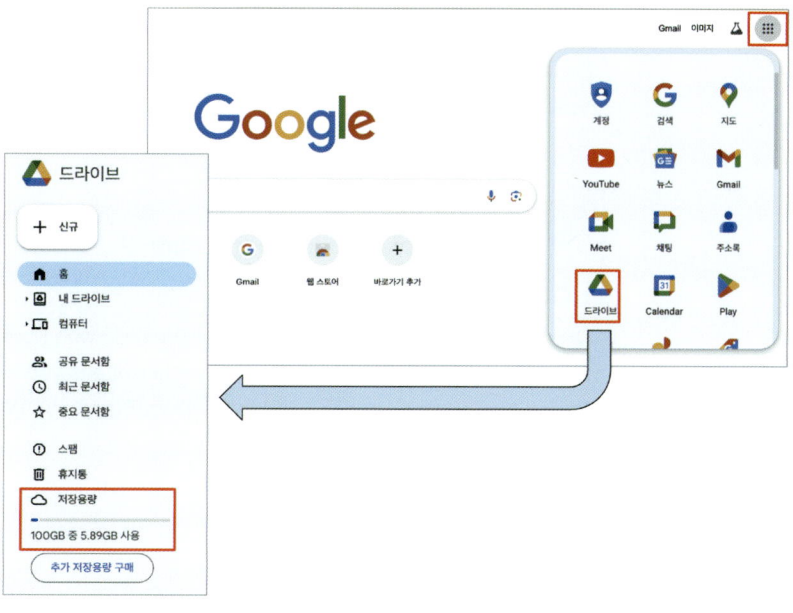

▲ 구글 드라이브 저장용량을 반드시 확인하기 바랍니다.

02 빈 보고서

데이터를 복사해 사본으로 만들었으므로, 이제 빈 보고서를 준비하고 복사한 데이터와 연결만 하면 준비는 끝입니다. 빈 보고서는 다음과 같이 만듭니다.

구글 계정에 로그인이 되어 있는 상태에서, 구글 루커 스튜디오 주소를 주소 표시줄에 직접 입력하거나 포털 사이트에서 '구글 루커 스튜디오'를 검색해 'Looker Studio Overview'를 클릭(❺)합니다. 이외에 다른 링크를 클릭하면 실제 링크 찾기가 매우 어려우므로, 주의해야 합니다.

- **구글 루커 스튜디오 주소** : https://lookerstudio.google.com

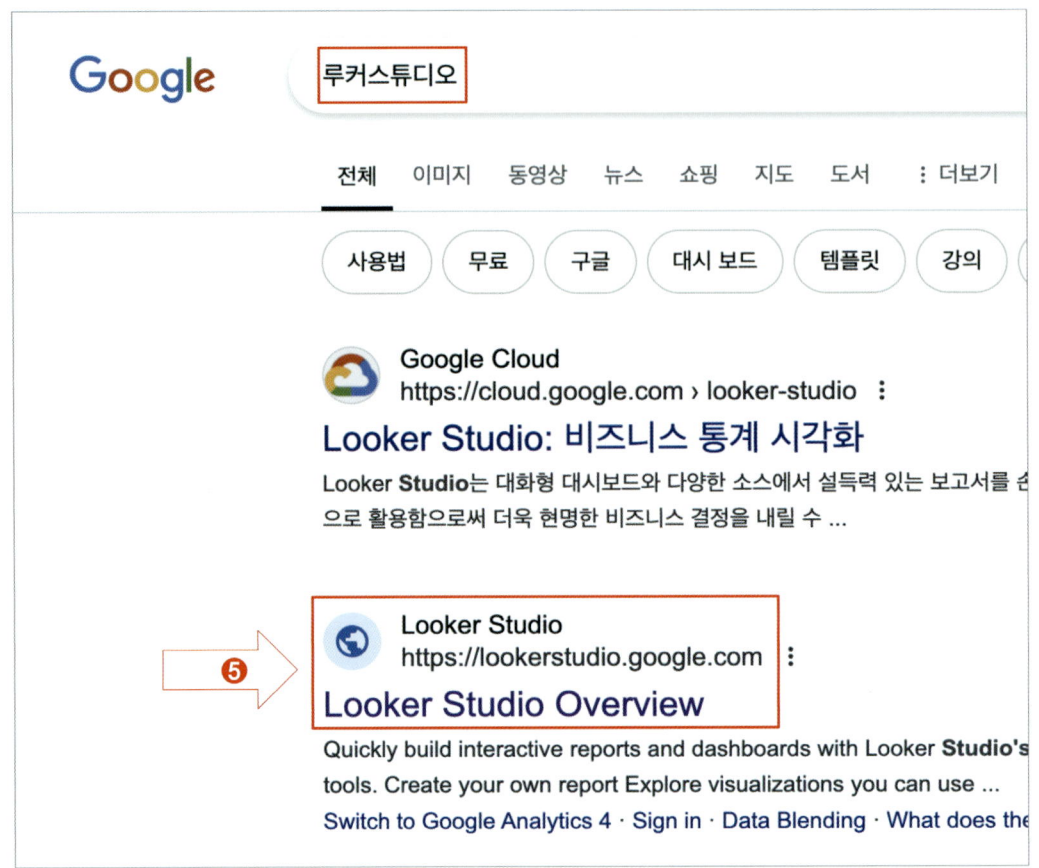

▲ 검색 결과에서 'Looker Studio Overview' 선택

구글 루커 스튜디오의 메인 화면이 열리면, 화면 중간에 [빈 보고서]를 만들 수 있는 버튼이 있습니다. 좌측에는 파일 관리 메뉴가 있고, 상단에는 [보고서], [데이터 소스], [탐색기] 버튼이 있습니다. 파일 관리 메뉴는 다수의 리포트 중에서 필요한 파일만 빠르게 찾을 때 권한에 따라 분류할 수 있습니다. 상단의 [데이터 소스] 버튼은 사용했던 데이터 소스를 한 번에 정리하는 데 사용하고, 마지막으로 [탐색기] 버튼은 필요한 정보를 더 빠르게 찾는 데 사용합니다만, [데이터 소스], [탐색기] 버튼은 거의 사용하지 않습니다.

요컨대 실무에서는 대부분 [빈 보고서](❻) 버튼만 사용합니다.

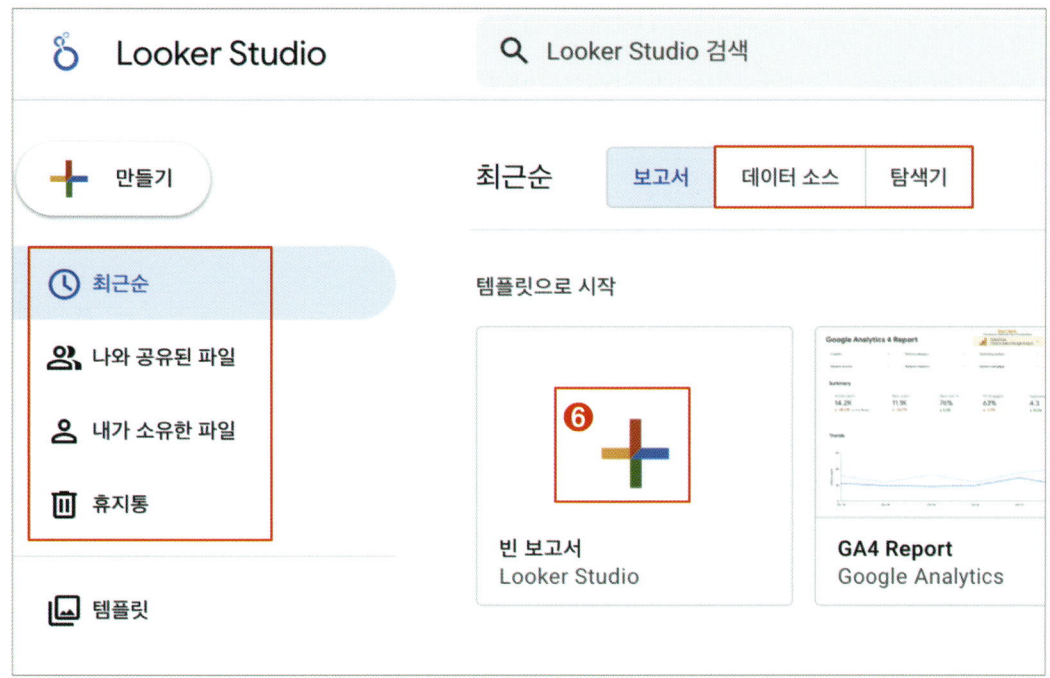

▲ 루커 스튜디오 메인 화면에서는 [빈 보고서] 버튼을 주로 사용합니다.

❻ [빈 보고서] 버튼을 클릭해서 새로운 보고서를 만듭니다.

- 최초 1회에 한해 '동의 및 인증 과정' 필요할 수 있습니다. 모두 '예'를 선택해 동의하면 됩니다.
- 좌측의 파일 관리 메뉴는 다수의 공유 파일에 관리에 사용합니다.
- 상단의 데이터 소스와 탐색기 버튼은 거의 사용하지 않습니다.

❸ 연결

[빈 보고서] 버튼을 선택하면 '보고서에 데이터 추가' 화면이 뜨고 구글 시트와 연결을 진행할 수 있습니다.

❼ 보고서 데이터 추가 화면에서 [Google Sheets] 버튼을 선택합니다.

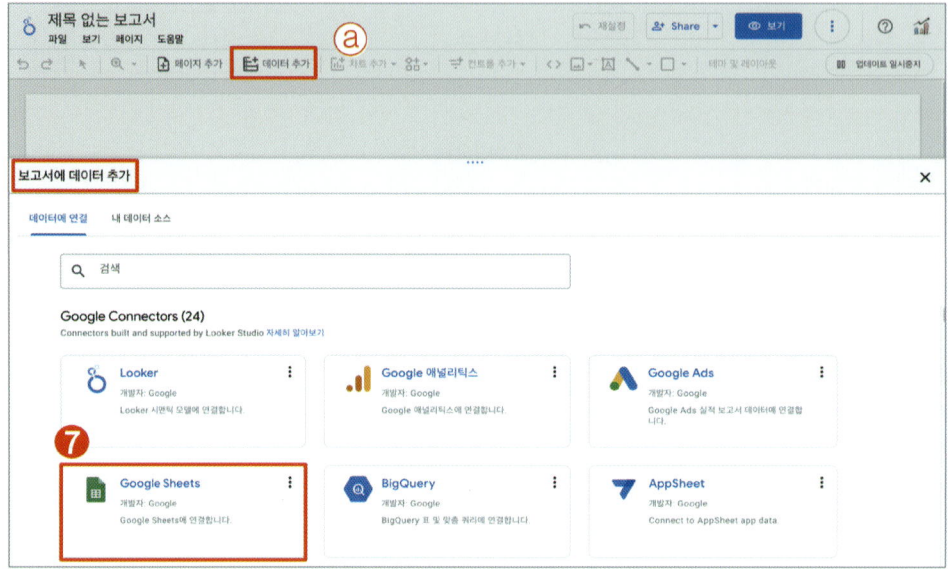

- 최초 1회, 동의가 필요할 수 있습니다. 모두 '예'를 선택하면 됩니다.
- '보고서에 데이터 추가' 화면은 자동으로 뜹니다.
- 화면이 자동으로 뜨지 않으면 상단 툴바의 [데이터 추가] (ⓐ) 버튼을 클릭하면 됩니다.

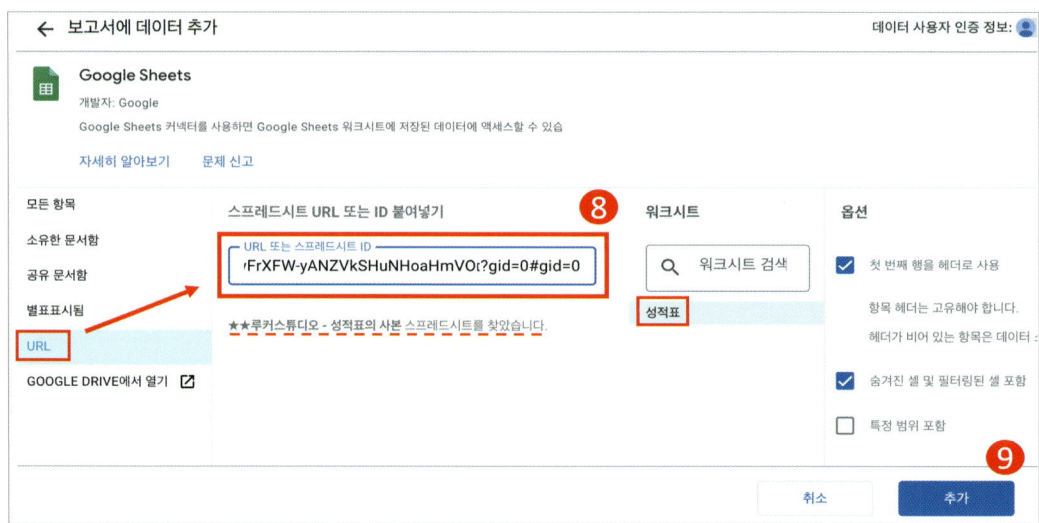

22   데이터시각화를 하는 가장 쉬운 방법 by 구글 루커 스튜디오

❽ 왼쪽 메뉴에서 [URL]을 선택한 후 '스프레드시트 URL 또는 ID 붙여넣기'의 [URL 또는 스프레드시트 ID] 란에 복사한 사본 데이터의 URL(❹)을 입력합니다.

- 하단에 '루커 스튜디오 ○○○ 스프레드 시트를 찾았습니다.' 메시지가 뜨고 워크시트가 자동으로 선택됩니다.
- 워크시트 '성적표'를 확인합니다.

> **Tip** 연결할 구글 시트는 소유한 문서함에서 직접 찾을 수도 있지만, 복사한 URL(❹)을 입력하는 것이 더 편리합니다.

❾ [추가] 버튼을 클릭합니다. 연결이 완료되면 기본 차트 1개가 자동으로 만들어지며, 상황에 따라서는 기본 차트가 없는 상태로 완료되기도 합니다. 어쨌든 사용하지 않는 차트이므로 클릭한 후 삭제합니다(윈도우 : Del 키 / Mac OS : BackSpace 키).

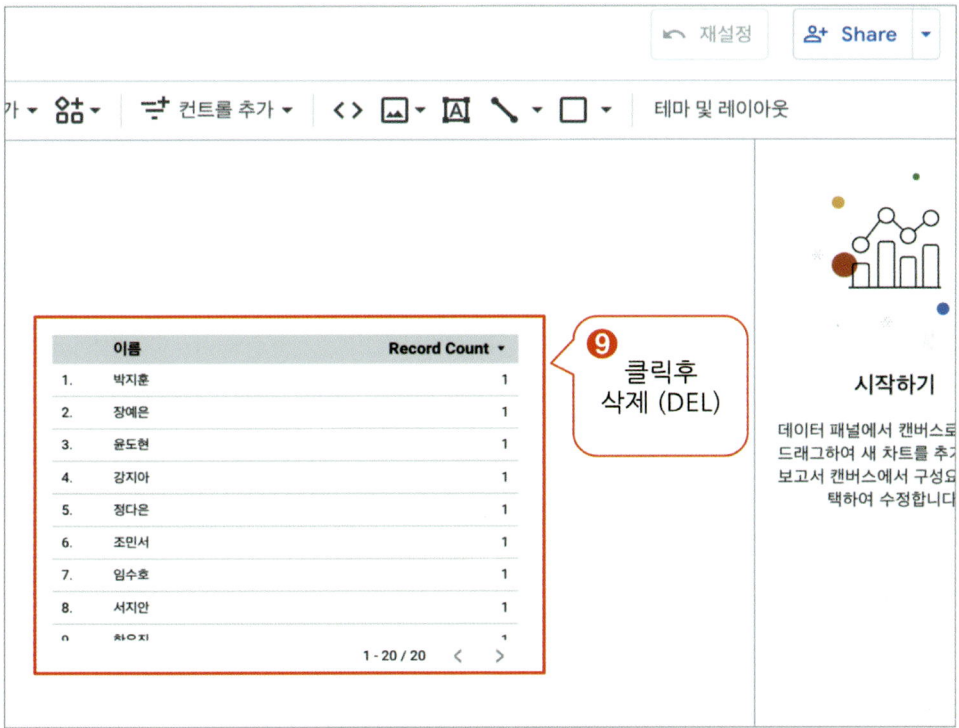

▲ 기본 차트가 있는 경우 삭제합니다.

STEP 2 : 시각화

화면 영역별 이름은 다음과 같습니다. 시각화 구성의 핵심은 '속성 영역'의 [설정] 탭과 [스타일] 탭입니다.

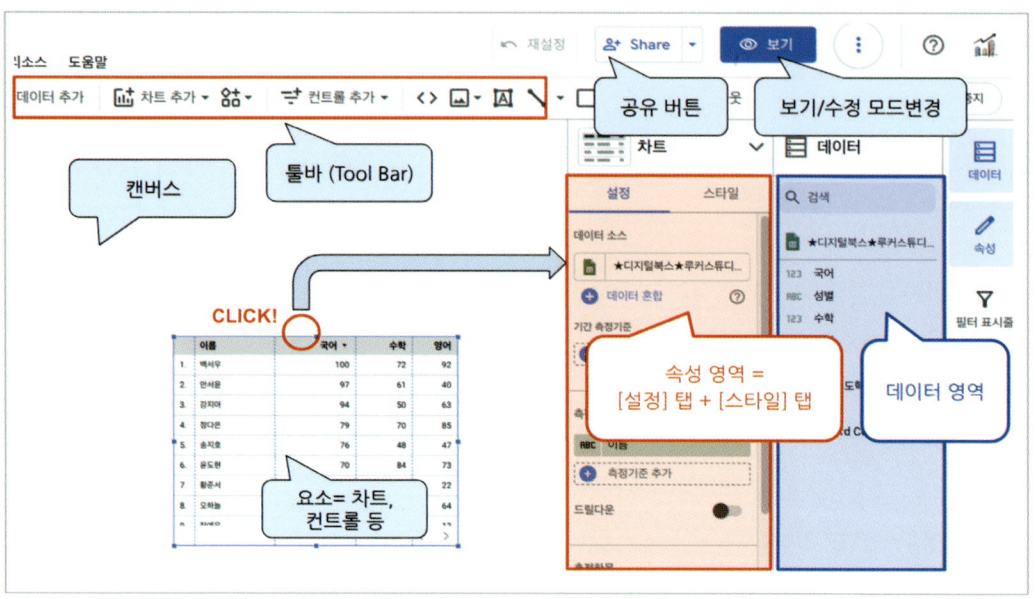

▲ '속성 영역'은 요소를 클릭해야만 나타나는 화면입니다.

⚠️ '속성 영역'은 캔버스의 요소를 '클릭'해야만 나타나며, 그렇지 않으면 공란으로 표시됩니다. 처음 구글 루커 스튜디오를 접할 때 자주하는 실수이므로 주의해야 합니다. 또한 요소는 '컨트롤+차트'로 구성됩니다.

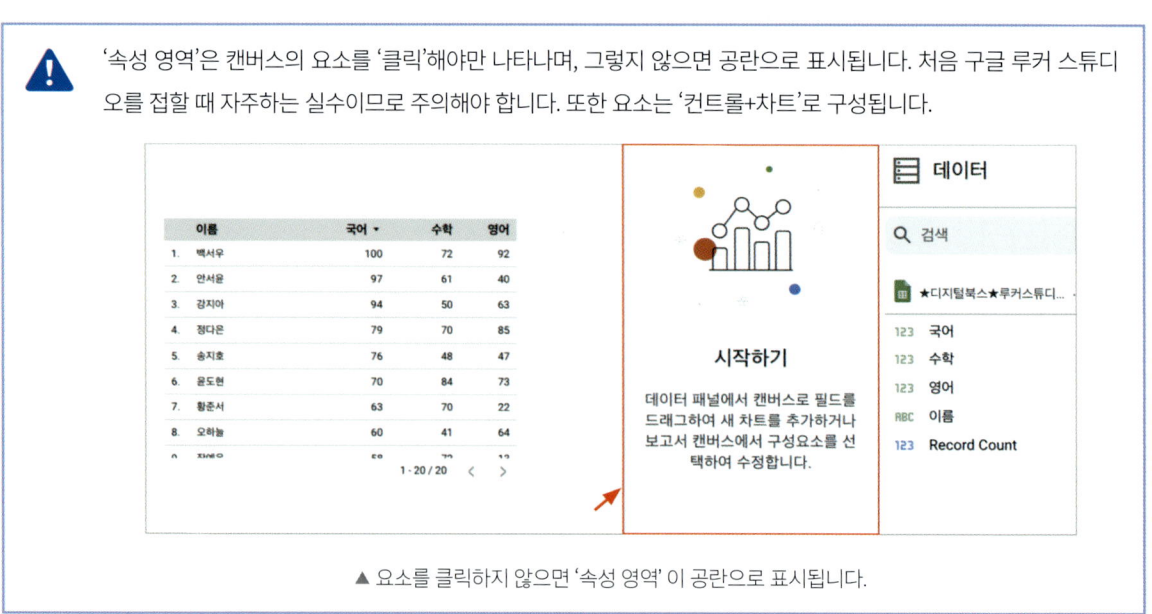

▲ 요소를 클릭하지 않으면 '속성 영역'이 공란으로 표시됩니다.

① 차트 추가

구글 시트와 연결된 성적표를 만들기 위해서 빈 캔버스에서 시작합니다(기본 차트가 있는 경우 삭제합니다.).

먼저 보고서의 이름을 입력하고 표 차트를 추가합니다. 차트를 추가할 때는 메뉴 중 가장 왼쪽 차트가 가장 다루기 쉽고, 나중에 각종 옵션으로 다른 형태로 바꿀 수 있습니다. 따라서 특이 사항이 없다면 가장 왼쪽 차트를 선택합니다.

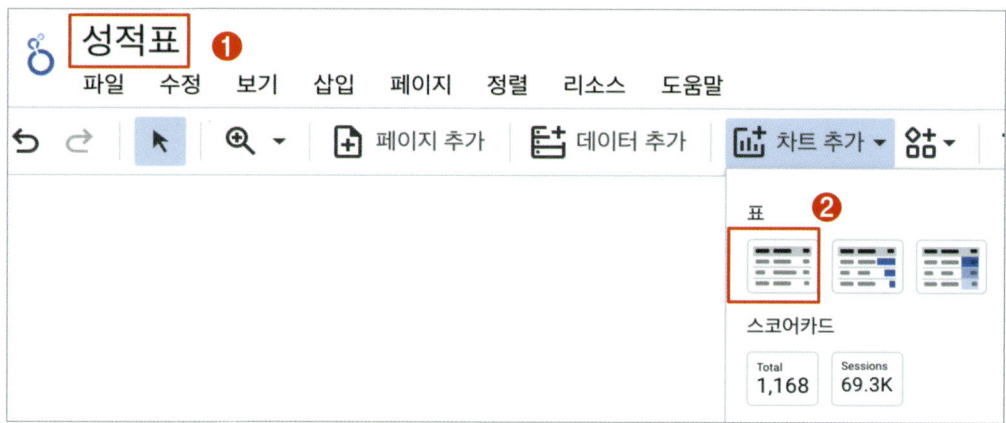

❶ 좌측 상단 제목에 기본으로 기입돼 있는 '제목 없는 보고서'를 지우고 '성적표'를 입력한 후 Enter↵ 키를 눌러 저장합니다.

❷ 상단 툴바에서 [차트 추가] → [표] → 가장 왼쪽 표를 선택합니다.

02 드래그앤드롭(drag&drop)으로 필드 추가

삽입된 표를 클릭하면 테두리가 파랗게 하이라이트되면서 우측에 [설정] 탭이 보이게 됩니다. 처음 구글 루커 스튜디오를 다룰 때 [설정] 탭이 보이지 않는 이유는 해당 표를 클릭하지 않았기 때문입니다.

 '요소를 클릭해야 [설정] 탭이 보입니다.'라는 내용을 반복하는 이유는, 오프라인 강의 초반에 가장 많이 받는 질문이 "[설정] 탭이 안 보여요."일 정도로 자주 발생하는 실수이기 때문입니다. 다시 말하지만, **[설정] 탭은 요소를 클릭해야 보입니다!**

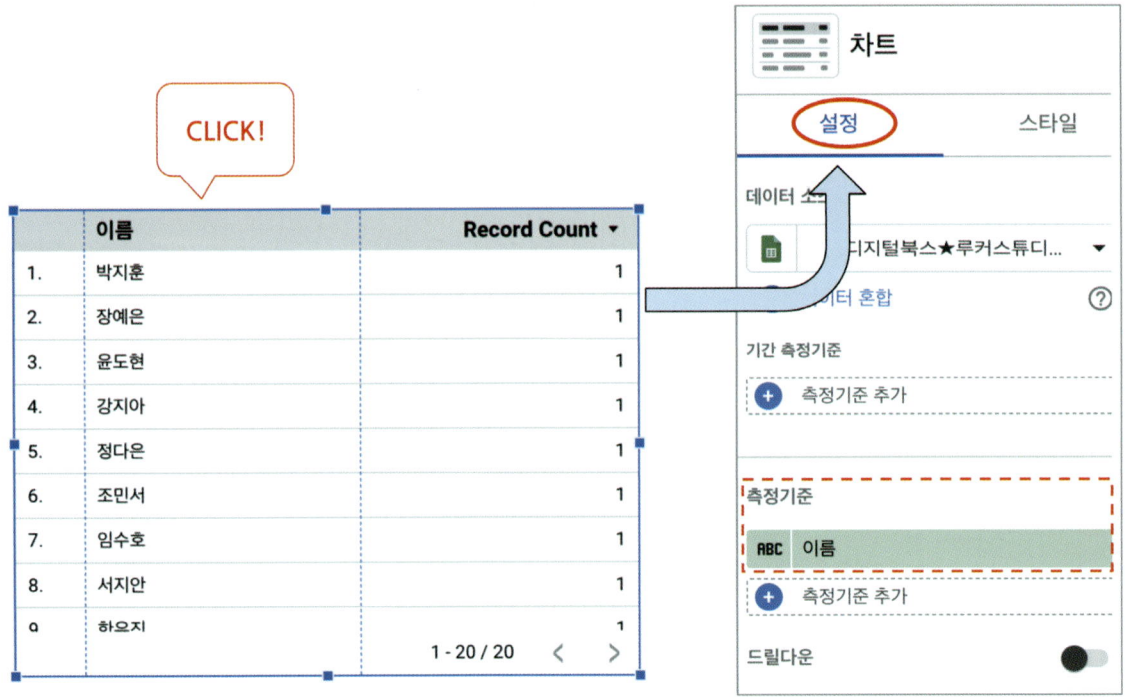

▲ [설정] 탭은 차트(요소)를 클릭해야만 보입니다.

이제 측정항목에 가장 먼저 국어를 추가해야 하는데, 우측 '데이터 영역'에서 마우스로 끌어다 [설정] 탭 '측정항목' 영역에 놓으면 됩니다(드래그앤드롭, drag&drop).

이때 국어를 '측정항목'에 추가하는 이유는 국어가 '숫자'로 이루어진 데이터이기 때문입니다. 이렇게 측정기준 영역에 놓을지, 측정항목 영역에 놓을지는 매우 중요한 구별입니다.

❸ '국어'를 우측 '데이터 영역'에서 '속성 영역 → [설정] 탭 → [측정항목] 섹션'에 끌어다 놓습니다(드래그앤드롭, drag&drop).

 만일, '측정기준 → 이름'이 비어 있는 경우 일단 넘어갑니다. 해당 내용은 이어질 ❼에서 설명합니다.

03 직접 필드 추가

다음으로 수학과 영어를 추가합니다. 이번에는 필드를 직접 추가하는 다른 방법으로, 훨씬 빠르기 때문에 더 많이 사용됩니다.

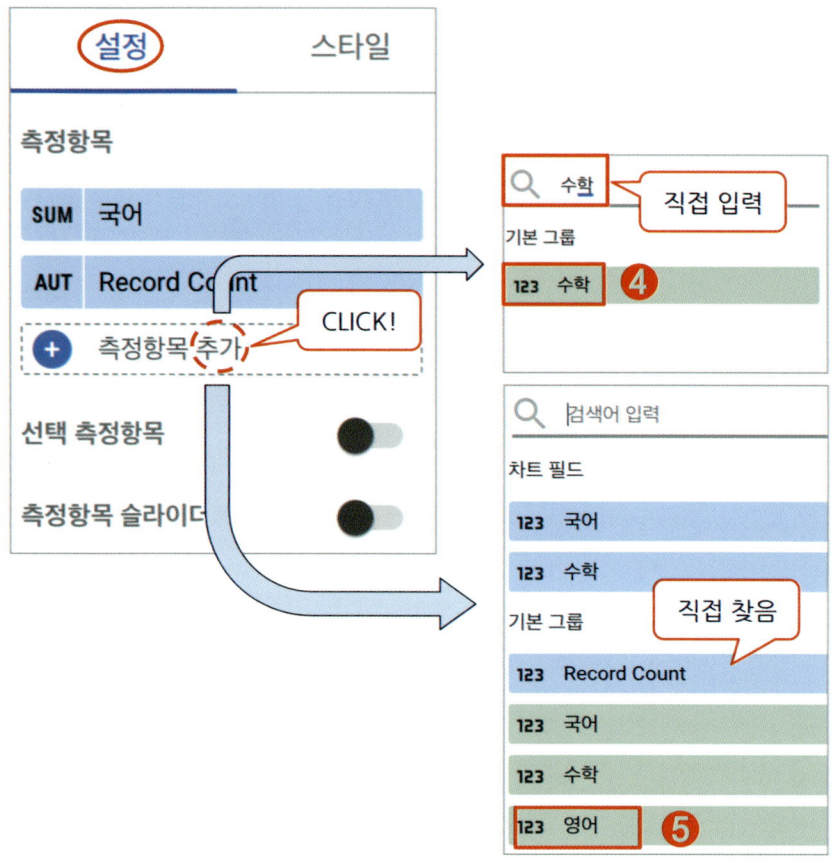

▲ 표를 클릭해야만 [설정] 탭이 보입니다.

❹ **검색으로 찾기** : [측정항목] 섹션 하단에 [측정항목 추가] 클릭 → 팝업 검색창에 '수학' 입력 → 기본 그룹에서 [수학]을 클릭합니다.

❺ **리스트 중에서 직접 찾기** : 측정항목에서 [측정항목 추가]를 클릭합니다. 기본 그룹 리스트에 포함돼 있는 [영어]를 직접 찾아 클릭합니다. 이 방법을 이용하면 검색어 입력 없이 리스트 중에서 직접 찾을 수 있습니다.

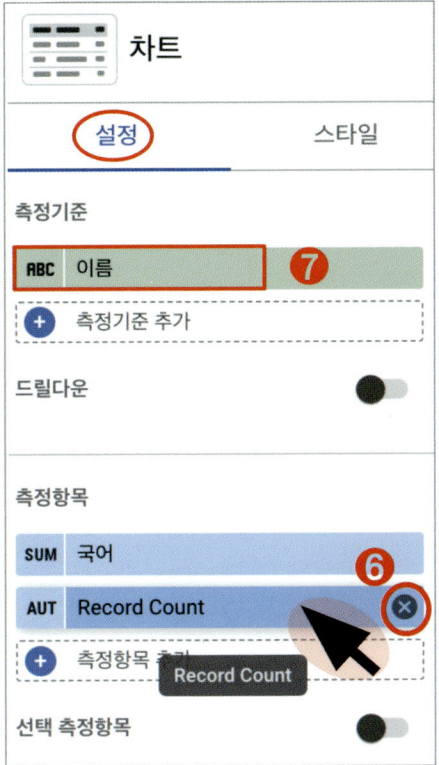

▲ 마우스 포인터(▶)를 항목에 위치하면 [삭제] 아이콘(✕)이 나타납니다.

❻ **Record Count 필드 삭제** : 필드에 마우스 포인터(▶)를 가져다 대면 나타나는 [삭제] 아이콘(✕)을 클릭하면 됩니다.

❼ [설정] 탭 → [측정기준]이 [이름]이 아닌 경우 [이름]으로 변경합니다(❹ 또는 ❺의 방법을 이용합니다.).

> **Tip** [측정항목 추가]가 아닌 `AUT Record Count`를 직접 클릭해서 '영어' 또는 '수학'을 추가하면 나중에 'Record Count' 측정항목을 별도로 삭제하는 단계(❻)가 없어집니다.

📖 **참고 _ 필드의 이동**

세팅이 완료된 측정항목이나 측정기준은 마우스로 끌어서(드래그, drag) 순서를 바꿀 수 있습니다. 순서를 바꾸면 차트에도 바로 반영이 됩니다.

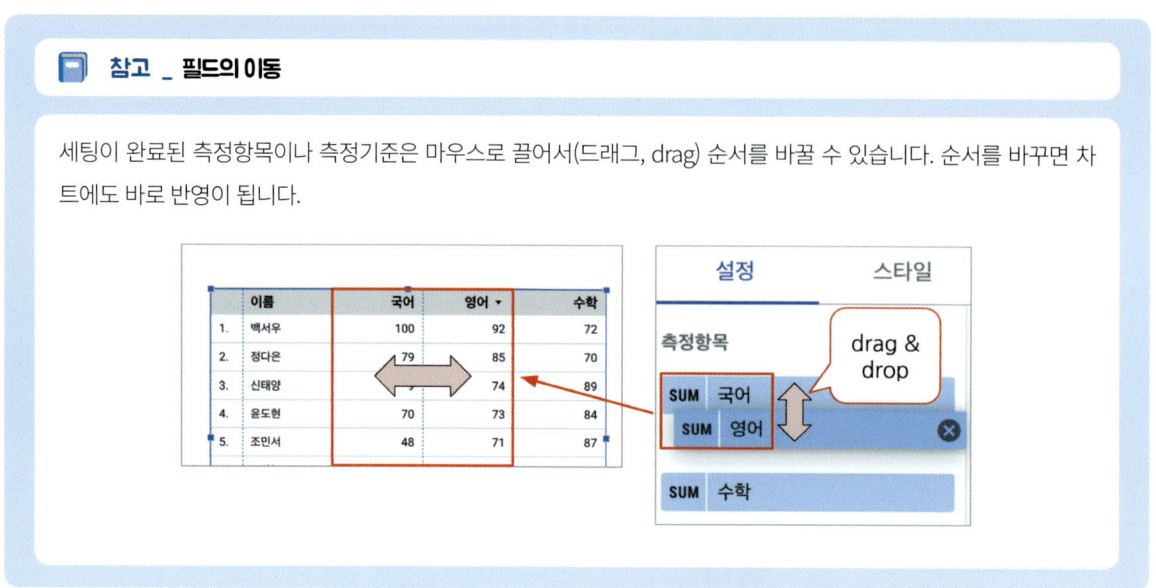

04 가독성 추가

[설정] 탭에서 페이지당 행 수와 요약 행을 체크해주면, 표의 가독성이 높아집니다.

❽ [설정] 탭 → [행 수]의 [페이지당 행 수]는 '10'으로 세팅합니다.

❾ [설정] 탭 → [요약 행] 섹션에서 [요약 행 표시]를 체크하면 표 하단에 총 합계가 표시됩니다.

> **Tip** 본문의 그림에서 짙은 원형 숫자(예 : ❽, ❾)는 세팅, 둥근 원형 숫자(예 : ⑧, ⑨)는 실시간 반영 결과를 의미합니다.

■ 측정항목, 측정기준 구별 주의

필드를 배치할 때는 텍스트 = 측정기준, 숫자 = 측정항목 구별이 가장 중요합니다. 자칫 헷갈려 잘못 배치하면 차트에 오류가 생기기 때문입니다.

예를 들어 '이름'이라는 텍스트 데이터를 측정항목에 넣으면 총합에 측정기준의 개수를 더한 엉뚱한 값이 되어버립니다.

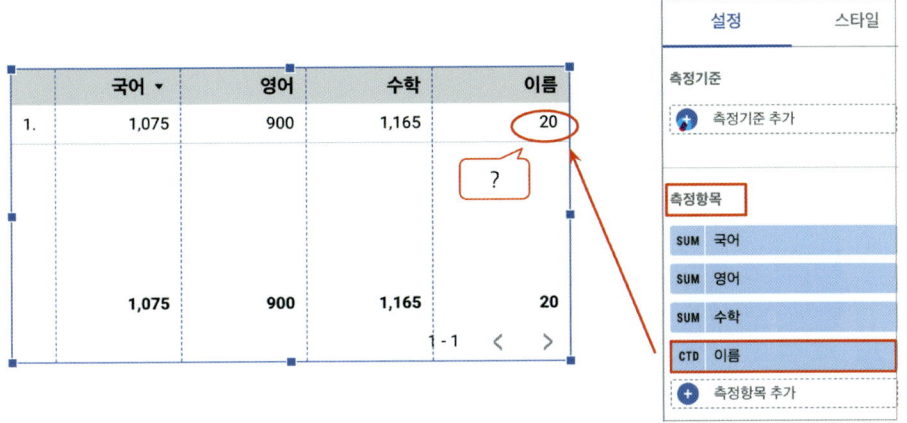

▲ 이름을 숫자로 인식하여 이상한 값이 되었습니다.

반대로 숫자 데이터를 측정기준에 배치하면 해당 값을 숫자가 아닌 글자로 인식해버립니다.

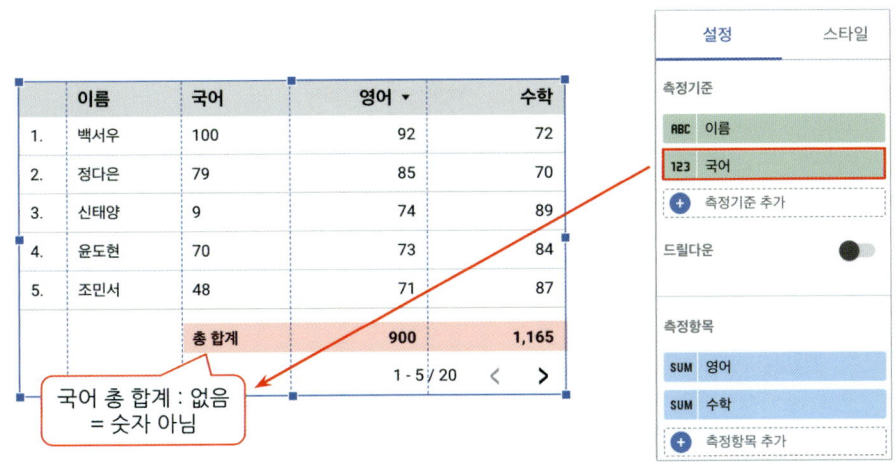

▲ 국어 점수가 텍스트로 인식되어 총 합계 값이 없습니다.

심지어 표가 아닌 다른 차트에서는 아예 이상한 차트가 되거나 에러가 발생합니다. 이처럼 측정항목, 측정기준을 구분하는 것이 구글 루커 스튜디오의 차트를 만드는 기본입니다.

> **Tip** 필드를 측정기준/측정항목에 놓을 때는 '숫자인가?' 스스로에게 물어보고 맞다면 측정항목에, 아니면 측정기준에 놓으면 쉽습니다. 이것만 기억하세요!
>
> • '숫자인가?' YES → 측정항목, NO → 측정기준

📖 참고 _ 표 다루기

① 열 간격 조절

표를 클릭한 후 마우스 포인터(↖)를 가져다 대면 표에 열 구분선이 나타납니다. 이때 해당 열 구분선 위에 다시 한 번 마우스 포인터를 대면 포인터가 ✥로 바뀌는데 이를 끌어서(드래그, drag) 열 간격을 조절할 수 있습니다. 또는 열 구분선을 더블 클릭만 해도 한 번에 열 간격이 조절됩니다. 이는 엑셀과 동일합니다.

▲ 열 간격 조절은 엑셀과 동일합니다.

② 수정/보기 모드와 정렬

표 우측 상단의 [👁 보기] 버튼을 클릭하면, [✏ 수정] 버튼으로 바뀝니다. 여기서 [보기]는 현재 수정 모드란 뜻이고, 반대로 [수정]은 현재 보기 모드라는 뜻입니다. [보기] 모드는 실제로 공유할 때 보이는 화면입니다. 두 모드 간에 화면 구성이 많이 바뀌기 때문에 직접 해보면 그렇게 복잡하지 않습니다.

더불어 표의 맨 윗 부분을 '표 헤더'라고 하고, 데이터 부분을 '표 본문'이라고 하는데 표 헤더의 필드 이름을 클릭하면 기본 정렬을 무시하고 내림차순/오름차순으로 자동 정렬됩니다. 이는 [보기] 모드, [수정] 모드와 모두 적용됩니다. 정렬에 관한 사항은 **PART 02**의 표에서 자세히 다룹니다.

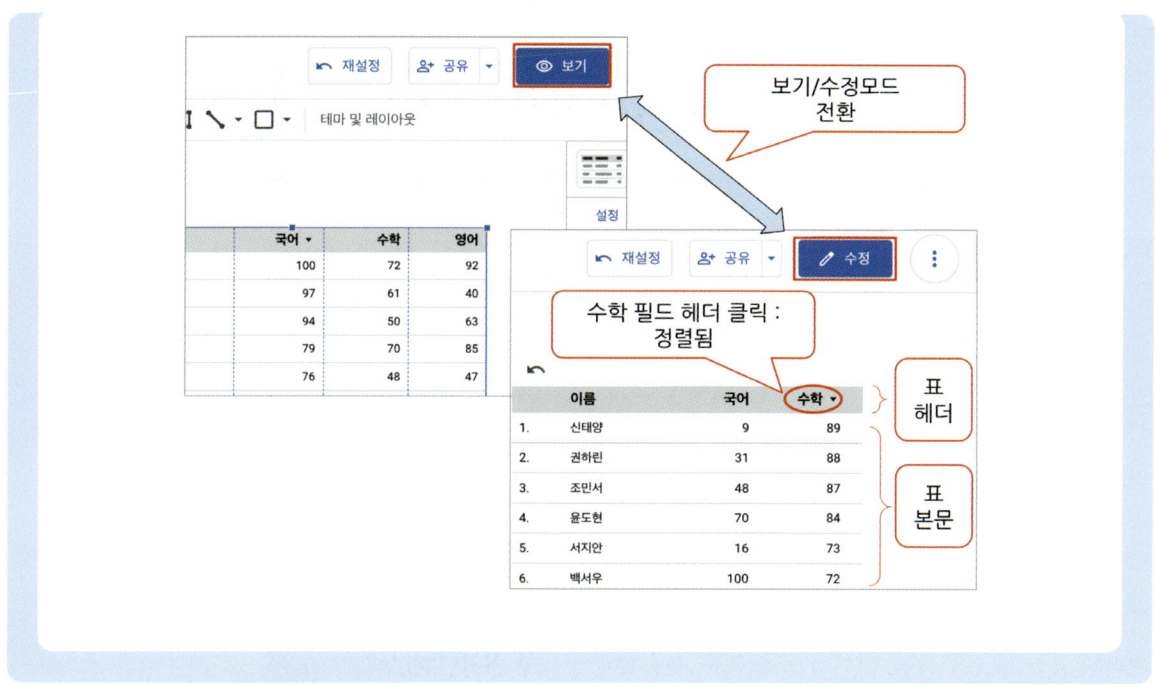

■ 완료된 성적표와 핵심 필드

성적표를 구글 루커 스튜디오로 만든 결과물은 다음과 같습니다.

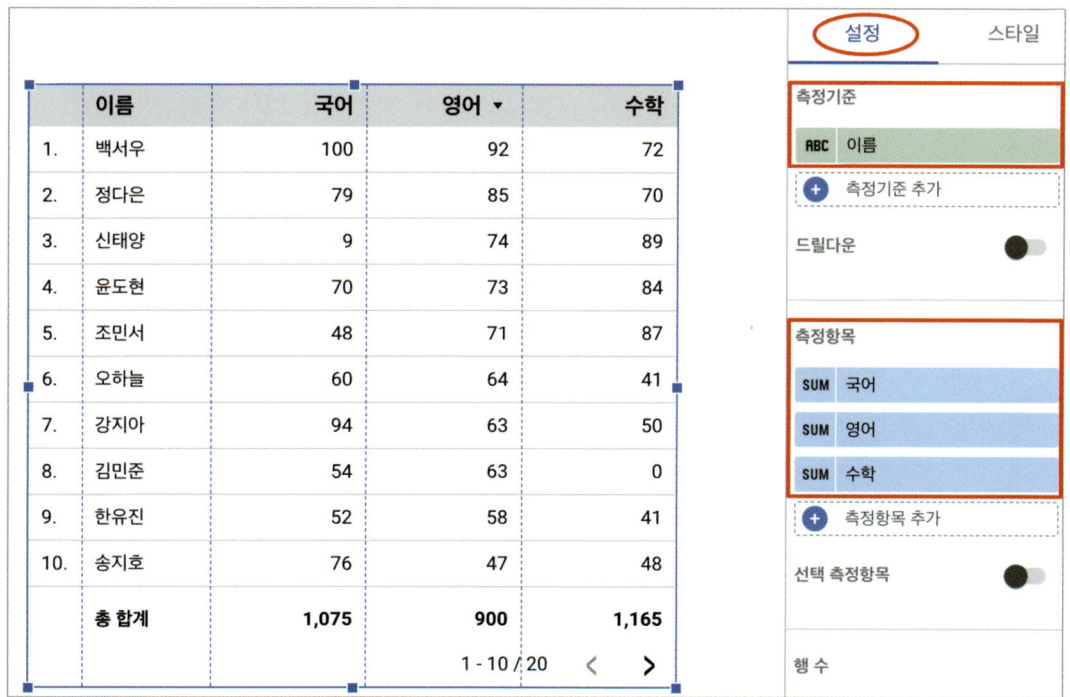

▲ 모든 차트는 측정기준과 측정항목이 기본입니다.

기본 세팅

- 차트 추가 → 표
- 속성 영역 → [설정] 탭 → [측정기준] → [이름]
- 속성 영역 → [설정] 탭 → [측정항목] → [국어], [영어], [수학]

추가 세팅

- 속성 영역 → [설정] 탭 → [페이지당 행 수] → '10'
- 속성 영역 → [설정] 탭 → [요약 행] → [요약 행 표시]

■ STEP 3 : 공유

구글 루커 스튜디오의 공유는 쉽고 직관적입니다. 여기서는 일단 기본사항만 다루고, 자세한 것은 **PART 02 – CHAPTER 14. 공유**에서 다룹니다.

제작된 공유 링크는 카톡, 이메일 등을 통해 자유롭게 공유할 수 있으며, 웹브라우저는 가급적 크롬 브라우저를 사용하도록 권장합니다.

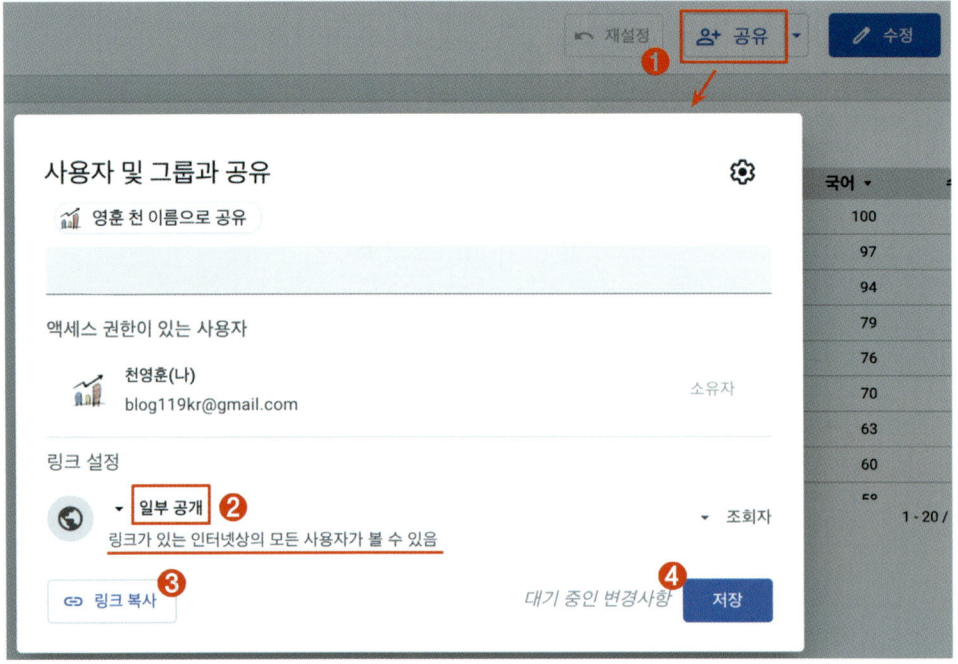

❶ 우측 상단의 [공유] 버튼(&+ 공유)을 클릭합니다. 참고로, [공유] 버튼 우측의 드롭다운(▼) 버튼은 아직 클릭하지 마세요.

❷ 링크 [설정] 탭 → 일부 공개 : 링크를 클릭한 사람들만 보입니다.

❸ [링크 복사] 버튼 : 링크를 이메일이나 카톡으로 공유할 수 있으며, 크롬 브라우저 사용을 권장합니다.

❹ [저장] 버튼 (완료) : 만일 링크 복사를 못하고 화면을 닫았다면 ❶ ~ ❹를 반복합니다.

■ 외우지 마세요. 참고만 하세요.

차트를 만들 때는, [측정기준]과 [측정항목]이 핵심입니다. 하지만 가독성을 높여주는 다양한 [스타일] 옵션도 간과할 수 없습니다. 사실 [스타일] 옵션은 아직 다루지도 않았습니다. 따라서 모든 세팅을 처음부터 외우려 하기보다는, 기존에 제작한 보고서를 참고하고 [설정] 탭과 [스타일] 탭의 세팅을 자주 확인하다 보면 자연스럽게 익숙해질 것입니다.

이전 보고서를 참고하는 방법은 다음과 같습니다.

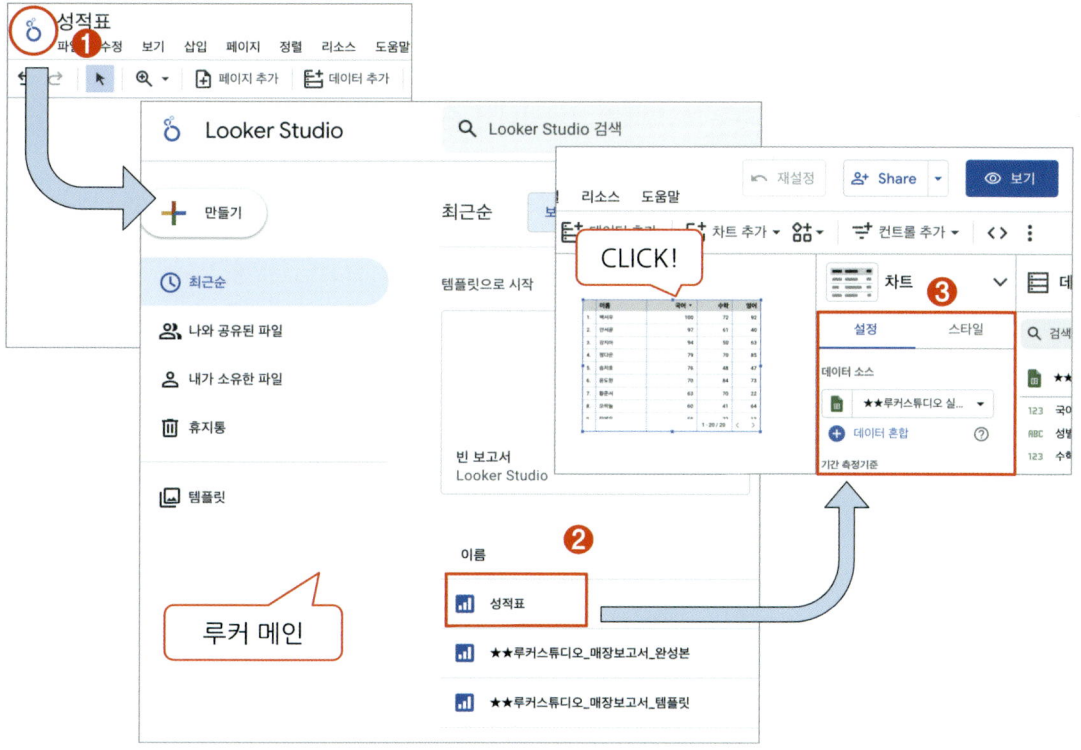

❶ 좌측 상단의 루커 스튜디오 로고를 클릭해서 메인 화면으로 이동합니다.

❷ '최근순' 또는 '내가 소유한 파일'에서 '성적표'를 클릭합니다.

❸ 특정 요소를 클릭하고 우측의 '속성 영역'에서 세팅 사항을 확인할 수 있습니다.

■ 새로고침 vs 데이터 다시 연결

01 화면 새로고침

구글 루커 스튜디오는 데이터 시각화 도구로서 손색이 없지만, 보고서 디자인 단계(수정 모드)에서는 종종 화면 버그가 발생합니다. 예를 들어 [스타일] 탭의 옵션을 바꿨음에도 화면에서 즉시 반영이 되지 않는 경우가 가끔 있습니다.

화면 오류가 발생하면 윈도우의 경우에는 F5 키(Mac OS : ⌘ + R 키)를 눌러서 새로고침을 하면 올바르게 반영됩니다.

> **Tip** 화면 버그는 보고서 데이터 에러와는 무관합니다. 요컨대 단순한 디자인 버그이며, 이는 실무에서는 무시해도 됩니다.

02 데이터 새로고침

'데이터 새로고침'은 '화면 새로고침'과는 조금 다른 의미입니다. 일반적으로 루커 스튜디오는 자동으로 15분마다 데이터 업데이트를 진행하며 이는 기본값입니다.

15분이면 충분한 간격이지만, 때로는 지금 당장 데이터 업데이트가 필요할 때가 있습니다. 이때 사용하는 메뉴가 '데이터 새로고침'입니다. 클릭하면 즉시 데이터를 다시 읽어옵니다.

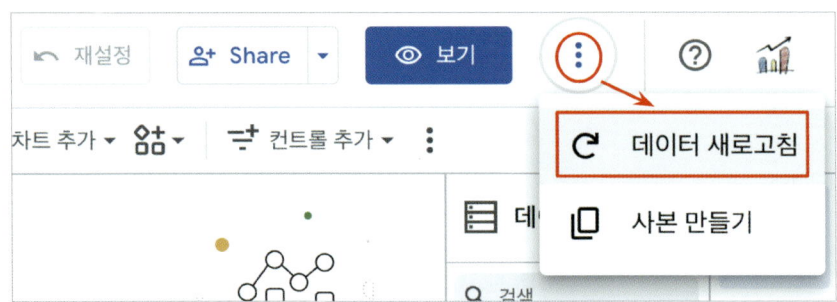

▲ 데이터 새로고침은 화면 새로고침과 다릅니다.

03 데이터 다시 연결

'데이터 다시 연결'은 데이터 새로고침과도 전혀 다릅니다. 즉, 데이터 연결 자체를 다시 하는 것입니다. 예를 들어 국어, 영어, 수학 데이터가 있는 데이터 베이스에 '과학' 과목이 새롭게 추가되었다면 데이터의 구조 자체가 변경되었으므로 '데이터 다시 연결'이 필요합니다. 데이터 다시 연결은 리소스 메뉴에서 진행합니다.

❶ 메뉴에서 [리소스] → [추가된 데이터 소스 관리]를 클릭합니다.

❷ [데이터 소스] 창에서 [수정] 버튼을 클릭합니다.

❸ 다음 페이지 좌측 상단의 [연결 수정] 버튼을 클릭합니다.

❹ 다음 페이지에서 연결될 데이터를 재확인하고 우측 상단의 [다시 연결] 버튼을 클릭합니다.

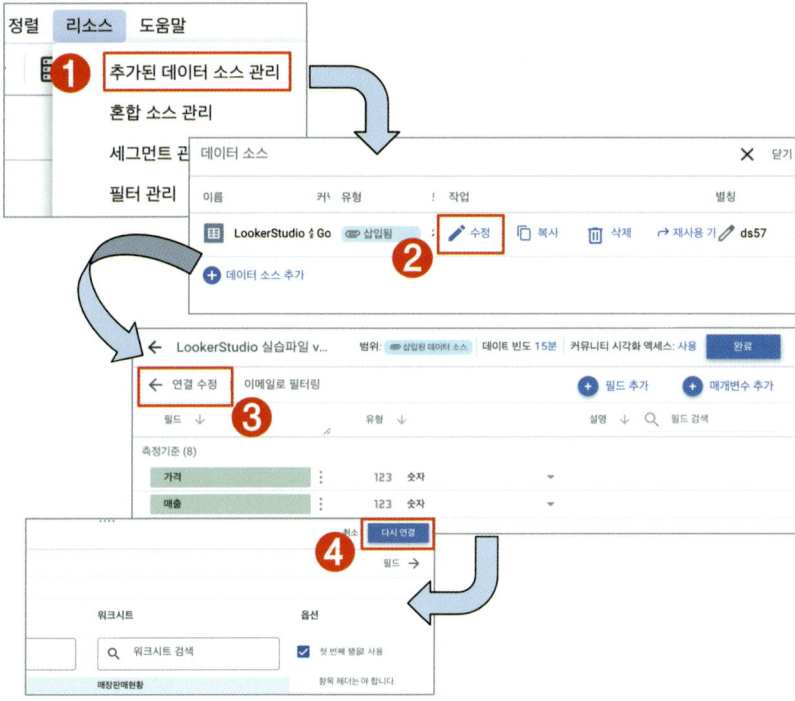

■ 기본 사용법 정리

❶ 요소를 클릭해야만 [설정] 탭과 [스타일] 탭이 포함된 '속성 영역' 화면이 나타납니다.

❷ 클릭한 요소는 파란(혹은 보라색) 테두리가 생깁니다.

❸ '속성 영역' → [설정] 탭
  - 주로 데이터와 관련된 정보입니다.
  - 세팅마다 데이터가 바뀌므로 신중하게 다뤄야 합니다.

❹ '속성 영역' → [스타일] 탭
  - 폰트나 색상 등 해당 요소의 가독성을 높여줍니다.
  - 데이터에 영향을 주지 않으므로 자유롭게 변경할 수 있습니다.

❺ 데이터 소스
  - 현재 연결된 데이터 소스를 보여줍니다.
  - 다양한 데이터 소스를 한 개의 리포트에 담을 때 주로 사용합니다.

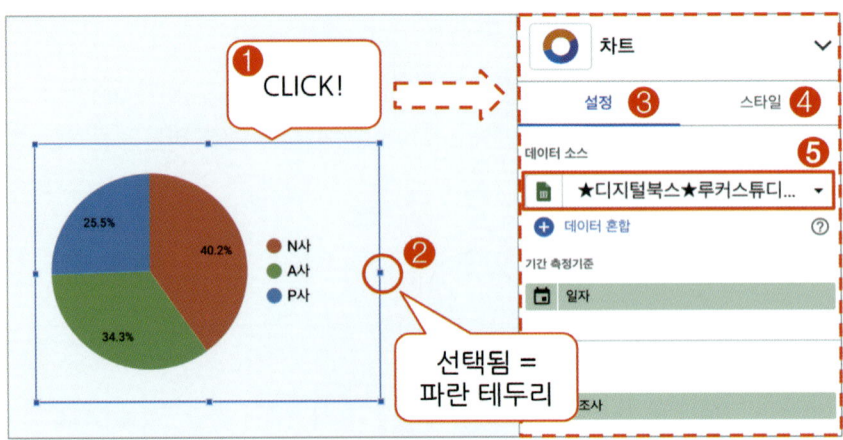

 '설정'과 '세팅'은 같은 의미이나 루커 스튜디오의 '설정'은 '속성 영역'의 [설정] 탭을 의미하고, '세팅'은 특정한 값을 지정했다는 뜻으로 구분해서 사용합니다. 또한 이후 본문에서 '속성 영역'은 '데이터 영역'과 구별이 필요한 특별한 경우에만 표시합니다.

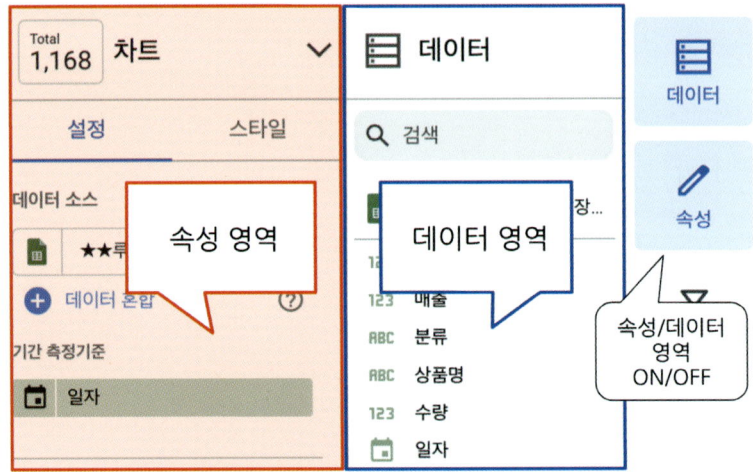

▲ 특이 사항이 없는 한 세팅은 대부분 '속성 영역'에서 진행합니다.

MEMO

매장 보고서

CHAPTER 01. 연결
CHAPTER 02. 시각화 : 레이아웃 구성
CHAPTER 03. 시각화 : 동적 필터
CHAPTER 04. 시각화 : 스코어카드
CHAPTER 05. 시각화 : 시계열 차트
CHAPTER 06. 시각화 : 원형 차트
CHAPTER 07. 시각화 : 막대 차트
CHAPTER 08. 시각화 : 시계열 누적 차트
CHAPTER 09. 시각화 : 페이지 추가
CHAPTER 10. 시각화 : 표
CHAPTER 11. 시각화 : 100% 누적 영역 차트
CHAPTER 12. 시각화 : 누적 열 차트
CHAPTER 13. 시각화 : 피봇 테이블 VS 분산형 차트
CHAPTER 14. 공유
CHAPTER 15. 더 많은 차트, 더 많은 기능 - N차 학습

연결

PART 01 데이터 시각화에서 실습한 성적표 만들기를 통해 구글 루커 스튜디오의 기본 사용법을 익혔습니다. 이제 본격적으로 구글 루커 스튜디오의 다양한 차트를 이용해 보고서를 작성하는 방법을 설명하겠습니다.

■ 시나리오

신발 매장을 관리하는 김상혁은 매출 향상을 위해 판매 및 주요 성과 지표들(KPI, Key Performance Indicator)를 한눈에 확인 가능한 보고서를 작성하고자 합니다. 매장의 판매 및 주요 성과 지표(KPI, Key Performance Indicator)데이터는 구글 시트에 다음과 같이 저장되어 있고, 매일 자동으로 데이터를 업데이트합니다.

실습 데이터
- 2024년 7월 ~ 2024년 9월(3개월)
- **내용** : 수량, 매출 등 일자별 매장 신발 판매 현황

최종 결과물
- 인사이트를 제공하는 2024년 9월 보고서
- 이전 기간과 비교 내용 추가
- 공유를 위한 링크 기능 추가

주어진 데이터와 목표는 다음 그림과 같이 요약할 수 있습니다.

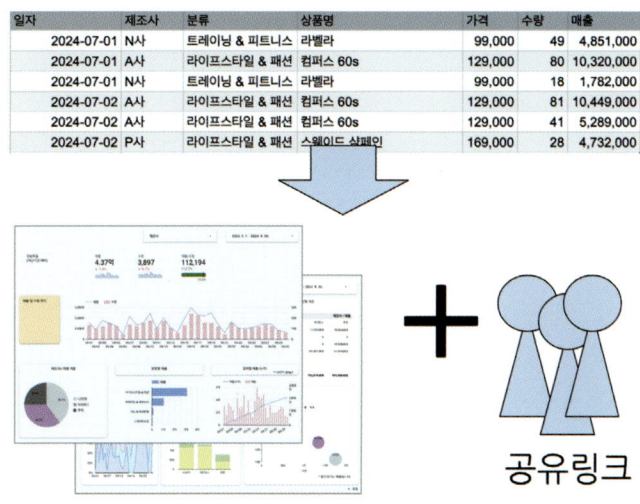

■ 더 쉽게! 템플릿 이용

구글 루커 스튜디오를 이용해 보고서를 만들기 위해서는 먼저 '데이터'와 '빈 보고서'가 필요합니다. 하지만 본문에서는 원활한 진행을 위해서 실습용 매장 데이터를 복사해 데이터 사본을 만들고, 빈 보고서도 미리 만든 템플릿을 복사하여 사용합니다.

> 구글 문서에서 '사본'은 복사한 내 소유의 파일이라는 뜻입니다. 문서를 만들 때, 사본으로 만들면 더 빠른 접속과 자유로운 수정이 가능해집니다.

구글 루커 스튜디오 메인 화면에서 [빈 보고서]를 클릭해 직접 만들 수도 있지만, 좀 더 편리하게 준비된 템플릿을 복사해 사용합니다. 준비된 매장 보고서 템플릿은 두 페이지로 구성되어 있습니다.

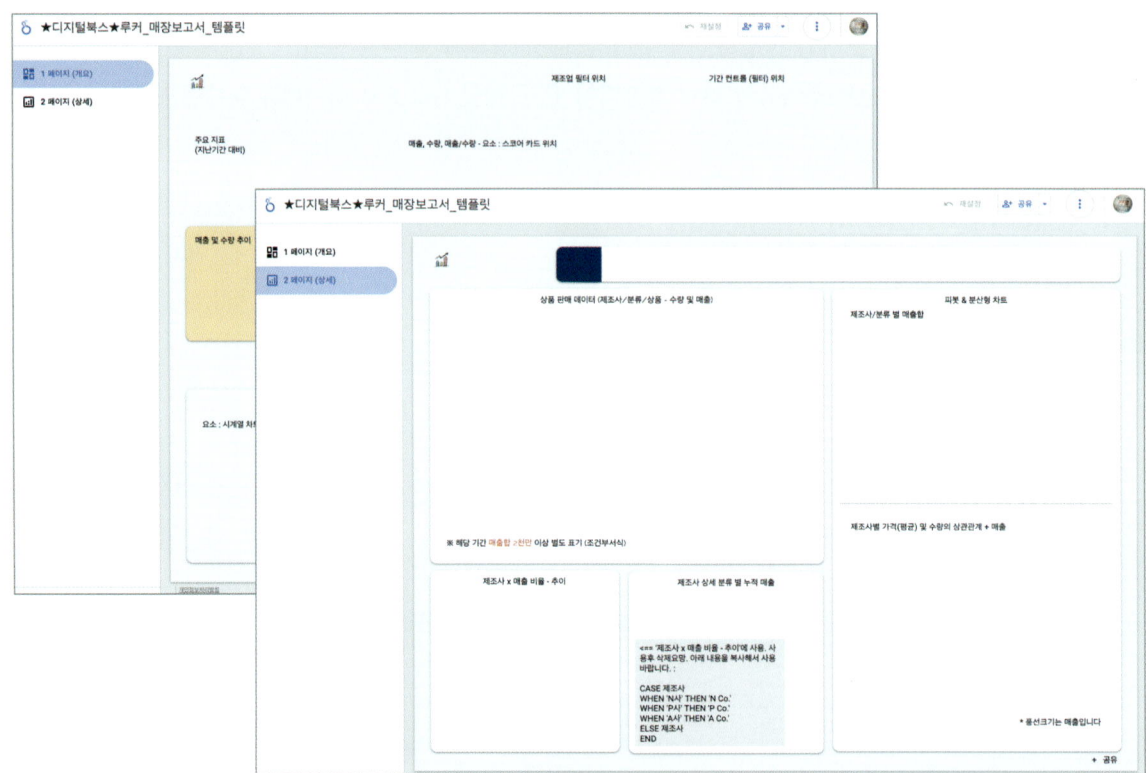

▲ 템플릿은 데이터 연결 없이 텍스트만으로 꾸며져 있습니다.

■ 템플릿을 이용해 보고서 사본 만들기

사본은 템플릿 원본에서 [사본 만들기] 버튼을 클릭하면 됩니다. 이때 구글 로그인은 필수입니다.

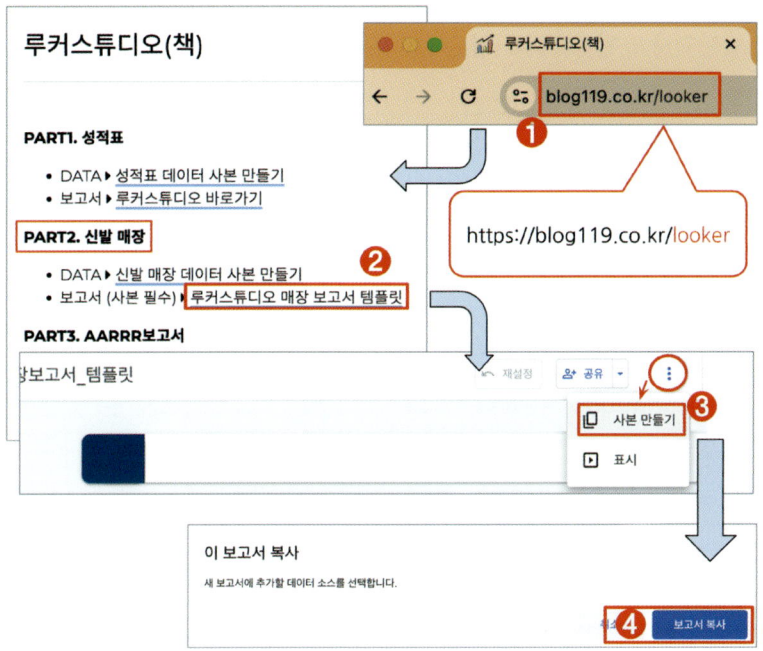

❶ 웹브라우저의 주소 표시줄에 'https://blog119.co.kr/looker'를 입력합니다.
❷ PART 02. 신발 매장 → 보고서 → '매장 보고서 템플릿'을 클릭합니다.
❸ 템플릿 화면의 우측 상단의 버튼(⋮)을 클릭하여 [사본 만들기] 버튼을 클릭합니다.
❹ 팝업창에서 [보고서 복사] 버튼을 클릭합니다.

보고서 복사가 완료되면, '○○○ 사본'으로 제목이 만들어집니다. 제목의 변경을 원할 때는 제목을 더블 클릭하여 새로운 제목을 입력한 후 Enter↵ 키를 누릅니다. 변경된 제목으로 자동 저장됩니다.

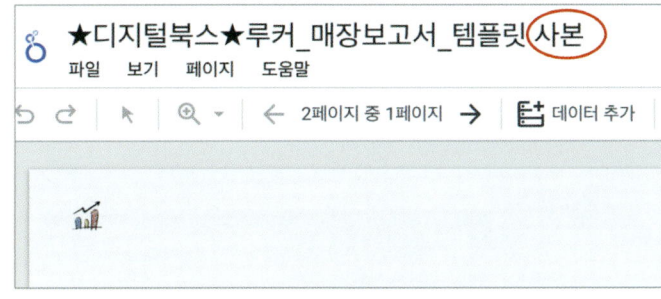

▲ '○○○ 사본' 형태로 템플릿이 복사됩니다.

■ 데이터 연결

01 데이터 사본 제작

데이터 사본의 제작도 동일하게 진행합니다. 같은 사이트에서 사본으로 만들고 URL 주소를 복사해 사용합니다.

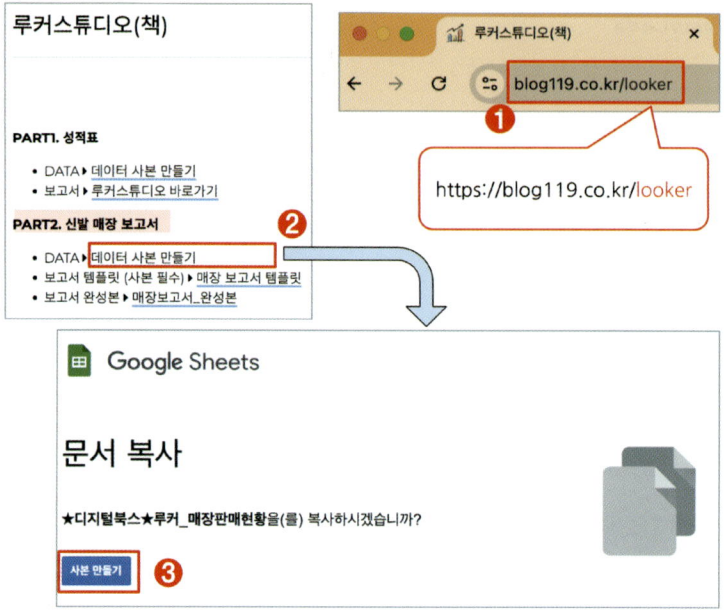

▲ 구글 로그인은 필수입니다.

① 웹브라우저의 주소 표시줄에 'https://blog119.co.kr/looker'를 입력합니다.

② PART 02. 신발 매장 → DATA → [데이터 사본 만들기]를 클릭합니다.

③ 팝업창에서 [사본 만들기] 버튼을 클릭합니다.

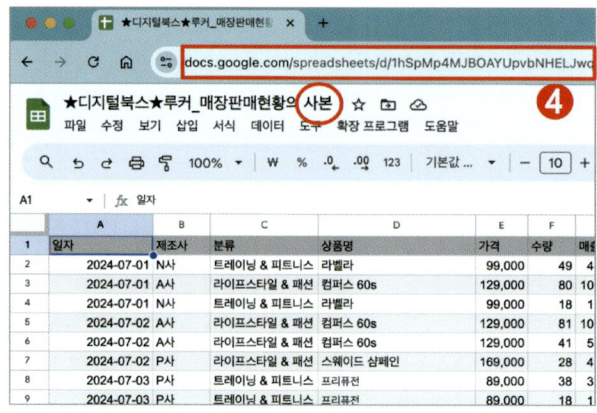

▲ 사본의 URL 주소(④)는 매번 다르게 생성됩니다.

❹ 사본 페이지 상단의 URL 주소를 복사합니다(윈도우 : Ctrl + C 키 / Mac OS : ⌘ + C 키).

> 실습 과정은 구글 로그인이 필수입니다. 복사된 시트 사본은 로그인 한 계정의 구글 드라이브에 저장되며, 에러가 발생하면 구글 로그인을 하지 않았거나, 로그인한 계정의 구글 드라이브 용량이 꽉 찼기 때문입니다.

02 템플릿 사본에 데이터 연결

이제 '사본 보고서'에 '사본 데이터'를 연결할 차례입니다. 데이터 연결에 필요한 URL 주소는 ❹에서 복사한 URL 주소를 사용합니다.

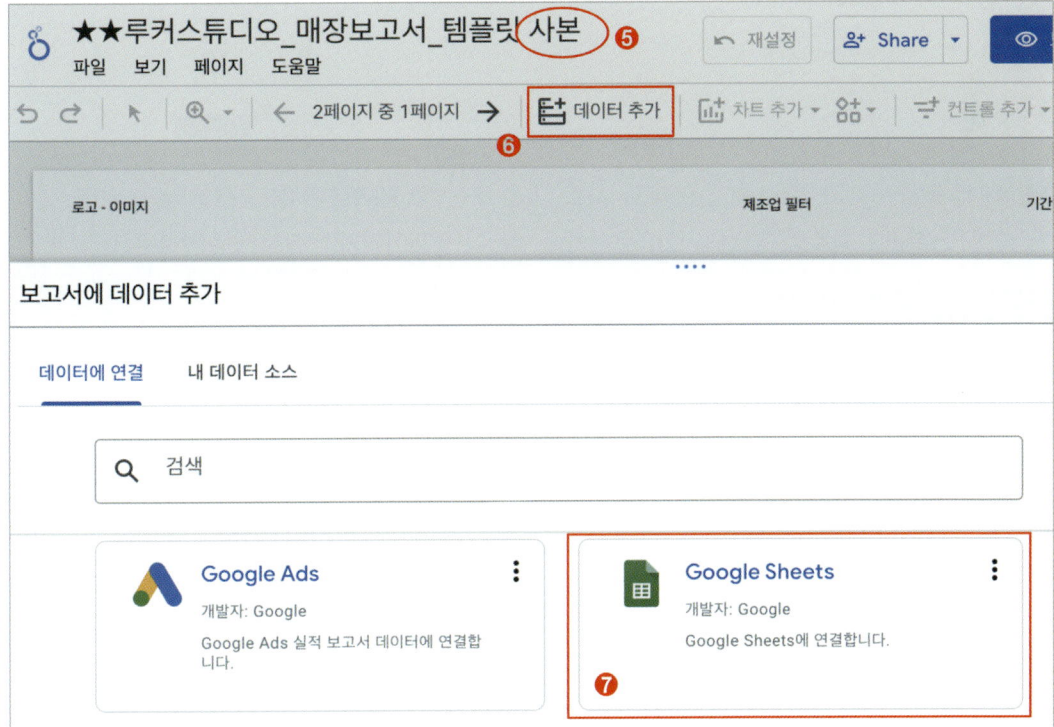

❺ 보고서가 복사한 '템플릿 사본'이 아니면 진행이 불가능합니다. 이름은 바꿀 수 있지만 처음 복사된 템플릿은 기본값으로 '○○○_사본'이라고 구별됩니다.

❻ 상단의 툴바에서 [데이터 추가] 버튼을 클릭합니다.

❼ '보고서에 데이터 추가' 화면에서 [Google Sheets] 버튼을 클릭합니다.

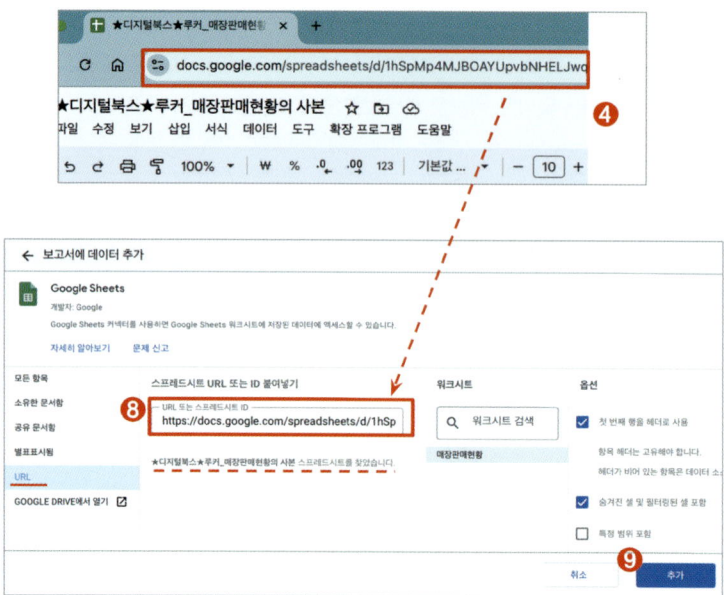

❽ ❹에서 복사한 URL 주소를 '스프레드 시트 URL 또는 ID 붙여넣기'에 입력합니다. 입력 시 하단에 '<u>○○○ 스프레드시트를 찾았습니다.</u>' 문구가 출력된다면 데이터가 정상적으로 연결된 것입니다.

❾ 페이지 하단의 [추가] 버튼을 클릭합니다.

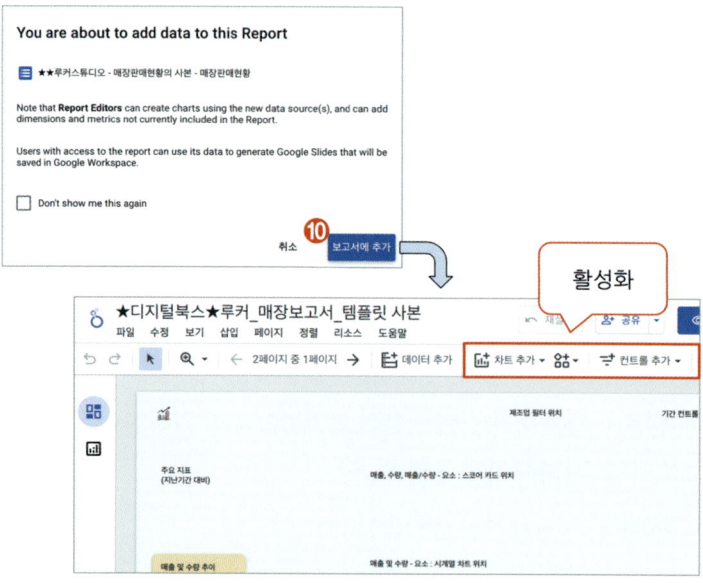

▲ 데이터 연결 후에는 모든 도구를 이용할 수 있습니다.

❿ 팝업창의 [보고서에 추가] 버튼을 클릭하면 **데이터가 연결된 빈 보고서**가 만들어집니다.

데이터 연결이 완료된 보고서는 이전 실습에서 활용한 성적표와는 달리 기본표도 생기지 않고 아무런 변동이 없는 것처럼 보입니다. 하지만 자세히 보면 대부분의 버튼이 활성화된 것을 확인할 수 있습니다. 즉, '보고서에 데이터가 연결'되면 모든 도구를 이용할 수 있게 됩니다. 이처럼, 빈 보고서와는 다르게 템플릿을 복사한 사본에는 데이터 연결 후에도 기본표가 만들어지지 않습니다.

>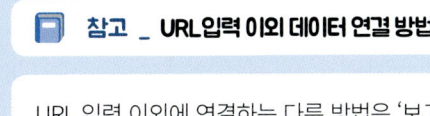
>
> URL 입력 이외에 연결하는 다른 방법은 '보고서에 데이터 추가(❽)' 과정에서 '모든 항목'의 '소유한 문서함', '공유 문서함' 등의 메뉴에서 직접 찾을 수도 있습니다. 단지 이 경우 목록에 반영되는 데 시간이 걸리거나, 상황에 따라서는 다시 구글 로그인을 해야 하는 경우도 있습니다.
>
>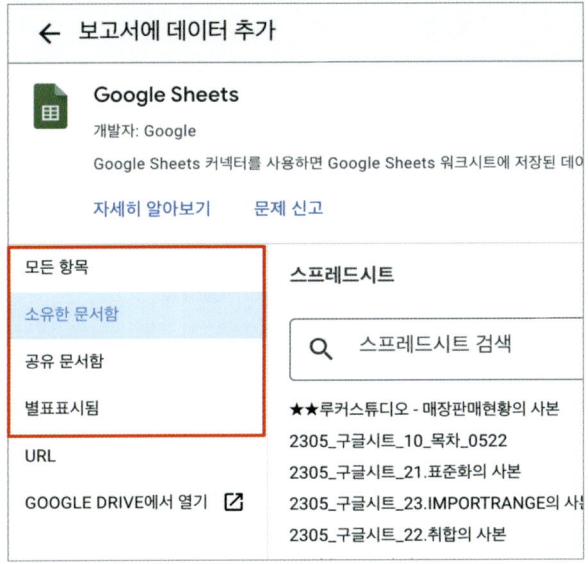
>
> ▲ URL 이외 다른 방법으로도 연결이 가능합니다.

CHAPTER 02 시각화 : 레이아웃 구성

복사된 템플릿의 레이아웃은 텍스트와 이미지로 구성되어 있습니다. 이미지는 로고 등으로 사용할 수 있으며 텍스트는 차트의 배치, 주석 등 마치 A4 용지에 차트 레이아웃을 디자인하듯이 사용할 수 있습니다.

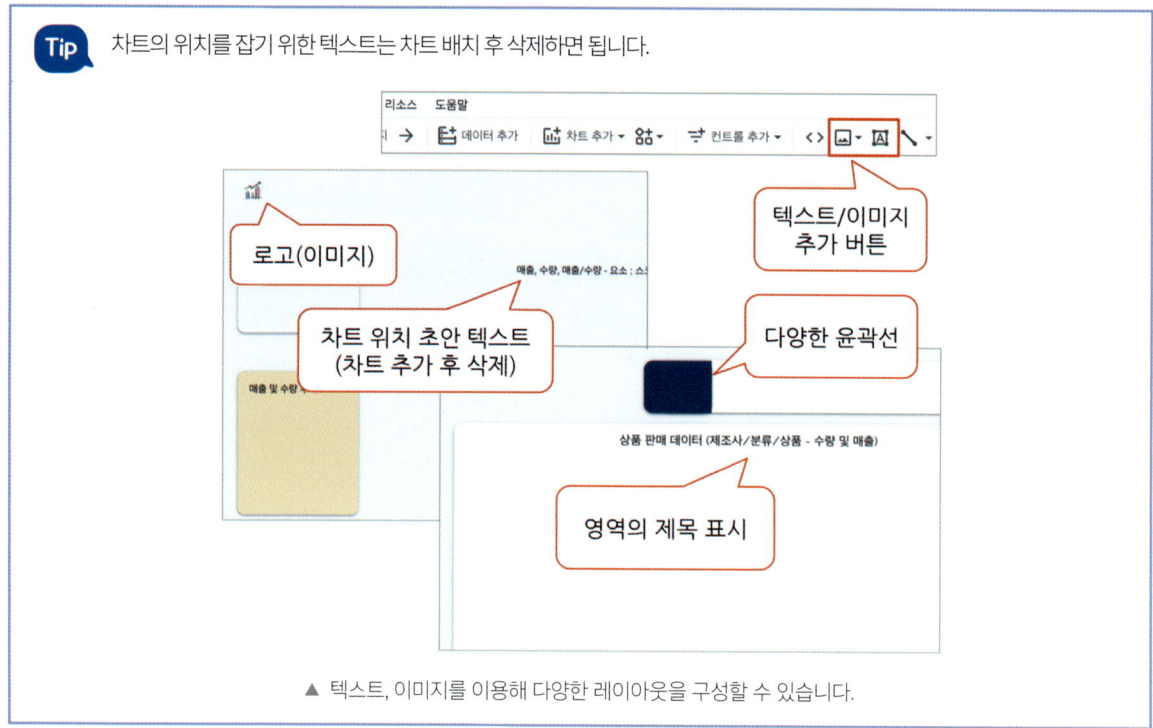

▲ 텍스트, 이미지를 이용해 다양한 레이아웃을 구성할 수 있습니다.

■ 로고와 링크

01 이미지 추가 및 특징

템플릿 상단의 툴바에서 이미지를 선택하여 레이아웃을 구성하는 데 활용할 수 있습니다.

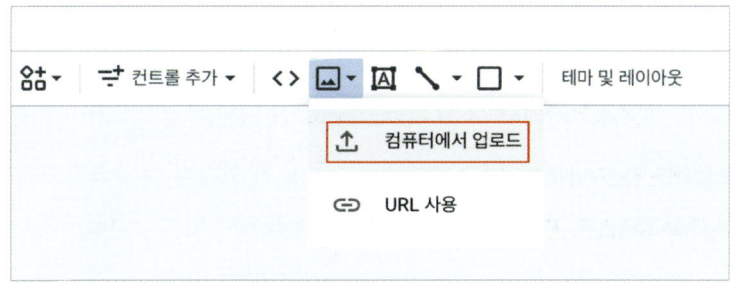

02 기본 설정

이미지를 클릭하면 우측에 [설정] 탭이 열립니다. 이곳에서 이미지 파일, 링크 등 다양한 값을 변경 및 추가할 수 있습니다.

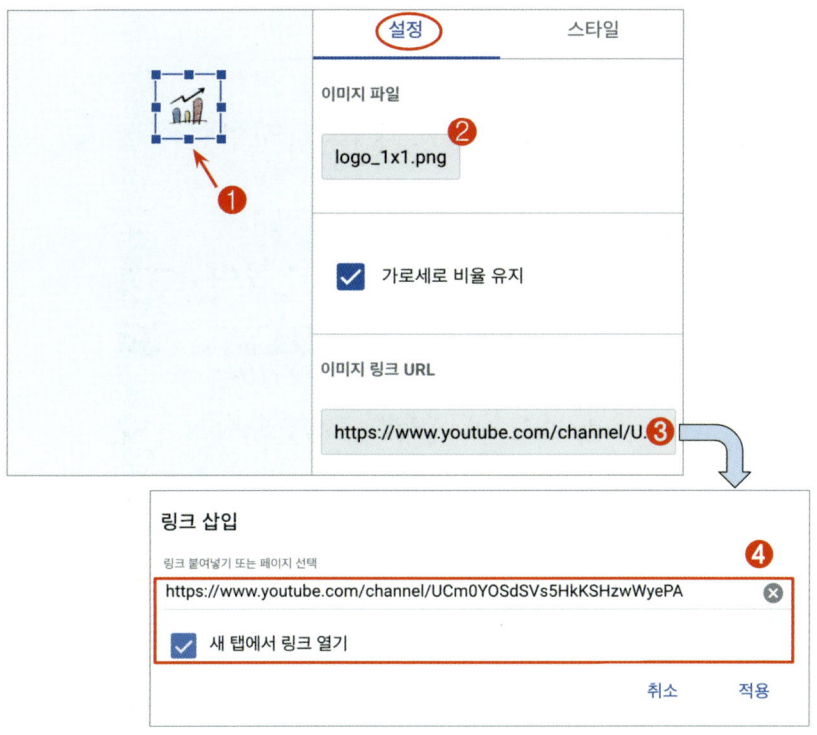

❶ 이미지를 클릭하면 우측에 [설정] 탭이 열립니다.

❷ [이미지 파일]을 클릭해 기존 이미지를 변경할 수 있습니다.

❸ [이미지 링크 URL]에서 URL 주소를 클릭합니다.

❹ [링크 삽입] 팝업창에서 링크 변경, 삭제 및 열기 옵션 등을 선택할 수 있습니다.

03 페이지 수준 vs 보고서 수준

해당 요소를 현재 페이지만 적용할지, 아니면 2페이지 이상인 보고서 전체에 공통으로 적용할 것인지 결정하는 옵션입니다. 기본값은 '현재 페이지에만 적용(페이지 수준)'입니다.

예컨대 로고를 '보고서 수준'으로 바꾸면, 다음 페이지에도 동일한 위치에 자동 적용되어 링크 등 반복 작업을 하지 않게 됩니다. '보고서 수준'과 '페이지 수준'은 해당 요소를 우클릭 후 보이는 메뉴에서 선택해 바꿀 수 있습니다.

페이지 수준과 보고서 수준은 요소를 클릭했을 때 생기는 테두리의 색으로 구별합니다.

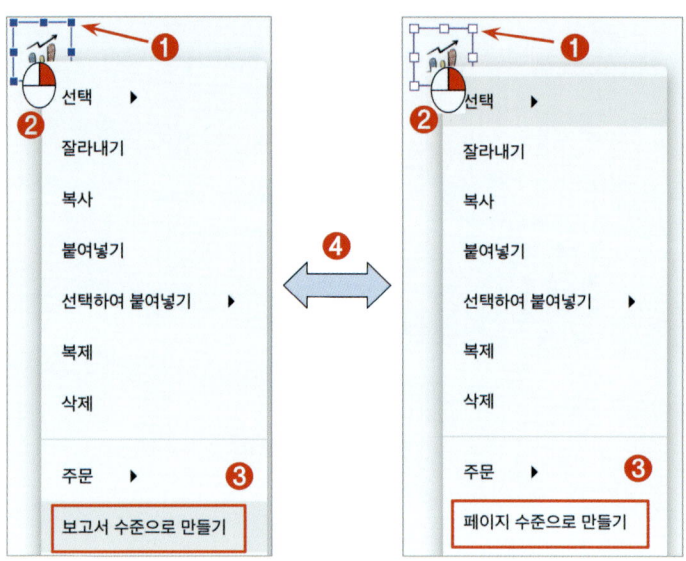

▲ 기본값은 페이지 수준(파란색 테두리)입니다.

❶ 요소를 클릭해 **파란색 테두리라면 페이지 수준**이며, **보라색 테두리라면 보고서 수준**입니다.
❷ 요소를 우클릭하면 해당 메뉴가 나옵니다.
❸ 보고서 수준, 페이지 수준을 선택할 수 있습니다.
❹ 보고서 수준과 페이지 수준 메뉴는 상황에 맞게 자동으로 변경됩니다.

■ 레이아웃의 마법사 텍스트

01 텍스트 추가 및 특징

텍스트 요소는 영역을 보기 좋게 하거나, 주석 삽입, 차트의 초안 위치 등 매우 다양하게 사용할 수 있습니다. 사용법도 다른 옵션에 비해 비교적 간단합니다.

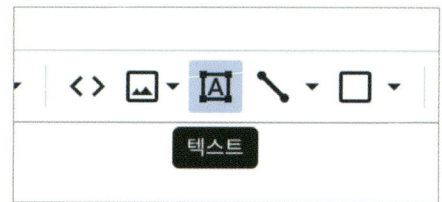

02 자주 사용하는 옵션

텍스트는 그 자체만으로도 사용하기 충분하나, 테두리의 형태, 테두리 그림자 추가 및 패딩(경계로부터 거리) 등을 조정하면 가독성이 더욱 높아집니다.

텍스트를 클릭하면, 다양한 세팅을 변경할 수 있는 화면이 우측에 나타납니다.

> **Tip** 정확히는 텍스트의 [스타일] 옵션이나 텍스트의 경우 별도로 [스타일] 탭이 표시되지 않습니다.

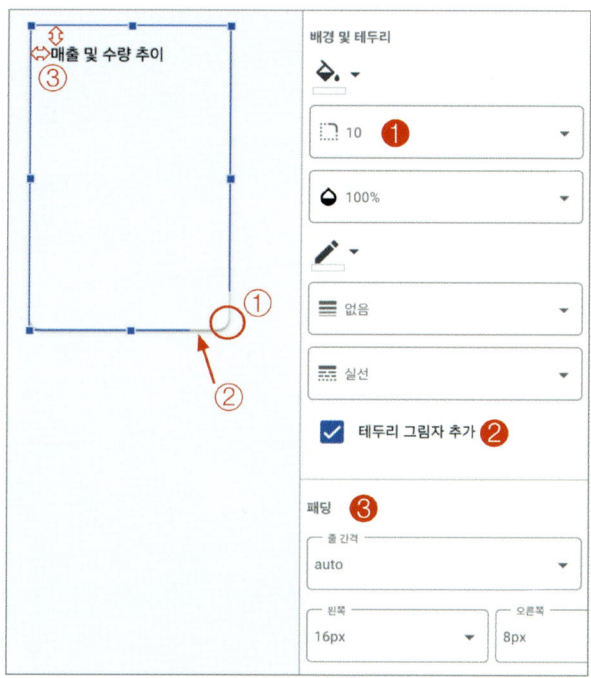

▲ 옵션은 변경하면(❶, ❷, ❸) 실시간으로 적용(①, ②, ③)됩니다.)

❶ [배경 및 테두리]에서 텍스트 영역의 테두리 둥글기 정도를 '10'으로 세팅합니다.

❷ [배경 및 테두리] 섹션에서 [테두리 그림자 추가] 체크박스를 체크합니다.

❸ 텍스트에서 테두리까지 간격을 [패딩] 섹션에 왼쪽 '16', 오른쪽 '8' 등 적당한 숫자를 넣어 간격을 조정합니다.

CHAPTER 03 시각화 : 동적 필터

기본 레이아웃을 구성했으므로 이제 본격적으로 다양한 컨트롤(필터)과 차트를 이용해서 보고서를 만듭니다. 모든 보고서의 시작은 날짜 컨트롤 같은 필터를 구성하는 것입니다.

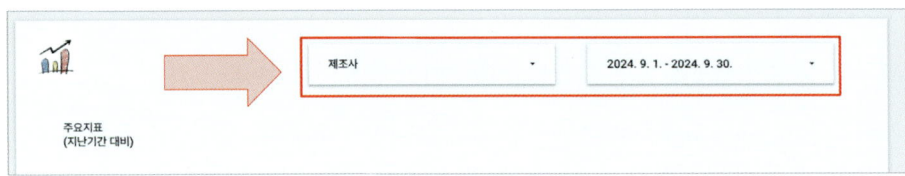

▲ 날짜와 제조사 필터 컨트롤

■ 날짜 필터

01 날짜 컨트롤 추가 및 특징

- **요소** : 기간 컨트롤
- **추가** : 툴바 → 컨트롤 추가 → 기간 컨트롤
- **주의 사항** : '기본 기간' 필수

컨트롤은 보고서에 삽입하는 '동적 필터'입니다. 여기서 '동적 필터'란 보고서 수정 단계뿐만 아니라 공유하는 모든 팀원이 자유롭게 필터를 적용할 수 있다는 뜻입니다. 이는 각각의 보고서에 즉시 적용되므로 팀원들은 보고서 작성자에게 추가 요청 없이 자유롭게 보고서의 일정을 변경할 수 있습니다.

❶ [컨트롤 추가] 버튼을 클릭하여 [기간 컨트롤]을 클릭합니다.

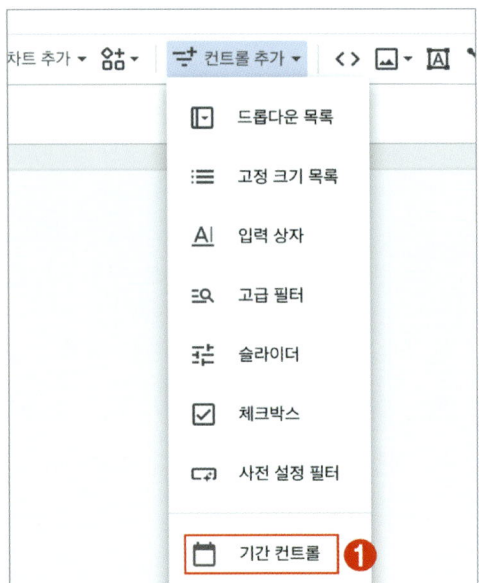

기본 설정

기간 컨트롤을 사용할 때는 반드시 '기본 기간'을 세팅해야 합니다. 이는 공유 시 팀원 간의 원활한 의사소통을 위해서 필요한 부분으로, 예시로써 월 단위 보고서는 '기본 기간'을 '월'로 세팅합니다.

> ⚠️ '기본 기간'의 세팅이 누락되면 구글 루커 스튜디오가 임의로 세팅하므로, 이러한 기본값을 모르는 팀원 간 의사소통이 불편할 수 있습니다.

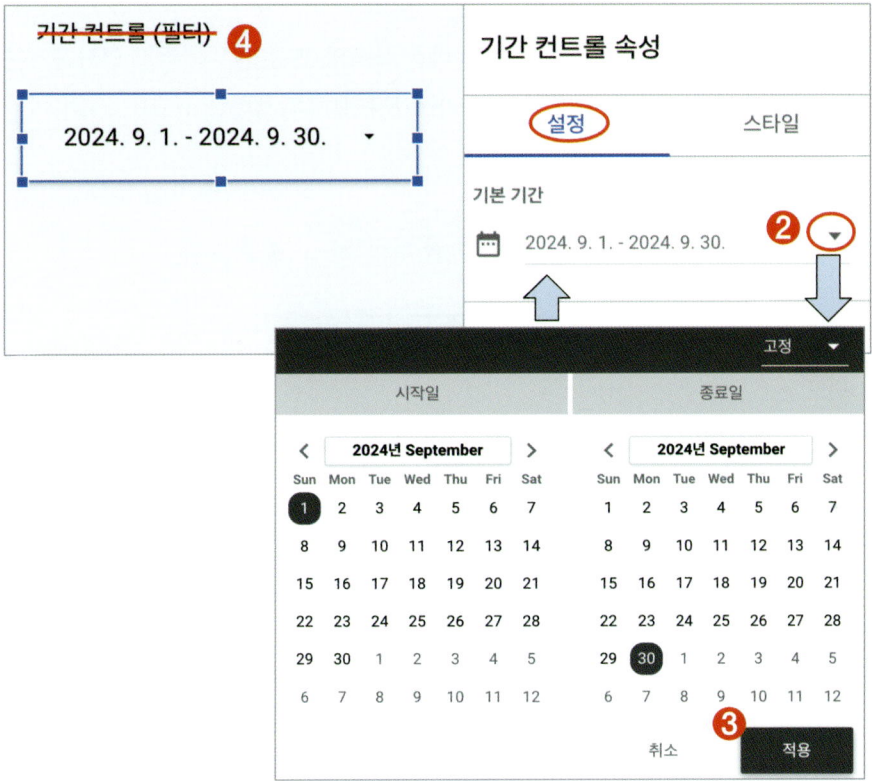

▲ 실습 기본 기간 : 24-09-01 ~ 24-09-30

❷ 기간 컨트롤(필터)을 클릭합니다. 클릭 후 화면 우측의 [설정] 탭에서 [기본 기간] 우측의 드롭다운(▼) 버튼을 클릭합니다.

❸ 실습 기본 기간인 **24-09-01 ~ 24-09-30**을 세팅한 후, [적용] 버튼을 클릭합니다.

❹ 해당 요소를 배치한다는 목적이 달성되었으므로 [기간 컨트롤(필터)] 텍스트를 삭제합니다.

■ 다양한 필터

01 드롭다운 목록 추가 및 특징

- **요소** : 드롭다운 목록
- **추가** : 툴바 → 컨트롤 추가 → 드롭다운 목록

드롭다운 목록도 대표적인 '동적 필터'입니다. 예를 들어 '성별'이라는 드롭다운 목록을 사용하면 홈페이지에 유입된 다양한 사용자 데이터를 여성, 남성 등으로 실시간 필터링을 적용할 수 있습니다.

드롭다운 목록 이외의 다양한 컨트롤은 대부분 드롭다운 목록의 변형입니다. 직접 입력하거나, 슬라이더 형태로 적용하는 등 더 많은 기능이 있을 뿐입니다. 따라서 본문에서 진행하는 실습은 드롭다운 목록으로 충분합니다.

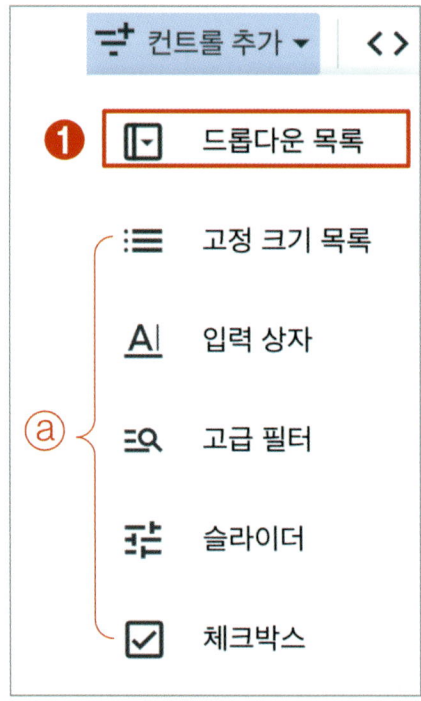

❶ [컨트롤 추가] 버튼을 클릭하면 다양한 컨트롤이 나타납니다. 이 중 [드롭다운 목록] 버튼을 클릭합니다.
- 제조사 필터로 사용할 예정입니다.
- 그 외 고급 필터들(ⓐ)은 드롭다운 목록보다 세밀한 세팅이 가능합니다. 하지만 기본 용도는 거의 같으므로 본문에서는 다루지 않습니다.

02 기본 설정

드롭다운 목록의 핵심 부분은 '컨트롤 필드'입니다. 단, 드롭다운 목록을 처음 적용할 때는 필드가 랜덤하게 세팅될 수 있으므로 '컨트롤 필드'를 '제조사'로 세팅합니다.

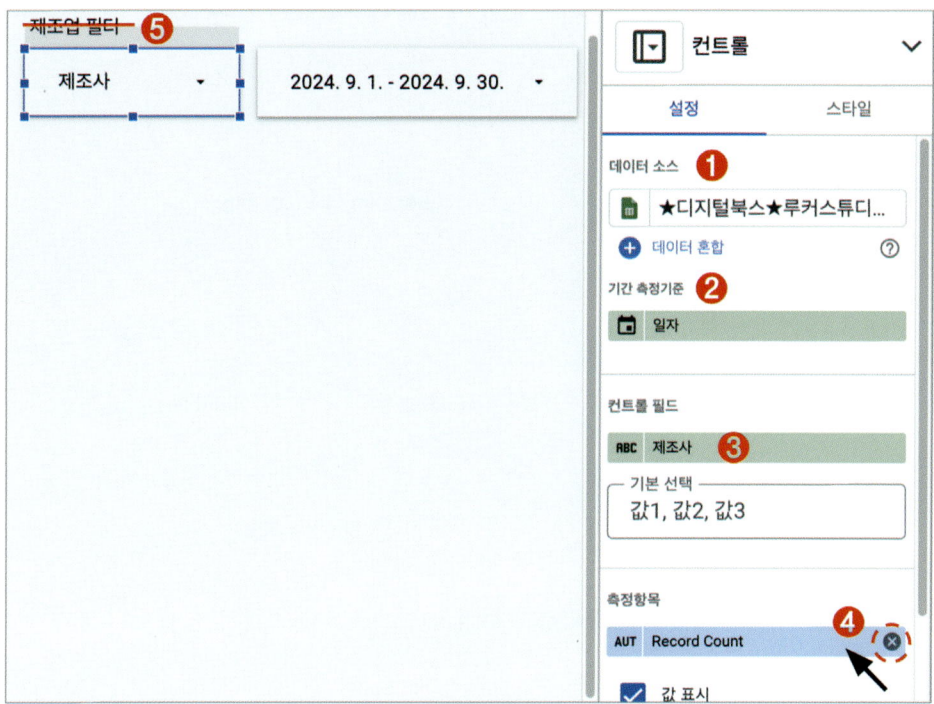

▲ ❸이 핵심입니다.

❶ '드롭 다운 목록'을 클릭 후 우측 [설정] 탭의 [데이터 소스] : '★디지털 북스★루커 스튜디오 - 매장 판매 현황의 사본'으로 자동 입력됩니다.

❷ [설정] 탭의 [기간 측정 기준] : [일자]로 자동 입력됩니다.

❸ [설정] 탭의 [컨트롤 필드]를 [제조사]로 세팅합니다. 세팅 방법은 다음의 **03 필드 수정**에서 설명합니다.

❹ Record Count 측정항목 삭제 : Record Count 필드에 마우스 포인터(🖑)를 가져다 대면 우측에 아이콘 (❌)이 나타납니다. 아이콘(❌)을 클릭하면 삭제됩니다.

❺ '제조업 필터' 텍스트를 삭제합니다.
- 위치를 잡기 위한 텍스트이므로 요소 배치가 완료되면 삭제합니다.
- 초안에서 요소 배치를 위한 텍스트 삭제는 이후 설명을 생략합니다.

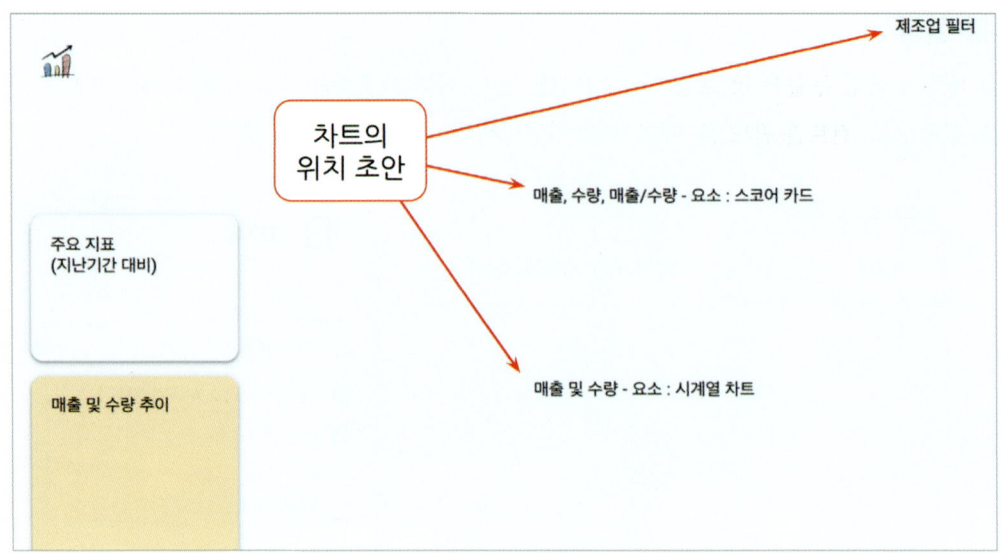

▲ 보고서 초안에서 사용된 임시 텍스트는 차트 생성 후 삭제합니다.

03 필드 수정

필드를 수정할 때는 이미 세팅된 필드를 클릭하고 검색 또는 스크롤해서 찾거나 '데이터 영역'에서 마우스로 끌어다 놓으면 됩니다.

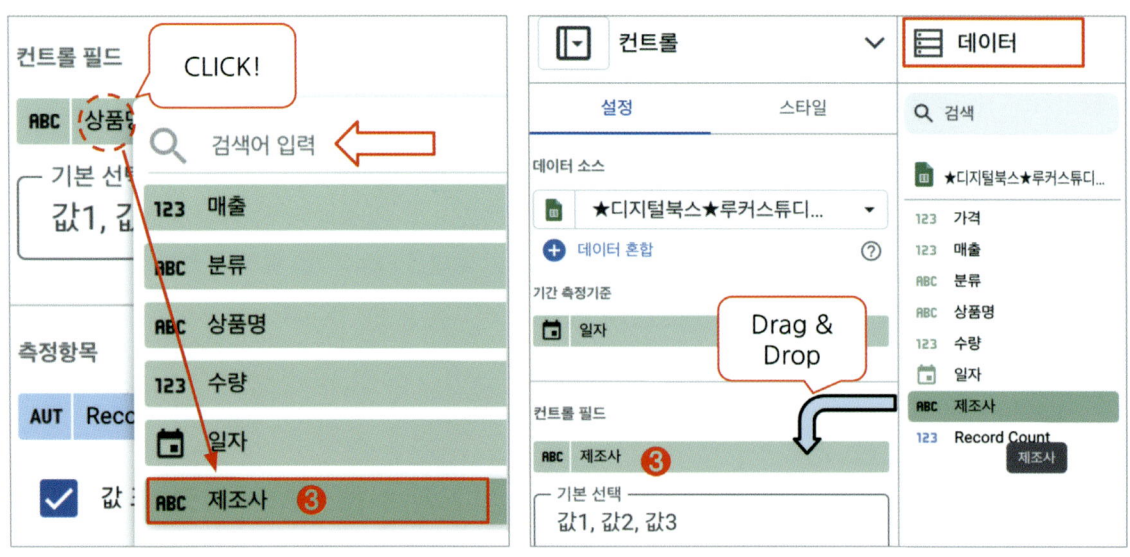

▲ 필드를 클릭해 직접 찾거나, '데이터 영역'에서 드래그앤드롭(drag&drop)합니다.

04 컨트롤 정렬

캔버스에 배치한 요소는 마우스 포인터로 클릭하여 끌어 놓음으로써 직접 위치를 지정할 수 있지만, 마우스로 영역을 클릭 후 드래그(drag)하여 한 번에 여러 요소를 선택하고 동시에 정렬하는 것도 가능합니다.

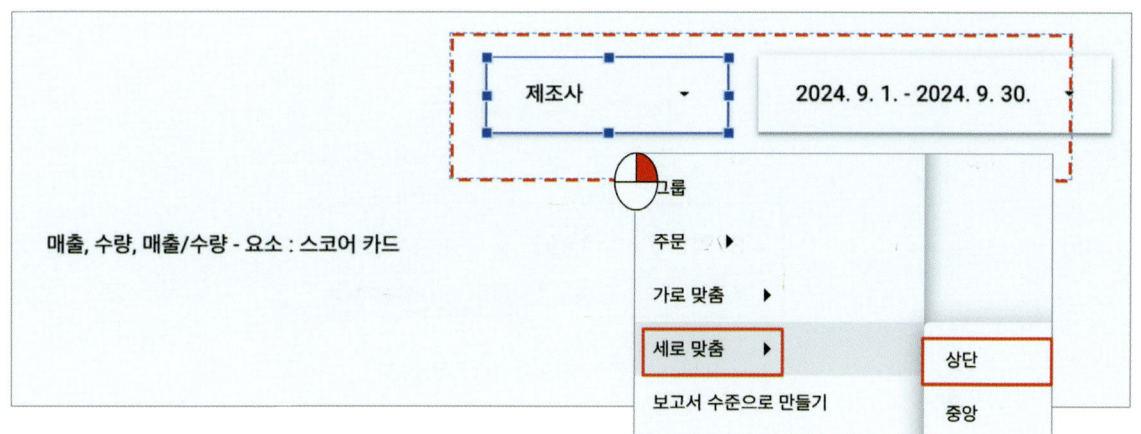

▲ 영역을 선택하고 우클릭하면 정렬과 관련된 메뉴가 보입니다.

CHAPTER 04 시각화 : 스코어카드

▲ 스코어카드는 핵심 사항을 간결히 표현합니다.

■ 핵심을 한눈에

스코어카드는 경기장의 점수판처럼 가장 중요한 정보를 한눈에 보여줍니다. 이는 프로젝트의 주요 성과 지표(Key Performance Indicator)를 명확하게 표시하여 빠른 메시지 전달을 가능하게 합니다. 그러나 해당 영역에 하나의 측정항목만 표시할 수 있으므로, 보고서의 공간을 효율적으로 사용하기 위해서 '어떤 항목을 스코어카드로 선택할 것인가'에 대한 고민이 필요합니다.

01 스코어카드 추가 및 특징

- **사용 차트** : 스코어카드
- **장점** : 단 한 개의 숫자로, 핵심 데이터를 빠르게 전달
- **단점** : 데이터 개수가 1개뿐이므로 중요한 것을 선별하는 경험이 요구됨
- **추가** : 툴바 → 차트 추가 → 스코어카드
- **추가 학습 목표** : 스파크라인, 이전 기간 대비 증분 표시

▲ 최종 결과 및 차트 추가

58 데이터시각화를 하는 가장 쉬운 방법 by 구글 루커 스튜디오

> 여러 개의 차트가 있을 때는 특이사항이 없는 한, 가장 왼쪽 차트를 선택합니다. 이유는 가장 왼쪽 차트가 가장 다루기 쉽고 추후에도 다양한 [스타일] 탭의 옵션으로 얼마든지 바꿀 수 있기 때문입니다.

02 기본 설정

세팅은 [설정] 탭의 비중이 90%라고 할 수 있습니다. 따라서 [설정] 탭 부분에 올바른 데이터만 세팅해주면 차트는 어느 정도 완성됩니다. 그 후에, 차트에 더 높은 가독성이 필요하다고 생각될 때 [스타일] 탭 부분을 활용하여 설정을 변경해주면 됩니다.

중요한 것은 반드시 차트를 클릭해야 우측에 [설정] 탭이 보인다는 점입니다. 또한 마우스로 클릭한 차트는 파랗게 테두리가 생깁니다.

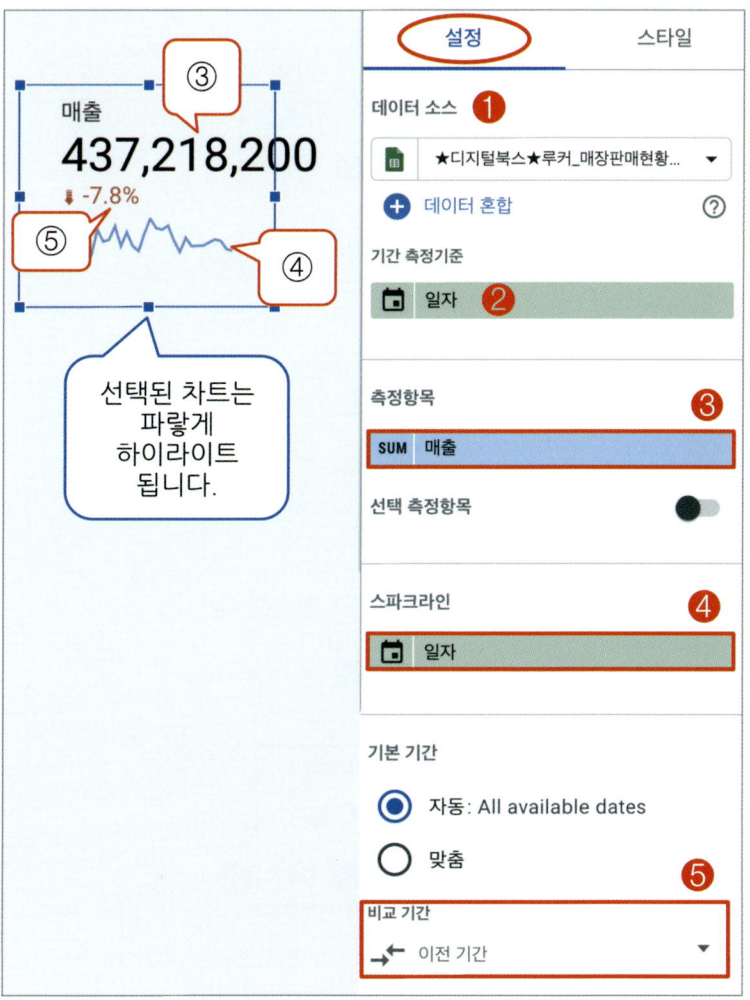

▲ 속성영역은 변경(③, ④, ⑤)하면 실시간으로 차트에 반영(③, ④, ⑤)됩니다.

❶ 스코어 카드를 클릭하여 화면 우측 [설정] 탭 → [데이터 소스] : '★디지털 북스★루커_매장 판매 현황의 사본'으로 자동 세팅됩니다. 이는 현재 연결된 데이터를 의미합니다.

❷ [설정] 탭의 [기간 측정기준] : [일자]로 자동 세팅됩니다. 이는 원본 데이터에 식별 가능한 날짜 데이터가 있기 때문에 자동으로 연동된 것입니다.

❸ [설정] 탭의 [측정항목] 섹션에 [매출]을 세팅합니다.

❹ [설정] 탭의 [스파크라인] 섹션에 [일자]를 세팅합니다. 이는 일자별 추세를 의미합니다.

❺ [설정] 탭의 [비교 기간] 섹션은 우측 드롭다운(▼) 버튼을 클릭해 [이전 기간]을 선택합니다.

03 가독성 높이는 스타일

[스타일] 탭은 차트의 가독성을 높이는 다양한 옵션으로 구성되어 있습니다. 특히 [스타일] 탭은 차트 데이터에 영향을 주지 않으므로 자유롭게 바꿔보면서 실제 차트가 변하는 모습을 확인해 보기 바랍니다.

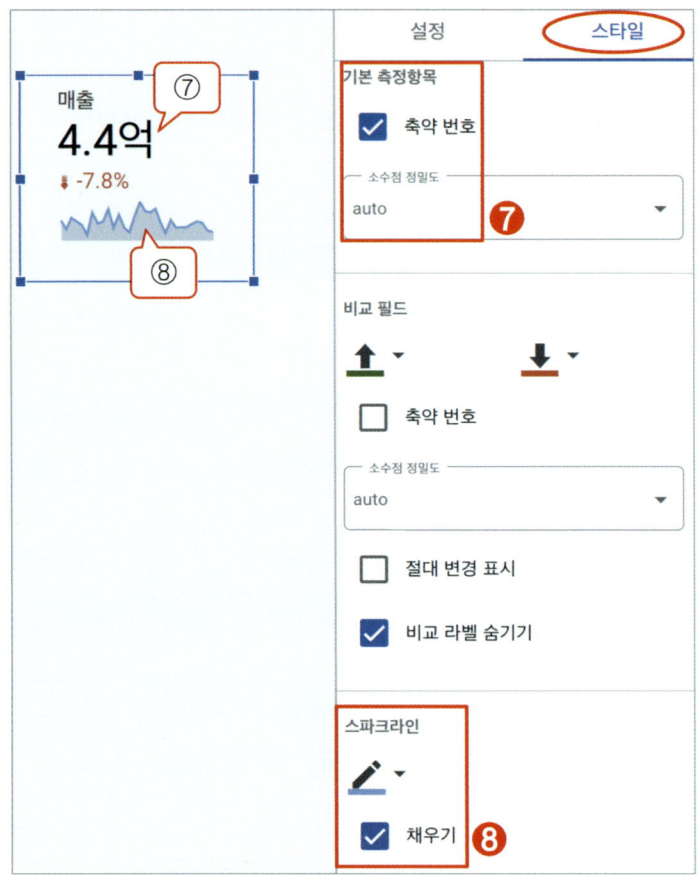

▲ [스타일] 탭은 가독성을 높이며, 데이터에 영향을 주지 않습니다.

❼ [스타일] 탭을 클릭합니다. [기본 측정항목]의 [축약 번호] 체크박스를 마우스로 클릭하여 체크합니다. 또한 [소수점 정밀도]는 [auto]로 세팅합니다.

- 축약 번호는 한국어 구글 루커 스튜디오에서는 '만', '억', '조' 단위로 표시되며, 영문 구글 루커 스튜디오에서는 'M', 'B', 'T' 단위로 표시됩니다(사용자 임의 변경 불가).

❽ [스타일] 탭 하단의 [스파크라인] 섹션의 [채우기] 클릭하여 체크합니다. [스파크라인]에 음영을 넣으면 가독성이 높아집니다(색상 변경 가능).

> 📖 **참고 _ 기본기간 vs 비교기간**
>
> [설정] 탭 하단에 있는 [기본 기간]과 [비교 기간]은 내용이 전혀 다릅니다. 따라서 설정할 때 반드시 구별해야 합니다. 두 항목에 대해 간단히 설명하면 [기본 기간]은 보고서 상단의 날짜 필터와 연동하는 부분이며, [비교 기간]은 특정 기간 대비 데이터의 늘어남과 줄어듦, 즉 증분을 표현하는 옵션입니다.
>
>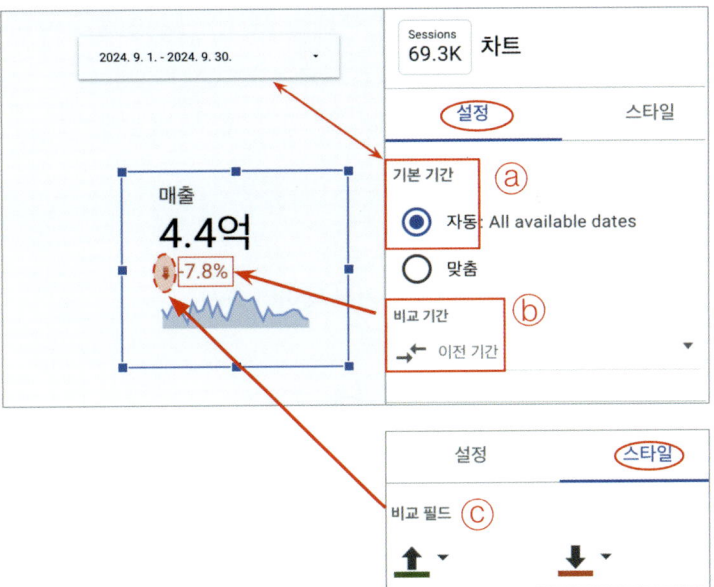
>
> ▲ 증분이 나타나지 않는다면 [기본 기간]/[비교 기간]을 헷갈린 것입니다.
>
> ⓐ [설정] 탭 하단의 [기본 기간] 중 [자동]을 선택합니다.
> - [자동]인 경우, 보고서 날짜 필터에 따라 해당 차트도 연동됩니다.
> - [맞춤]은 날짜 필터와 무관하게 차트를 특정 기간으로 고정할 수 있습니다. 예컨대 날짜와 무관한 전체 예산 소진 같은 데이터를 표시할 때 사용합니다.

ⓑ [비교 기간] 섹션 우측 드롭다운(▼) 버튼을 클릭해 [이전 기간]을 선택합니다. 스코어카드 하단에 이전 기간 대비 데이터의 증분이 표시됩니다.
- 이전 기간 데이터가 없을 경우 '데이터가 없음' '해당 사항 없음' 등이 표시됩니다.

ⓒ [스타일] 탭 클릭 후 [비교 필드] 섹션에서 화살표 방향의 색상을 변경할 수 있습니다.

■ 차트의 대량생산

01 차트 복제

차트나 컨트롤을 복제(복사+붙여넣기)하면 해당 [스타일] 등 다양한 세팅이 그대로 복사되어 번거로운 반복 과정을 줄일 수 있습니다. 복제는 차트를 우클릭하여 나타나는 메뉴에서 이용할 수 있습니다.

▲ 차트를 우클릭, 메뉴의 [복제] 버튼을 선택합니다.

02 차트 추가

- **사용 차트** : 스코어카드
- **추가 학습 목표** : 복제

판매 수량을 표시하는 스코어카드를 제작하려면 앞서 제작한 매출 스코어카드처럼 [설정] 탭과 [스타일] 탭을 각각 세팅해야 합니다. 하지만 이미 제작한 매출 스코어카드를 복제하여 사용할 수도 있습니다. 복제된 스코어카드는 측정항목만 바꾸면 간단히 새로운 스코어카드가 됩니다.

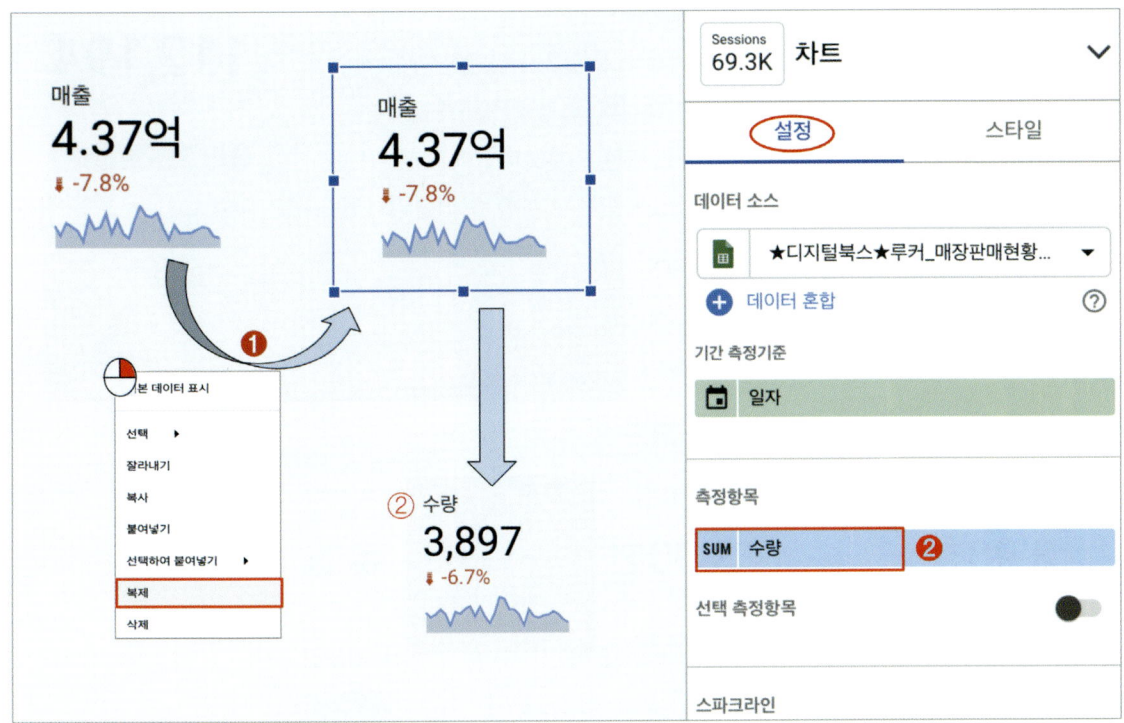

▲ 복제는 차트의 [설정] 탭 및 [스타일] 탭이 유지되기 때문에 측정항목만 수정하면 됩니다.

❶ [매출] 스코어카드를 마우스로 우클릭합니다. 이때 나타난 메뉴의 [복제]를 클릭합니다. 복제한 차트를 마우스로 클릭하여 우측 [설정] 탭을 보면 [데이터 소스]와 [기간 측정기준]도 [일자]로 복제되었음을 확인할 수 있습니다.

❷ [설정] 탭의 [측정항목]을 [수량]으로 세팅합니다.

■ 사용자 정의 함수

01 차트 추가

- **사용 차트** : 스코어카드
- **추가 학습 목표** : 필드 추가 및 진행률 표시

상품의 판매단가는 매출/수량을 의미합니다. 이를 측정항목에서 찾아 이용하면 되지만 아쉽게도 판매단가라는 측정항목은 따로 없습니다. 따라서 엑셀의 함수를 새로 만들듯이, 구글 루커 스튜디오에서도 사용자가 다양한 함수나 수식을 이용해서 새로운 측정항목을 만들 수 있습니다. 측정항목을 새롭게 만드는 것은 '필드 추가' 기능을 활용해 만듭니다. 또한 스파크라인이 아닌, 목푯값에 대한 진행률(Progress Bar)을 스코어카드에 함께 표시할 수 있습니다.

▲ 진행률 표시 가능

02 복제 및 사용자 필드 추가

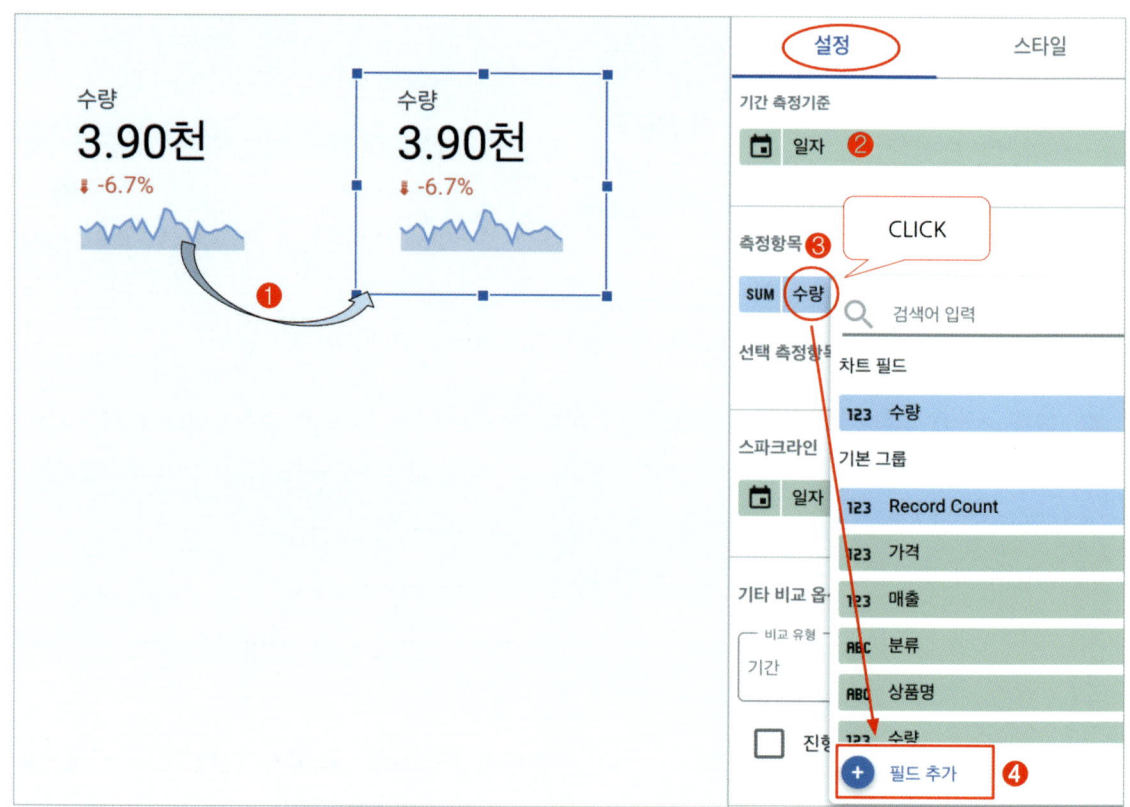

▲ [필드 추가]에서 사용자 함수를 만들 수 있습니다.

❶ 수량 스코어카드를 우클릭 후, [복제] 메뉴를 클릭합니다. 복제된 차트를 클릭해 선택합니다.
❷ [설정] 탭의 [기간 측정기준]이 [일자]임을 확인합니다.
❸ [설정] 탭 [측정항목] 섹션의 [수량]을 클릭합니다.
❹ 팝업 검색창 하단의 [필드 추가] 버튼을 클릭한 후, 함수를 입력합니다. [필드 추가]에 대한 자세한 설명은 03 필드 추가에서 더 자세히 설명합니다.

03 필드 추가

필드는 사용자 함수를 만드는 영역이며 필드의 이름도 입력할 수 있습니다. 단, '매출/수량'을 함수를 이용해 만들 때는 'SUM( )' 함수도 이용해야 합니다.

▲ 함수에서 변수는 초록색으로 자동 변경됩니다.

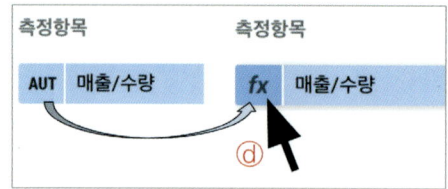

▲ `fx`를 클릭하면 함수를 수정할 수 있습니다.

ⓐ 필드의 [이름]을 '매출/수량'으로 입력합니다. 최대한 직관적인 이름이 좋습니다.

ⓑ 수식을 입력할 때 주의사항은 다음과 같습니다.

- **SUM( )** : 합을 의미하는 함수입니다.
- **SUM 함수의 부가 기능** : 해당 데이터가 '숫자'임을 명확히 하여 구글 루커 스튜디오의 집계 오류를 방지합니다.
- `매출`, `수량` : 키보드로 '매출'이라고 입력하고 키보드의 `Space Bar` 키를 누르면 **자동으로 초록색으로 바뀝**니다. 이는 변수로 인식 되었음을 의미합니다. '수량'도 동일합니다.

 초록색으로 자동 바뀌지 않으면 변수명을 잘못 입력했거나, 혹은 존재하지 않는 변수이므로 에러가 발생합니다.

ⓒ 입력 완료시 하단의 [적용] 버튼을 클릭합니다.

ⓓ 수정이 필요할 때는 필드 좌측에 마우스 포인터(🔧)를 가져다 대면 `AUT`가 `fx` 형태로 바뀌고 이를 클릭하면 수정 가능한 팝업창이 열립니다.

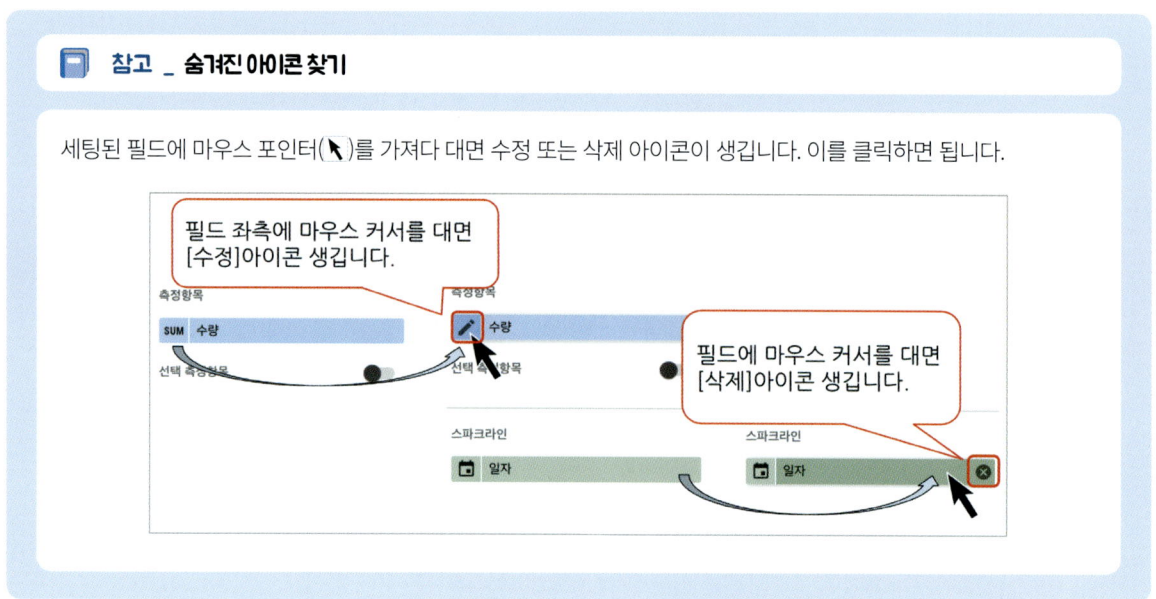

04 기타 옵션

추가로 스코어카드에 목푯값과 진행률을 표시할 수 있습니다.

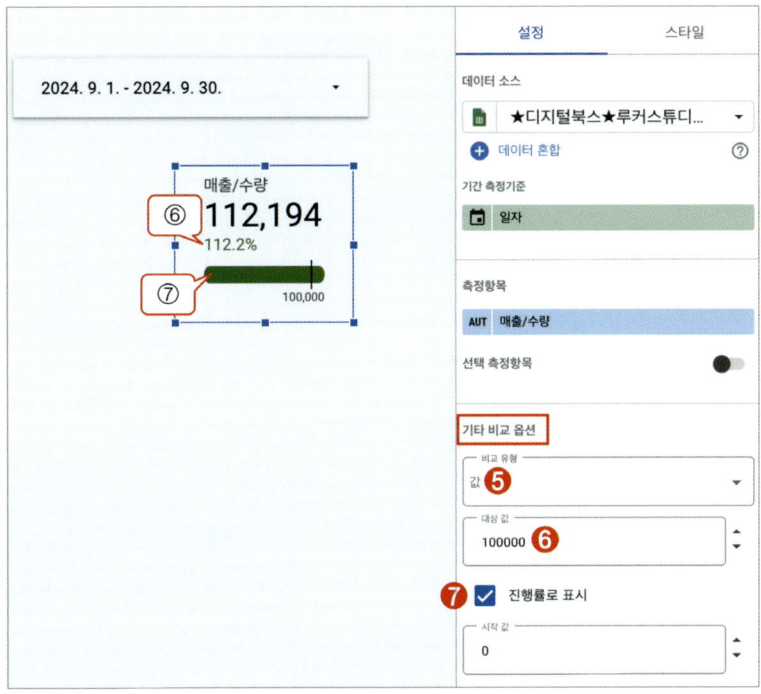

❺ [설정] 탭의 [기타 비교 옵션]에서 [비교 유형]을 [값]으로 선택합니다. [값]을 선택하면, 바로 아래 '진행률' 관련 옵션이 추가로 나타납니다.

❻ [기타 비교 옵션] 섹션의 [대상 값]에 '100000'을 입력합니다. 이 값은 목푯값입니다.

❼ [기타 비교 옵션] 섹션의 [진행률로 표시] 체크박스를 마우스로 클릭하여 체크합니다.

05 차트 한번 정렬

차트를 한번에 정렬하기 위해선 마우스를 이용하여 다수의 차트를 포함하는 영역을 드래그(drag)합니다. 다수의 차트가 지정되었다면, 우클릭하여 지정한 차트의 메뉴를 엽니다. 실습에서는 [세로 맞춤]을 클릭하여 [상단] 정렬을 진행합니다.

▲ 다수의 차트를 선택 후, 한 번에 정렬이 가능합니다.

시각화 : 시계열 차트

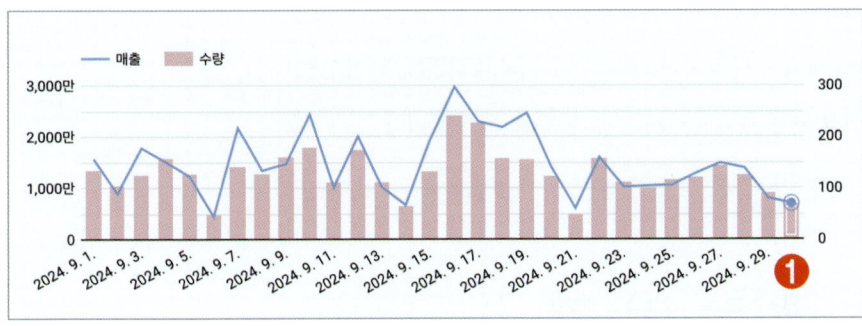

▲ 시계열 차트 표의 끝을 당기는 것으로 크기 조정이 가능합니다.

■ 추세 확인

앞선 실습에서 제작한 매출과 수량 스코어카드의 '스파크라인'을 통해 대략적인 추세를 확인할 수 있었습니다. 더 자세한 추세를 확인하는 방법은 '시계열 차트'를 사용하는 것입니다. 'Time series chart'라고도 불리는 이 차트는 **X축이 '시간'인 것이 특징**으로 시간(일,주,월, 년 등)에 따른 추세를 확인하는 데 특화되어 있습니다.

> **Tip** '선 차트'에서 X축이 시간축이 되면 '시계열 차트'가 됩니다.

01 시계열 차트 차트 추가 및 특징
- **사용 차트** : 시계열 차트
- **특징** : 시간에 따른 추세 확인
- **주의사항** : 한 번에 너무 많은 정보를 표시하지 않도록 주의
- **추가 학습목표** : Y축 좌/우 할당

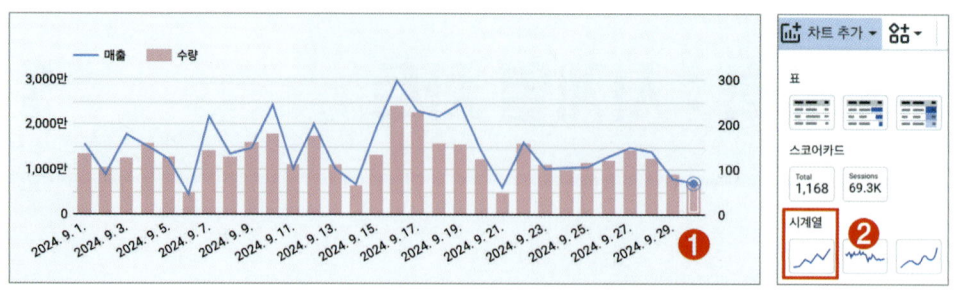

❶ **완성** : 매출 및 수량 2개의 측정항목이 Y축의 좌, 우에 각각 할당되어 있습니다.

❷ 툴바 → [차트 추가] 버튼을 클릭 → [시계열 차트]를 클릭합니다.

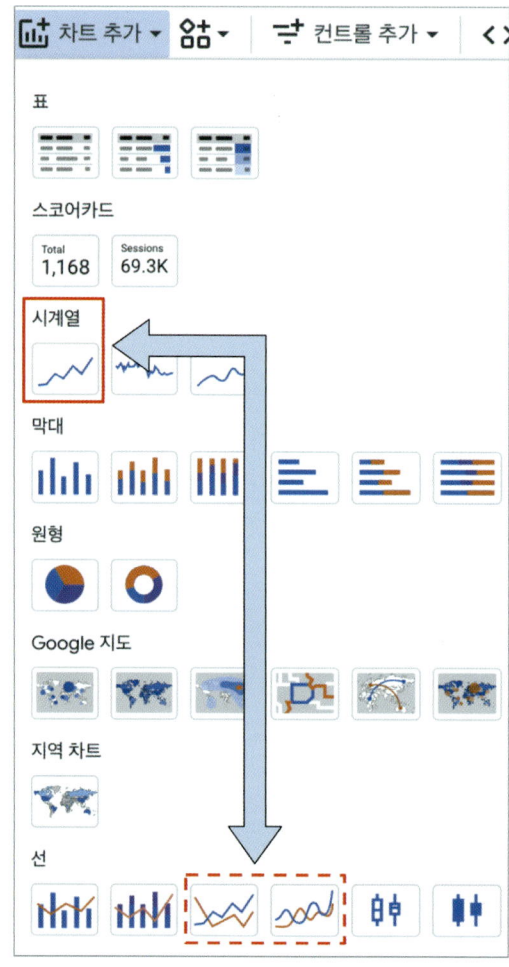

▲ 시계열 차트는 X축이 시간으로 하단의 선 차트와 구별됩니다.

기본 설정

[설정] 탭의 주요 세팅 측정기준은 '일자', 측정항목은 각각 '매출'과 '수량'입니다. 시계열 차트의 측정항목은 이론상 무한대로 넣을 수 있습니다. 단, 가독성을 고려하여 두 개 정도가 가장 적당합니다.

> **Tip** 가독성 관점에서 보면, 너무 많은 정보는 없으니만 못합니다.

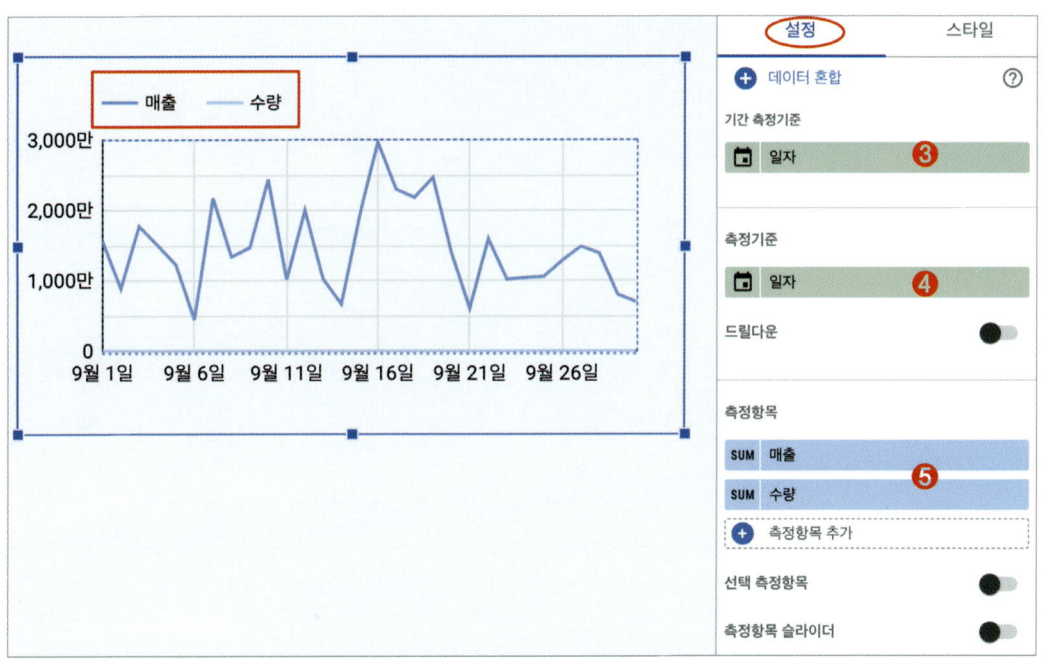

▲ 매출과 수량이 한 개의 차트에 반영되었습니다.

❸ 시계열 차트를 클릭하여 우측 [설정] 탭에서 [기간 측정기준]이 [일자]임을 확인합니다.

❹ [설정] 탭의 [측정기준]이 [일자]로 자동 세팅됩니다.

❺ [설정] 탭의 [측정항목] 섹션에 [매출], [수량]을 세팅합니다.

> 📘 **참고 _ 기간 측정기준 vs 측정기준**
>
> [설정] 탭의 [기간 측정기준](❸)과 [측정기준](❹)의 역할이 헷갈릴 수 있습니다. [설정] 탭의 [기간 측정기준]에 '일자'를 세팅하면 보고서 상단의 날짜 필터에 영향을 받게 됩니다. 반면, [측정기준]에 세팅한 '일자'는 '시계열 차트'의 핵심인 X축을 의미합니다.
>
>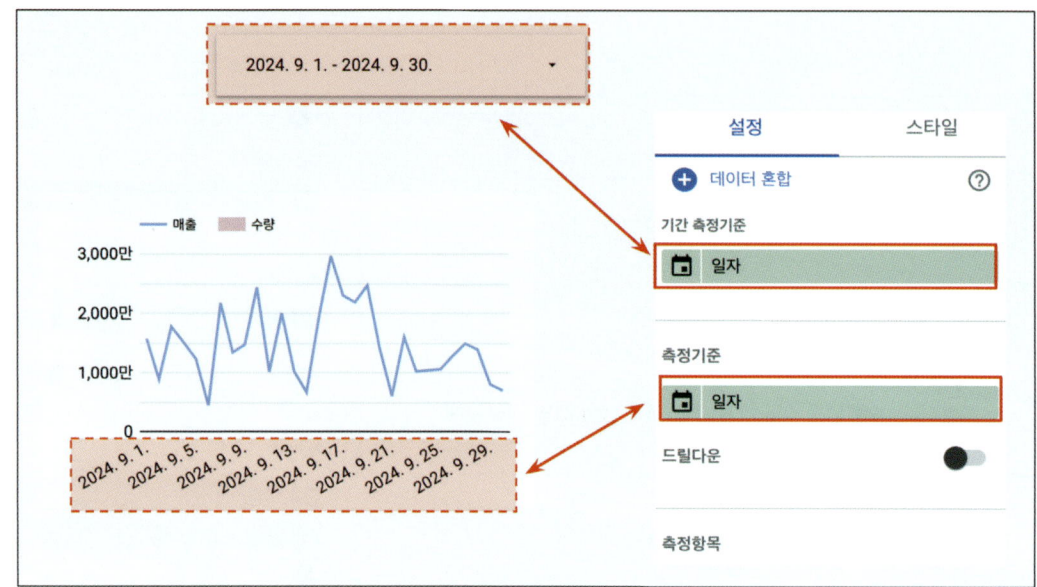
>
> ▲ 측정기준의 '일자'가 시계열 차트의 핵심인 시간축입니다.

03 Y축 추가 할당

두 개 이상의 측정항목을 한 개의 표에 담을 때는 각 측정항목 값의 범위(이를 SCALE이라 합니다.)를 고려해야 합니다. 예컨대 현 시계열 차트에서 '매출'은 천만 단위, '수량'은 백 단위입니다. 두 개의 측정항목을 한 개의 차트에 반영하면 측정항목 값의 범위가 다르기 때문에 특히 '수량' 측정항목의 추이 구별을 할 수 없게 됩니다.

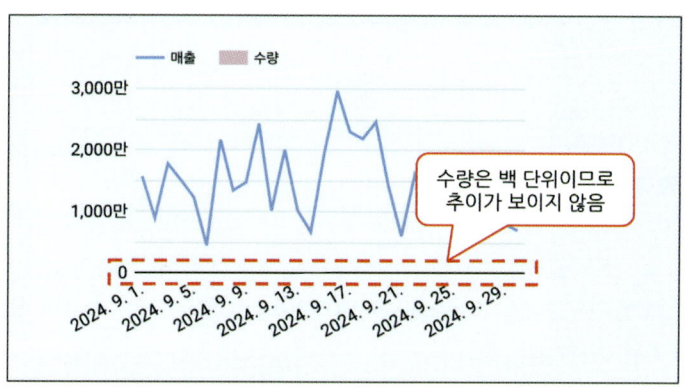

▲ 범위(SCALE)가 서로 다른 측정항목을 동시에 표기하면 가독성이 떨어집니다.

이를 해결하기 위해 '수량' 측정항목을 오른쪽 Y축에 할당하면 각 측정항목의 구별이 쉬워집니다. 이는 [스타일] 탭에서 수정할 수 있습니다. 또한, Y축에 할당한 '수량'을 '선'에서 '막대'로 바꿔주고, 색을 바꿔주면 더 높은 가독성을 기대할 수 있습니다.

단, 다수의 측정항목은 왼쪽부터 시리즈 #1, 시리즈 #2 … 이렇게 구별합니다. 이 부분이 헷갈리면 [스타일] 탭의 옵션 중 '선', '막대', '색상' 등을 직접 선택해 보면 시각적으로 쉽게 구별 할 수 있습니다. 이런 원리를 바탕으로 시리즈 #2가 '수량'임을 알 수 있습니다.

> **Tip** [스타일] 탭의 모든 옵션은 차트의 데이터와 무관합니다. 자유롭게 변경해 보면서 변화를 확인해 보세요.

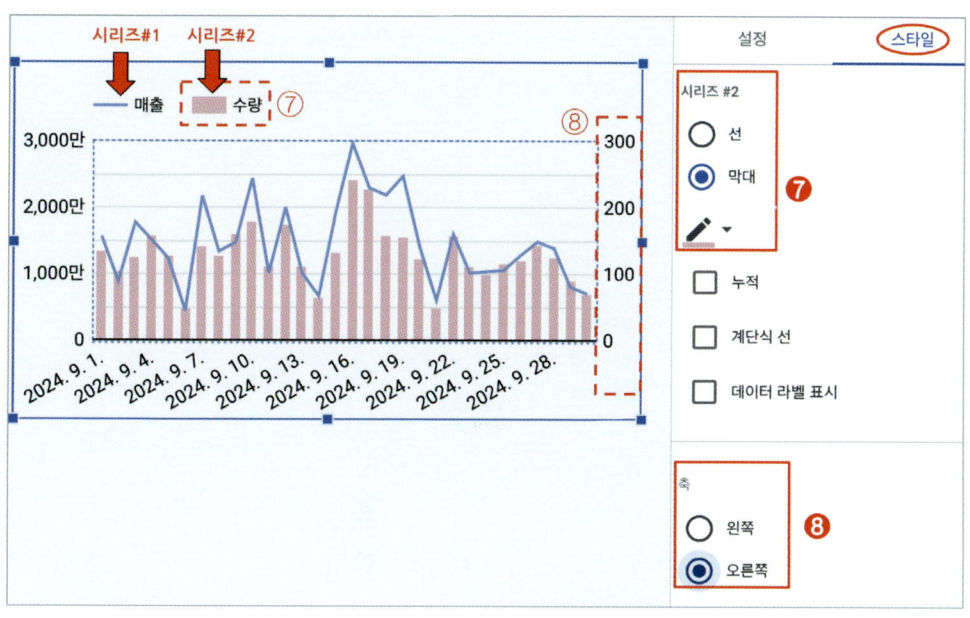

❼ [스타일] 탭을 클릭합니다. [스타일] 탭 [시리즈 #2] 섹션에서 [막대] 및 색상을 선택합니다.

❽ [스타일] 탭 [시리즈 #2] 섹션 아래 [축]을 [오른쪽]으로 선택하면 [수량] 측정항목이 Y축 오른쪽으로 할당됩니다.

> 📘 **참고 _ 교차 필터링 OFF**
>
> 시계열 차트를 만드는 도중 차트의 일부를 클릭하거나 드래그(drag)했을 경우, 해당 부분만 짙은 색으로 바뀜과 동시에 다른 차트의 값도 변경되는 경우가 있습니다. 이를 '교차 필터링'이라고 합니다. 이는 순간적으로 선택한 조건으로 페이지 전체를 필터링해 주는 기능입니다.
>
>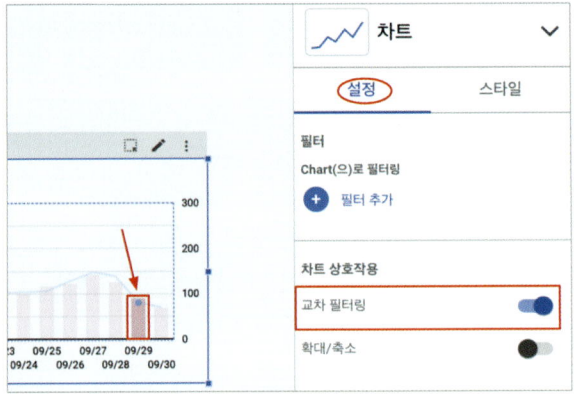
>
> ▲ 차트의 일부를 클릭해 전체에 필터를 적용하는 것이 교차 필터링입니다.
>
> 이러한 교차 필터링은 기본값으로 세팅되어 있기도 합니다. 하지만 교차 필터링은 번거롭더라도 확인하여 무조건 OFF를 유지하는 것이 좋습니다. 교차 필터링이 적용된 보고서가 개인이 사용하는 보고서라면 크게 상관없지만, 다수의 팀원 간 공유 시 교차 필터링은 번거로운 추가 설명이 필요할 수 있기 때문입니다.
>
> 교차 필터링을 OFF로 변경해도 화면이 그대로라면 윈도우 : F5 키 / Mac OS : ⌘ + R 키를 눌러 화면 '새로 고침'을 진행하면 됩니다.
>
>
>
> ▲ [설정] 탭 → [차트 상호작용]의 [교차 필터링] OFF 권장

CHAPTER 06 시각화 : 원형 차트

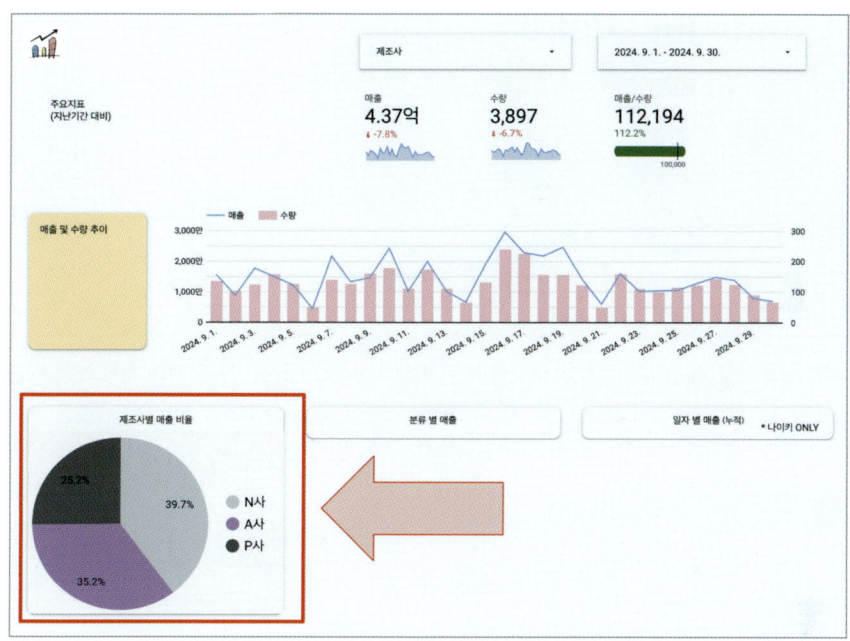

▲ 비율은 원형 차트로 표현할 수 있습니다.

■ 비율 비교

01 원형 차트 추가 및 특징

- **사용 차트** : 원형 차트
- **특징** : 비율 비교
- **장점** : 100% 기준 비율 비교
- **단점** : 값은 파악하기 어려움

실습을 진행하는 가상의 매장은 위의 그림과 같이 N사, A사, P사 제조사별 일일 매출을 데이터에 저장하고 있습니다. 따라서 각 제조사별 매출의 '비율'은 원형 차트로 확인할 수 있습니다.

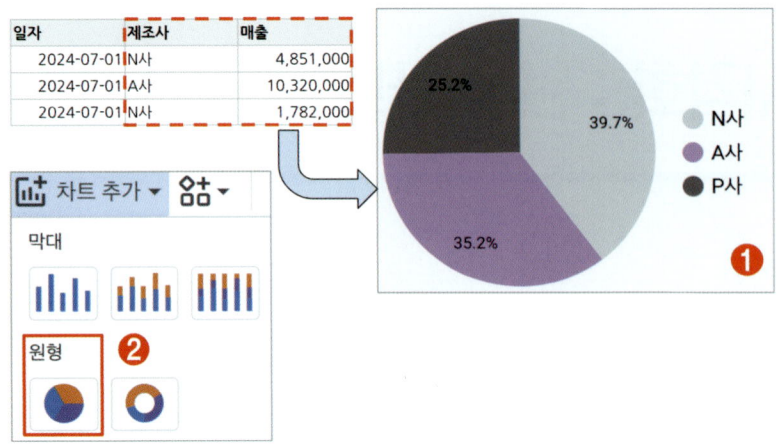

❶ 완성 차트

❷ [차트 추가] 탭을 클릭합니다. 하단의 [원형]을 클릭합니다.

> **Tip** 원형 차트는 비율을 비교하지만, 값을 비교할 때는 막대 차트(Bar Chart : 모든 막대 차트의 통칭)를 이용합니다.

02 기본 설정

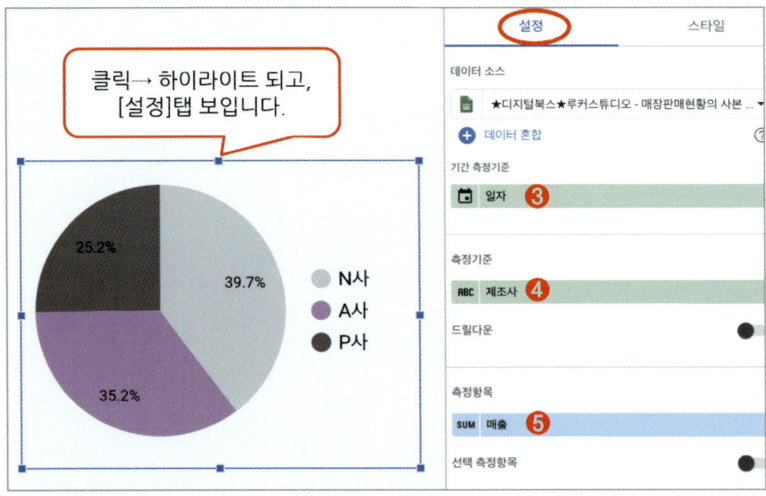

❸ 차트를 클릭하고, 우측 [설정] 탭의 [기간 측정기준]이 [일자]임을 확인합니다.

❹ [설정] 탭 [측정기준]을 [제조사]로 세팅합니다.

❺ [설정] 탭 [측정항목]을 [매출]로 세팅합니다.

> **Tip** [기간 측정기준]의 [일자]는 본 실습에서는 자동 동기화되므로, 이후 설명에서 제외합니다.

03 가독성 옵션

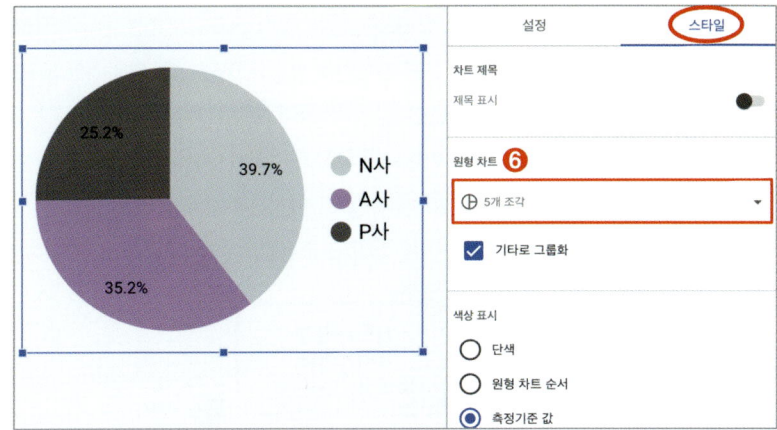

❻ [스타일] 탭을 클릭합니다. [스타일] 탭 [원형 차트]를 [5개 조각]으로 선택해줍니다.

- 실습에서는 N사, P사, A사 총 3가지의 측정기준을 활용합니다. 그러나 실무에서는 이보다 많을 수 있으므로, 최대 5개 정도로 한도를 두면 차트의 가독성을 확보할 수 있습니다. 그 외 다양한 [스타일] 탭의 적용 여부는 상황에 맞게 조정합니다.

> **참고 _ 라벨에 값 표시**
>
> 원형 차트는 일반적으로 비율을 비교하기 위해 사용하고, 값을 비교할 때는 막대 차트를 이용합니다. 하지만 원형 차트도 값 표시가 불가능한 것은 아닙니다. [스타일] 탭의 [라벨]에서 [값]을 선택해주면 됩니다.
>
>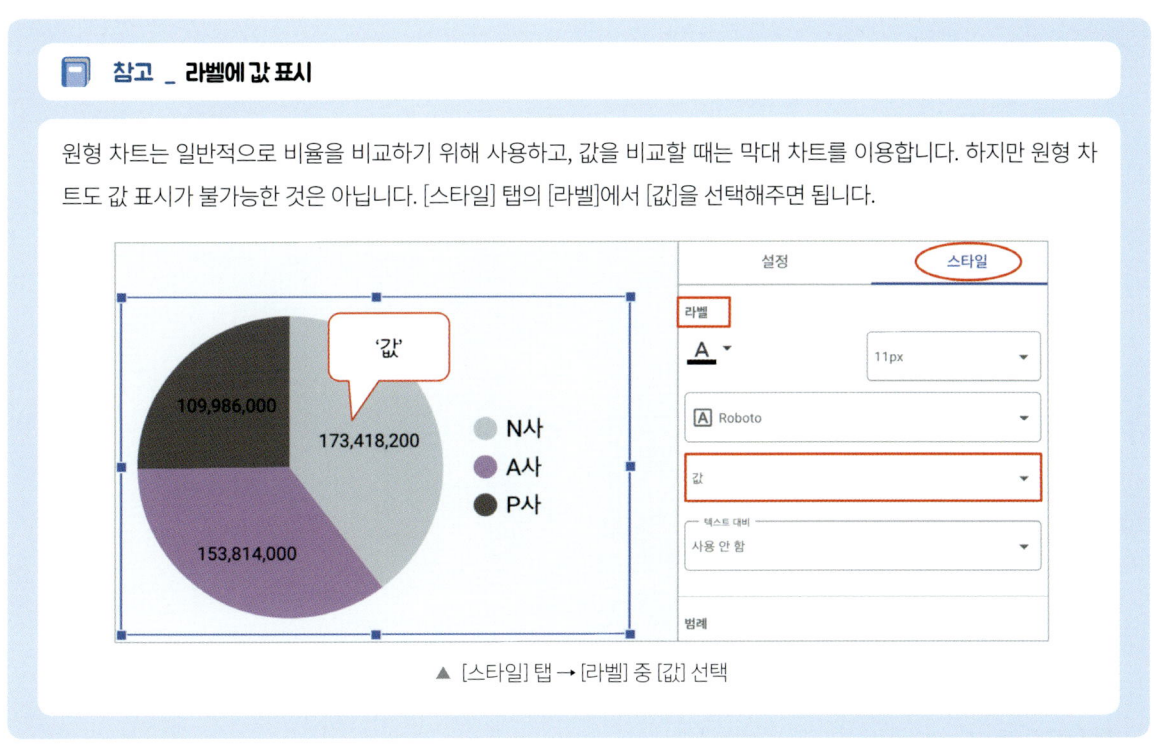
>
> ▲ [스타일] 탭 → [라벨] 중 [값] 선택

📖 참고 _ 교차 필터링 증상의 예

앞서 설명한 것처럼 차트의 교차 필터링은 작성되는 모든 차트의 기본값은 아닙니다. 그럼에도 불구하고, [교차 필터링]이 ON으로 자동 세팅되어 있는 경우가 생각보다 많습니다. 예를 들어 보고서 제작 중에 원형 차트의 일부를 클릭할 경우, 차트 일부가 자동으로 변경되거나, 낯선 문구가 나타나면 교차 필터링이 ON인 상태입니다.

따라서 [설정] 탭 가장 아래 [차트 상호작용] 섹션의 [교차 필터링]이 OFF임을 매번 습관적으로 확인해야 합니다. 또한 교차 필터링을 OFF한 후에는 화면 새로고침을 해주는 것이 필수입니다(윈도우 : F5 키 / Mac OS : ⌘ + R 키).

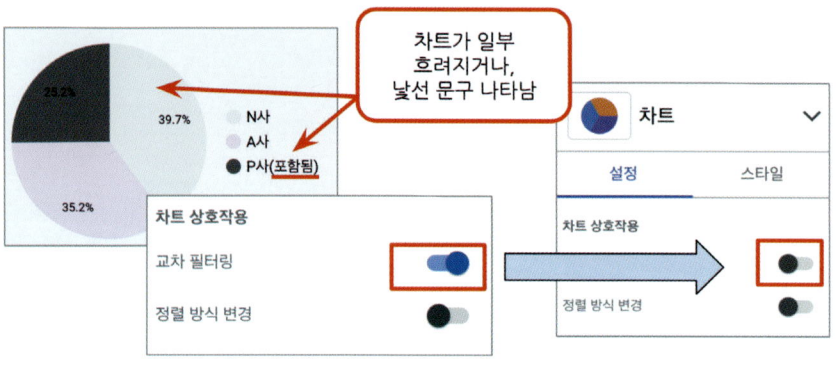

CHAPTER 07 시각화 : 막대 차트

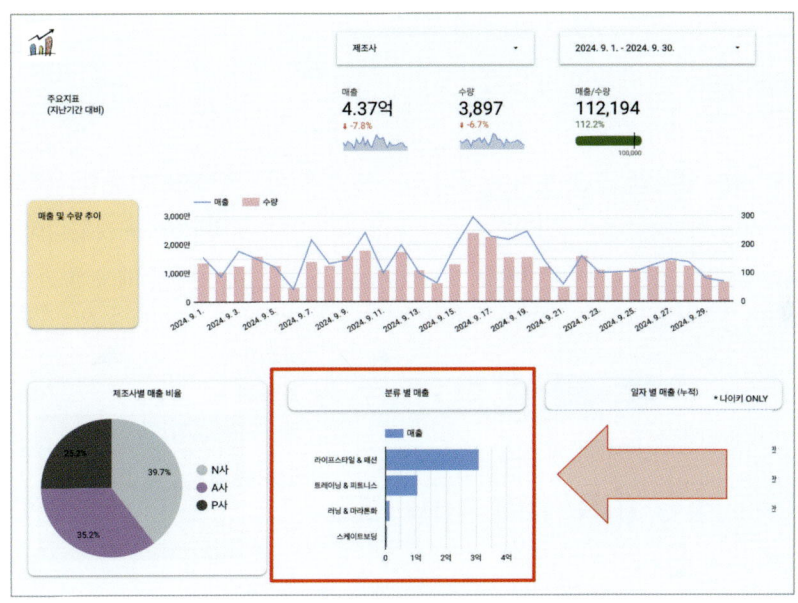

▲ 막대 차트는 값 비교에 적합합니다.

■ 값 비교

01 막대 그래프 추가 및 특징

- **사용 차트** : 막대 그래프
- **장점** : 값 비교에 적합
- **단점** : 가독성을 고려한 차트 선택 필요
- **추가 학습 목표** : 차트 변경, 상황에 맞는 막대 그래프 선택

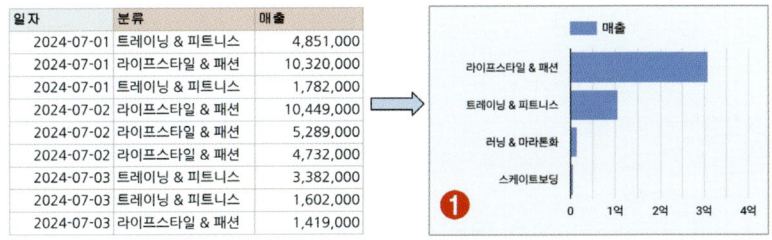

▲ 분류별 매출 열 차트로 비교

❶ 완성 차트

> **Tip** 수량을 비교할 때는 '막대 차트'가 가장 가독성이 높습니다. 비교를 위해 차트를 작성할 때는 다음과 같은 기준으로 선택합니다.
> - **수량 비교** : 막대 차트
> - **비율 비교** : 원형 차트

02 차트 변경

차트를 직접 추가할 수도 있지만, 구글 루커 스튜디오는 복제 후 차트 변경도 가능합니다. 이는 단순 복제 후 측정항목만 바꾸는 것이 아니라, 먼저 차트를 복제한 후에 다른 차트로 변경하는 것입니다. 얼핏 보기엔 과정이 복잡해 보이지만 의외로 간단한 과정이며 세팅한 값들이 상당수 유지되기 때문에 차트를 직접 추가하는 것에 비해 편리합니다.

▲ 기본 방법으로 막대 차트를 추가할 수도 있습니다.

- 차트 변경을 위해서 **Chapter 06 시각화 : 원형 차트**에서 만든 제조사별 매출 원형 차트를 복제합니다.

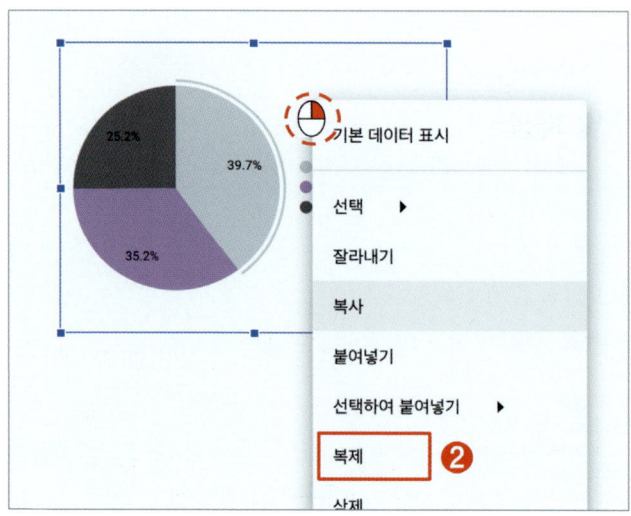

▲ 제조사별 매출 비율 원형 차트를 복제합니다.

❷ 기존에 작성한 원형 차트를 우클릭 후, 메뉴의 [복제]를 클릭합니다.

복제가 완료된 새 차트를 클릭합니다. 우측의 [설정] 탭 상단의 드롭다운(∨) 버튼을 클릭하여 차트 변경 창을 엽니다. 막대 차트 중 가장 대표적인 열 차트(ᆢᆢ)를 클릭해 변경할 수 있습니다.

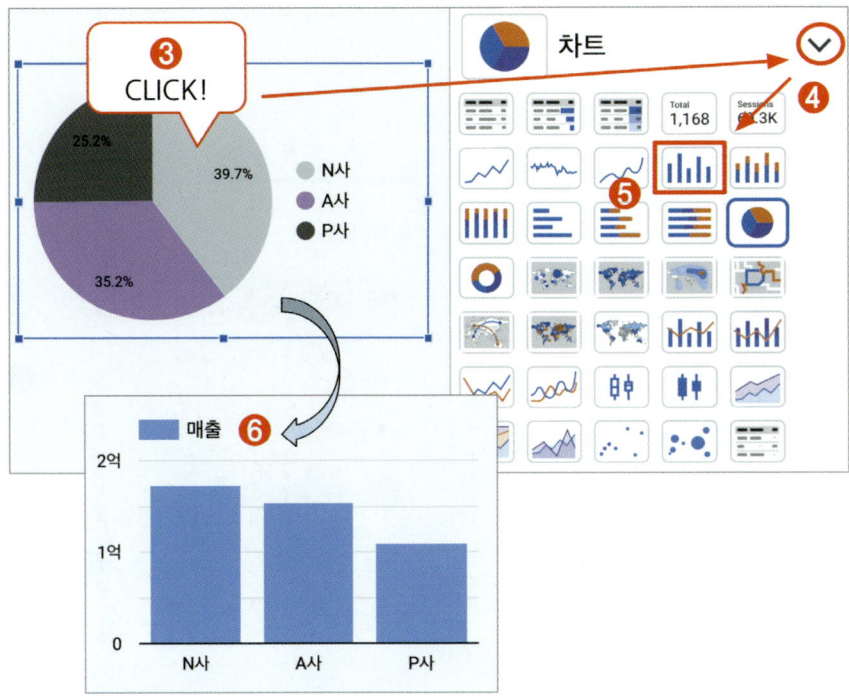

❸ 복제된 차트를 클릭합니다.

❹ 우측 [설정] 탭 상단의 드롭다운(∨) 버튼을 클릭하여 [차트]를 엽니다.

❺ 그림과 같은 열 차트(ᆢᆢ)를 클릭합니다.

❻ 원형 차트가 열 차트로 자동 변경됩니다.

03 기본 설정

변경한 차트는 측정기준이 여전히 제조사로 되어 있습니다. 이는 제조사와 매출로 되어 있는 차트를 복제했기 때문입니다. 따라서 '분류별 매출'이라는 내용에 맞게 변경이 필요합니다. 측정항목은 유지하고, 측정기준만 '분류'로 바꿔주면 됩니다.

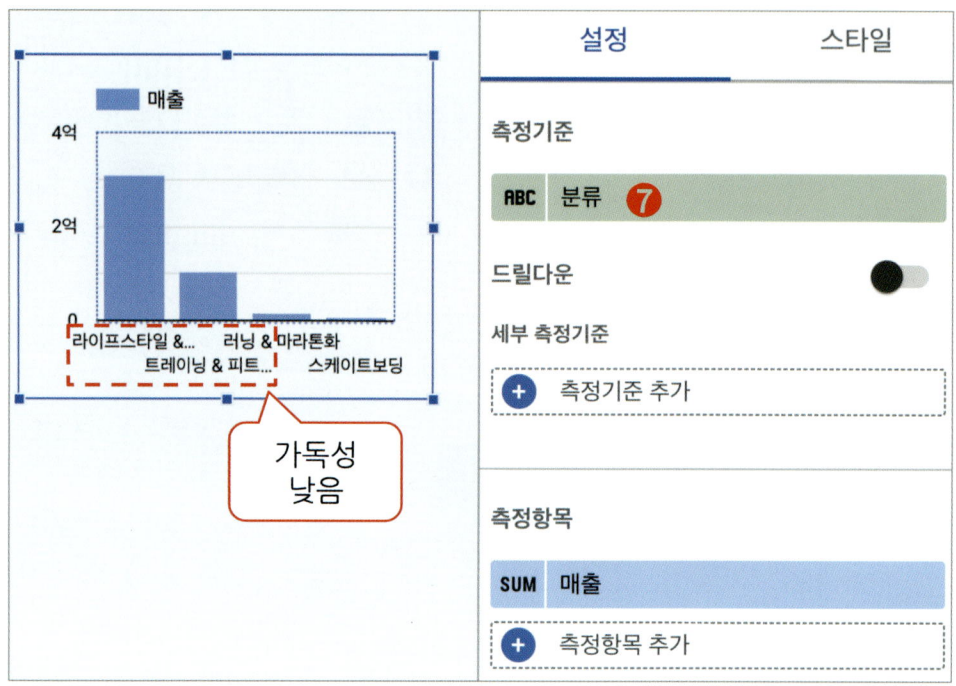

❼ [설정] 탭 하단의 [측정기준]을 [분류]로 세팅합니다.

이때 차트 X축의 측정기준을 보면 '…' 형태로 내용이 일부 생략된 것이 보입니다. 이는 **표의 크기가 작기 때문에 발생한 생략**입니다. 따라서, 표를 크게 늘려주면 해결할 수 있습니다. 하지만 해당 표가 들어갈 영역에서는 표를 크게 늘릴 수 없는 상황입니다. 따라서 한 번 더 변형이 필요합니다.

04 막대 그래프로 전환

다시 한 번 막대 차트를 클릭하고 차트 변경창을 다시 열어서, 이번에는 가로 형태의 막대 그래프( )를 선택해줍니다. 그 후에 분류의 글자가 '…' 형태의 생략이 사라지고 온전한 글자가 보일 때까지 축을 조정해(drag)줍니다. 이렇게 조정하는 것만으로 차트의 가독성을 대폭 향상할 수 있습니다.

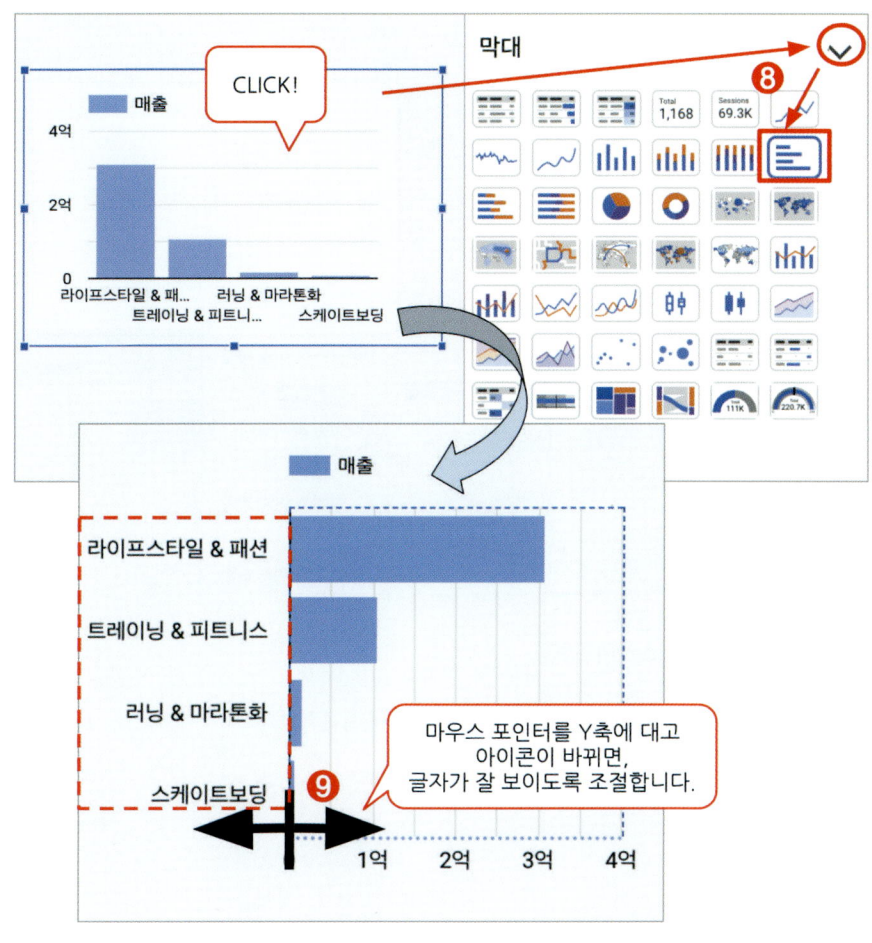

▲ 가로형 막대 그래프는 텍스트의 가독성이 높습니다.

❽ ❸ ~ ❻ 과정과 동일하게 열 차트( )를 막대 그래프( )로 변경합니다.

❾ 막대 그래프의 Y축에 마우스 포인터( )를 대면, 축 이동 가능한 커서( )로 바뀝니다. 클릭 후 좌우로 끌어, 측정기준의 글자가 생략되는 것을 조정합니다.

05 적절한 바(BAR) 차트 고르기

그렇다면 왜 처음부터 가로형을 선택하지 않고 이처럼 번거로운 과정을 거쳤을까요. 이유는 대중성 때문입니다. 바(BAR) 형태의 차트를 그린다면 고민할 이유 없이 세로형의 열 차트(📊)를 선택해야 합니다. 세로형의 열 차트와 같이 '대중적'이고 '상식적'인 차트가 가독성도 높기 때문입니다. 하지만 실제 구현 후, 일부 측정기준에 '…'의 형태로 가독성에 문제가 생기면, 그때는 가로형 막대 그래프(☰)로의 전환이 좋은 대안이 됩니다.

> **Tip** 차트를 선택할 때 '대중성'도 중요합니다. '상식적인 차트'가 가독성도 높습니다.

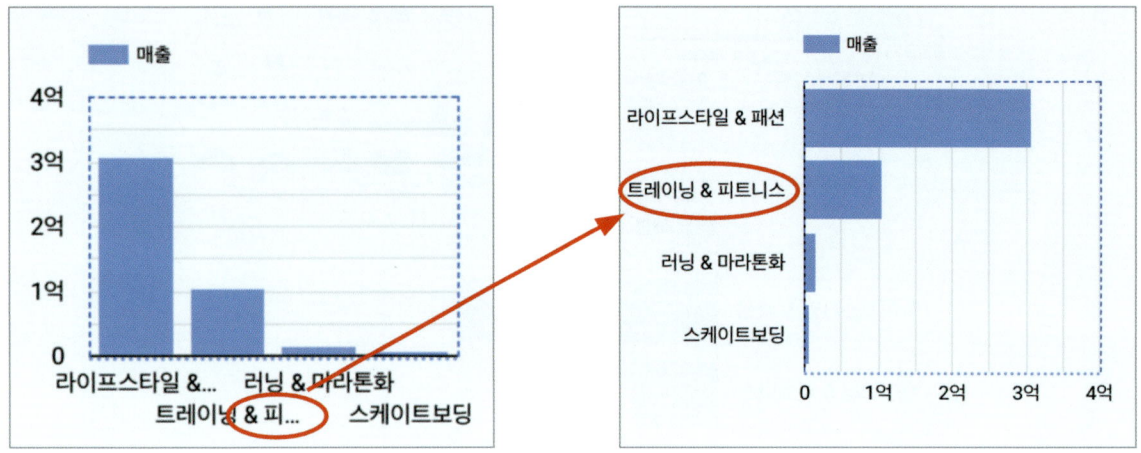

▲ 차트 선택에 따라 가독성이 추가로 증가합니다.

CHAPTER 08 시각화 : 시계열 누적 차트

▲ 시계열 차트에 누적과 필터를 추가할 수 있습니다.

■ 추세의 누적

01 시계열 차트 추가 및 특징

- **사용 차트** : 시계열 차트
- **추가 학습 목표** : 누적, 별명, 날짜 형식 변경, 필터링

시간에 따른 추세를 확인할 수 있는 시계열 차트는 누적 데이터를 확인할 수 있으며, 날짜 서식의 변경도 가능합니다. 또한 특정 제조사(N사) 데이터만을 볼 수 있게 필터링도 가능합니다.

실습에 필요한 차트는 **CHAPTER 05. 시각화 : 시계열 차트**에서 제작한 시계열 차트를 복제하여 사용합니다. 복제한 차트를 사용하는 경우, 차트의 기본 설정과 Y축 좌우 분할 설정까지 따라오기 때문에 차트를 새로 제작하는 것보다 편리합니다.

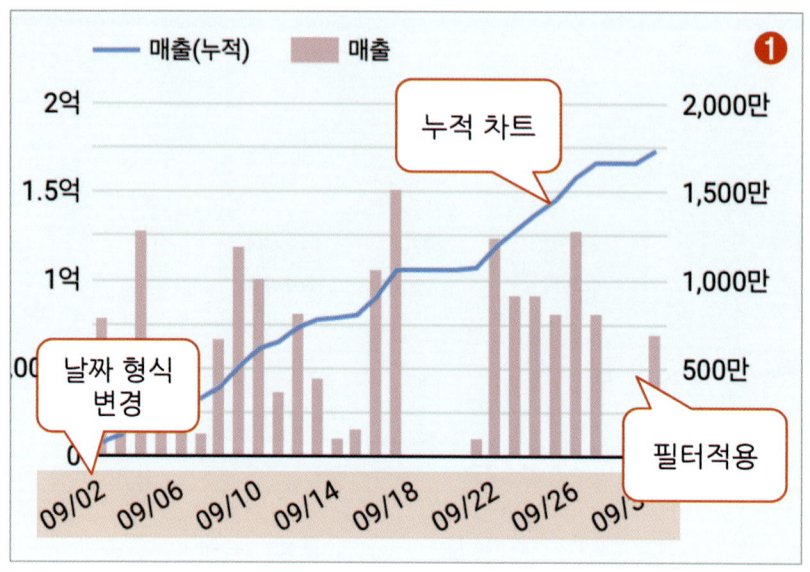

❶ 완성 차트

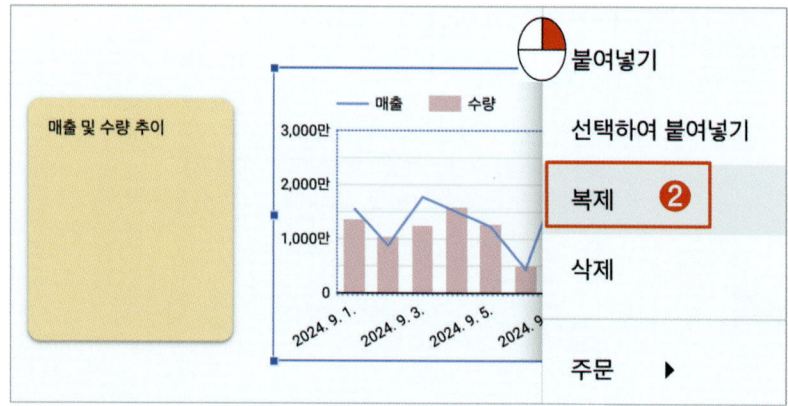

❷ 이미 제작한 CHAPTER 05. 시각화 : 시계열 차트를 우클릭하여 메뉴를 엽니다. 메뉴의 [복제]를 클릭합니다.

02 기본 설정

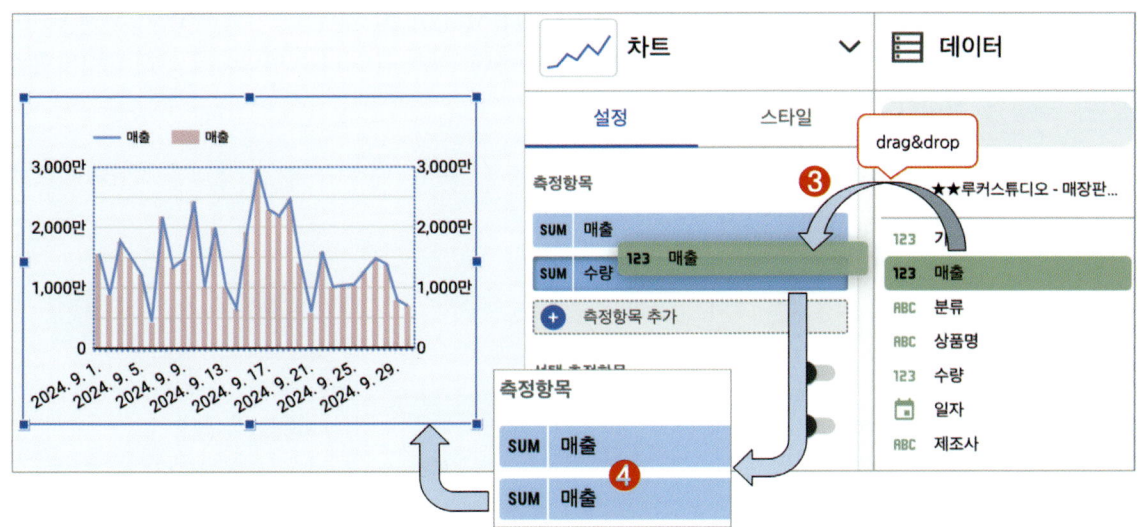

▲ 측정항목은 우측 '데이터 영역'에서 끌어와 놓을 수 있습니다(드래그앤드롭, drag&drop).

❸ 복제한 시계열 차트를 클릭합니다. 우측 차트 [설정] 탭, [측정항목]의 [수량]을 [매출]로 변경합니다.

❹ 복제된 시계열 차트의 [측정항목]이 모두 [매출]로 바뀌었습니다.

- 복제한 원본 시계열 차트의 스타일이 그대로 적용되어 Y축도 좌우로 구분되며 선 차트, 바 차트가 함께 표시되었습니다.

03 누적 표시

이제 두 개의 측정항목 중에서 어느 측정항목에 누적을 적용할지 선택해야 합니다. 실습에서 누적을 적용할 차트는 '시리즈 #1' 차트입니다. 즉 첫 번째 측정항목을 누적 차트로 바꿔줍니다.

❺ 차트를 마우스로 클릭합니다. 화면 우측 [스타일] 탭에서 [시리즈#1]의 [누적] 체크박스를 체크합니다. 이때, 색상을 변경하여 구별해 줍니다.

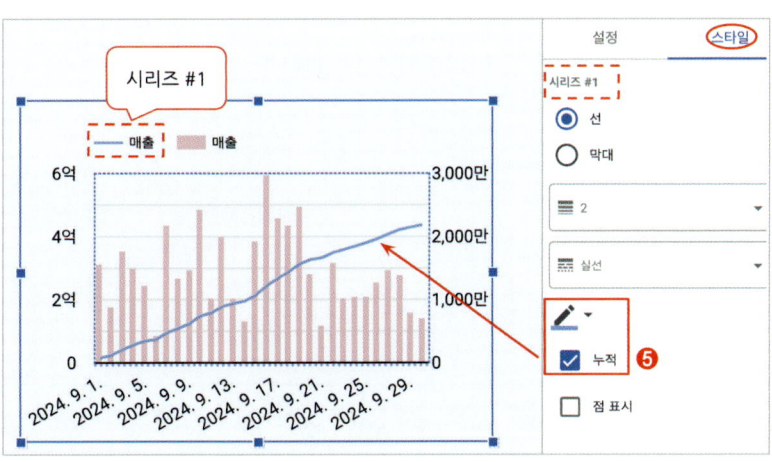

04 별명

별명(nickname)은 보고서의 이름(필드 이름)을 바꿔주는 기능입니다. 단, 보고서에서만 바뀔 뿐, 실제 데이터에는 영향을 주지 않습니다. 또한 별명을 입력한 경우 바로 아래 '소스 필드'라는 영역에서 원래 데이터의 이름(필드 이름)을 확인할 수 있습니다.

새로운 차트의 매출/매출 2개의 측정항목 중에서 첫 번째 측정항목을 '매출(누적)'로 별명을 지어줍니다. 새로운 별명은 직관적인 것이 좋습니다.

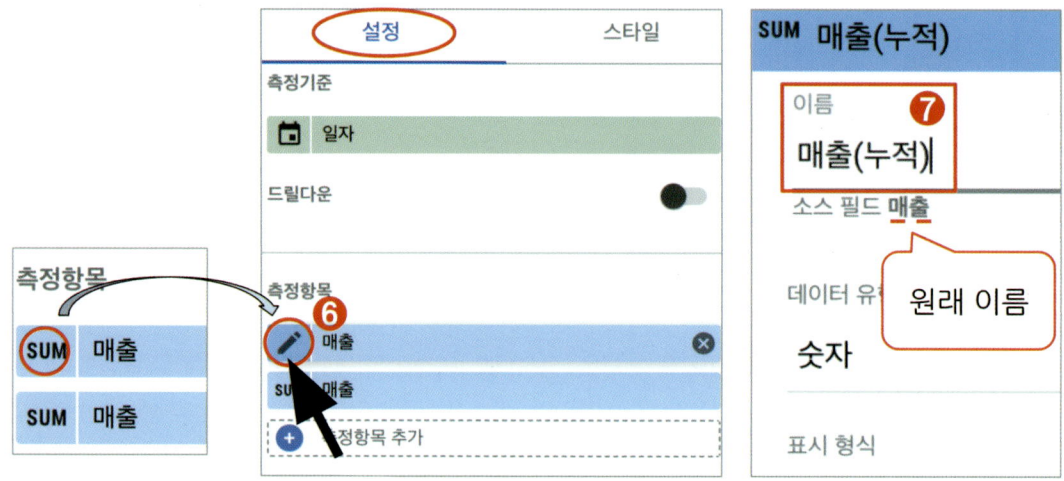

▲ 별명은 보고서에만 적용되고, 원 데이터와는 무관합니다.

❻ [설정] 탭을 클릭합니다. [설정] 탭 [측정항목]의 [매출] 왼쪽 SUM 부분에 마우스 포인터(↖)를 대면 ✏ 연필 아이콘으로 바뀝니다. 바뀐 아이콘(✏)을 클릭합니다.

❼ 아이콘(✏)을 클릭한 후, 팝업창의 [이름] 항목에 '매출(누적)'을 입력합니다.

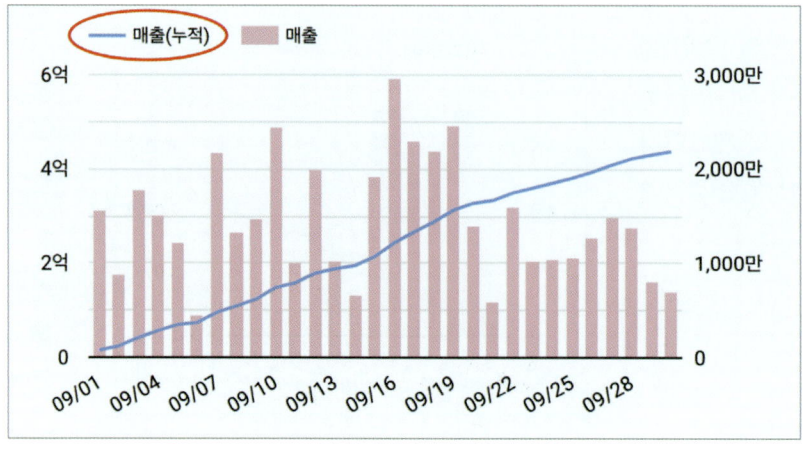

▲ 첫 번째 측정항목에 별명이 적용되었습니다.

> **Tip** 별명 입력 후, 별도의 [적용] 버튼이 없는 경우 캔버스의 빈 공간을 클릭하면 팝업창이 사라지면서 즉시 적용됩니다.

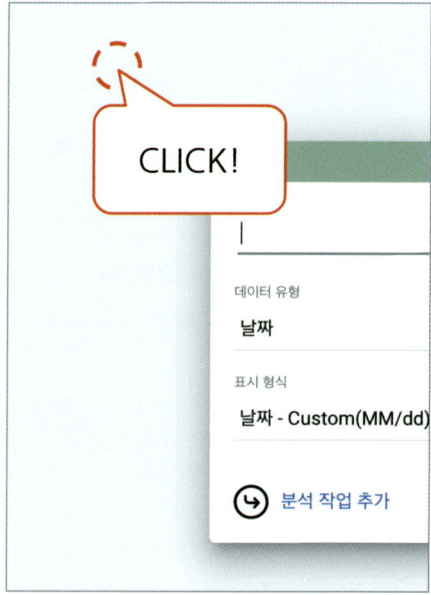

▲ 팝업 밖 캔버스의 빈 부분을 클릭해 즉시 적용합니다.

05 필터 적용

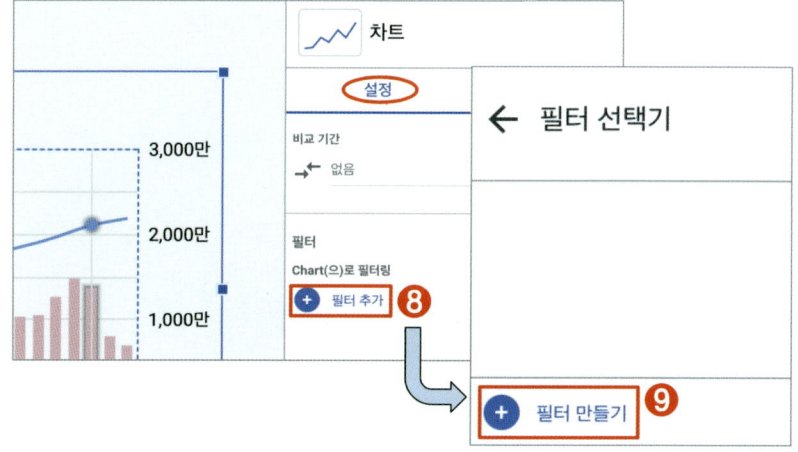

▲ 필터는 [설정] 탭 영역 가장 아래 있습니다.

❽ 누적 차트를 클릭한 후 [설정] 탭의 하단의 [필터 추가] 버튼을 클릭합니다.

❾ [필터 선택기] 팝업창에서 [필터 만들기] 버튼을 클릭합니다.

[필터 만들기] 팝업창이 뜨면, '이름'과 '조건'을 입력합니다. 이때 조건은 'SQL'의 조건문과 같은 역할을 합니다. 물론 구글 루커 스튜디오는 'SQL'을 몰라도 사용하는데 지장은 없습니다. 결과적으로 아래와 같이 필터를 적용하면 N사 관련 매출만 차트에 반영됩니다.

▲ 필터는 'SQL'의 조건문과 같은 역할입니다.

❿ [필터 만들기] 팝업창에서 먼저 [이름]은 직관적으로 알 수 있게 '제조사 N사 필터'라고 입력합니다.

⓫ [조건]을 입력합니다. 이때는 맞춤법에 주의합니다.

- [포함], [측정기준 : 제조사], [같음(=)], [N사]

⓬ [저장] 버튼을 클릭합니다.

> **Tip** N사 부분은 실제 사용자 입력 부분으로 맞춤법(혹은 철자)에 주의해야 합니다.

⓭ 지정된 필터는 [설정] 탭의 [필터]에서 확인할 수 있습니다. 또한 필터 왼쪽 아이콘(✏️)을 클릭하여 수정할 수 있습니다.

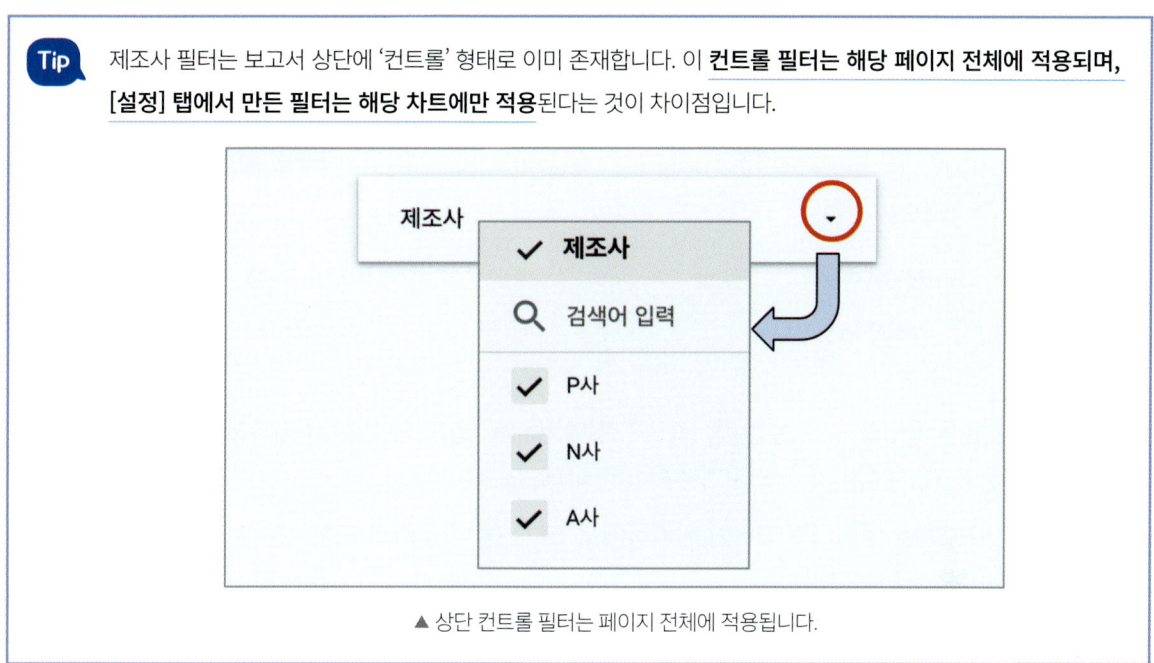

▲ 상단 컨트롤 필터는 페이지 전체에 적용됩니다.

06 날짜 표시 변경

시계열 차트 등의 날짜 형식의 기본값은 '2024.9.1 = yyyy.m.d'(년.월.일) 형식입니다. 해당 형식은 표의 크기가 클 때는 상관없지만 크기가 작은 표에서는 가독성이 떨어질 수 있습니다. 따라서 맞춤 날짜 형식에 'MM/dd'를 입력하면 '09/01(월/일)' 형태로 바꿀 수 있습니다. 이는 엑셀의 날짜 서식과 동일합니다.

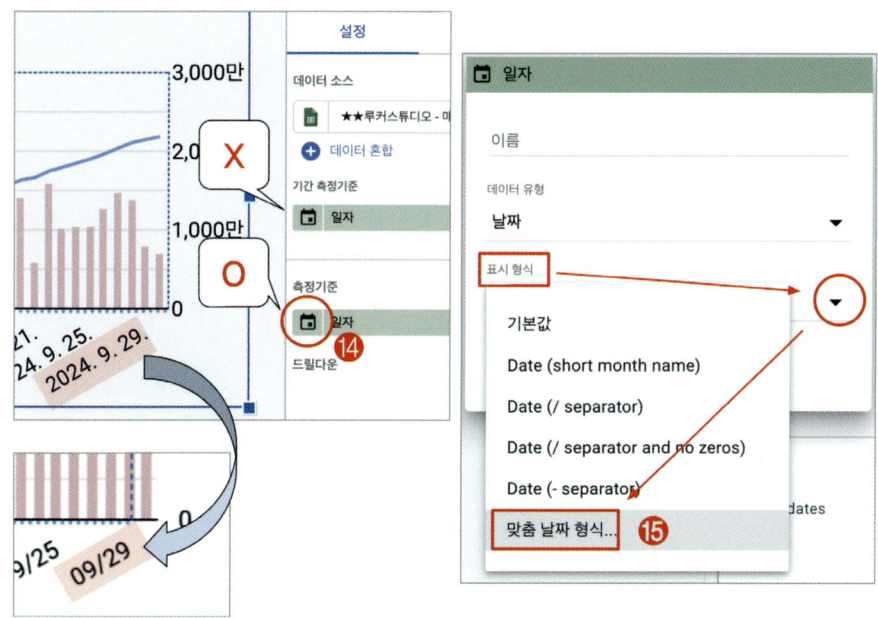

⑭ 시계열 차트를 클릭합니다. [설정] 탭 [측정기준]에 세팅된 [일자]의 좌측 달력 아이콘()을 클릭합니다. [기간 측정기준]의 [일자]가 아닙니다. 주의 바랍니다.

⑮ 달력 아이콘()을 클릭하여 나타난 팝업창에서 [표시 형식] 우측의 드롭다운(▼) 버튼을 클릭합니다. [맞춤 날짜 형식]을 선택합니다.

⑯ 맞춤 날짜 형식 팝업창 상단에 날짜 형식을 입력하고, [적용]을 클릭합니다. 입력할 때 대소문자(MM/dd)를 반드시 구별해야 합니다.

> ⚠️ 'MM/dd'는 엑셀의 날짜 서식과 유사하며, 심지어 대소문자도 구별합니다. 입력 완료 후 팝업된 화면이 닫히지 않는다면 캔버스 화면의 빈 부분을 클릭하면 형식이 적용됩니다.

CHAPTER 09 시각화 : 페이지 추가

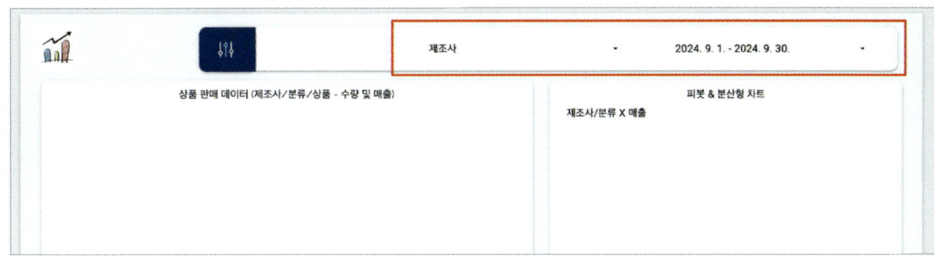

▲ 페이지 추가 후, 1페이지의 컨트롤을 복사해 붙여넣었습니다.

■ 페이지 추가

구글 루커 스튜디오는 다수의 페이지를 추가할 수 있습니다. 실습으로 사용하는 템플릿은 이미 페이지를 추가해 총 2페이지 이며, 가독성을 높이는 아이콘도 이미 적용되어 있습니다.

구글 루커 스튜디오 이외에는 페이지 추가, 복제 같은 페이지 관리 이외에도 섹션, 헤더, 구분선, 아이콘 등 가독성을 높여주는 다양한 옵션이 있습니다. 그러나 페이지가 많을수록 보고서를 열 때 많은 시간이 걸릴 수 있으므로 페이지 수는 최소한으로 유지하는 것이 좋습니다.

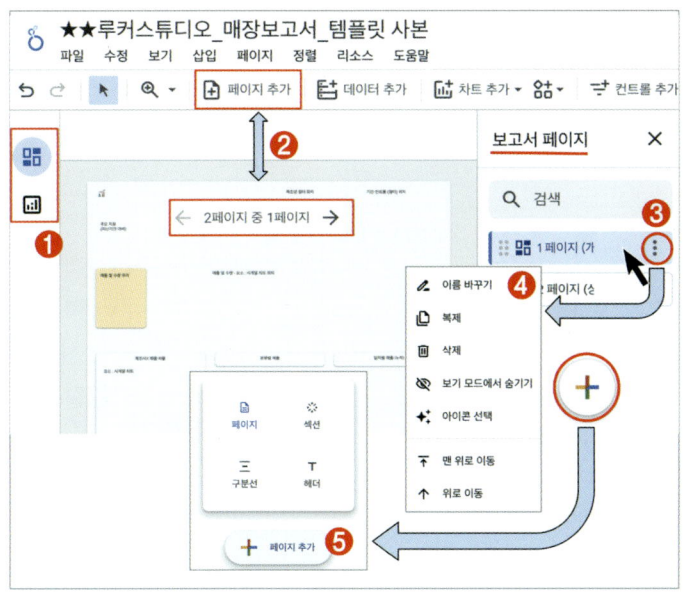

❶ 실제 공유 시에 보이는 [페이지 바로가기] 버튼입니다.
- 위에서부터 1, 2… 페이지이며, 별도의 아이콘을 적용하지 않는 경우 1, 2… 로 표시됩니다.

❷ 페이지 추가 버튼
- 2페이지 이상일 경우 툴바의 형태가 바뀝니다.
- 클릭하면 '보고서 페이지'라는 관리 영역이 우측에 나타납니다.

❸ 페이지 관리 영역에서 마우스 포인터( )를 대면 우측에 페이지 관련 아이콘( )이 나타납니다.

❹ 아이콘( )을 클릭하면 메뉴의 [복제], [삭제], [아이콘 선택] 등을 확인할 수 있습니다.
- 실습 템플릿에는 아이콘이 미리 세팅되어 있습니다.

❺ 하단의 버튼( )을 클릭하면 다양한 페이지 관리 옵션 팝업창이 나타납니다.

> **Tip** 보고서 페이지가 많아지면 데이터를 읽어오는 속도가 느려집니다. 또한 중요한 정보가 무엇인지 오히려 알기 어려워 집니다. 따라서 꼭 필요한 데이터를 1~2페이지로 압축하는 습관이 필요합니다.

■ 컨트롤 복사

두 번째 페이지에서도 제조사와 기간 필터는 필요합니다. 1페이지의 제조사와 날짜 필터를 복사해서 2페이지 상단에 붙여 넣습니다. 우클릭 메뉴에서 [복사], [붙여넣기]로 진행합니다.

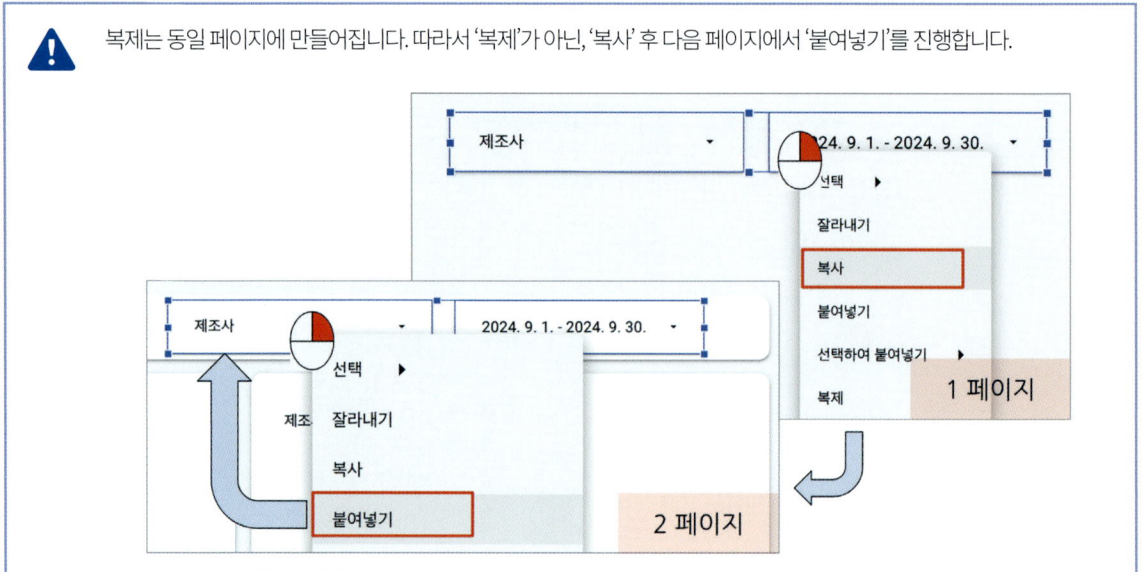

복제는 동일 페이지에 만들어집니다. 따라서 '복제'가 아닌, '복사' 후 다음 페이지에서 '붙여넣기'를 진행합니다.

화면 오류 수정

복사한 컨트롤을 붙여넣으면 기존의 모든 세팅이 그대로 복사됩니다. 하지만 실습에 활용하기 위해 준비한 2페이지 레이아웃은 컨트롤에 외곽선이 없어야 훨씬 보기 좋습니다. 하지만 복사한 컨트롤은 외곽선이 있으므로, 이를 지워주는 것이 좋습니다.

문제는 날짜 컨트롤의 [스타일] 탭을 확인해 보면 테두리 그림자가 이미 지워진 것으로, 해제(uncheck) 상태로 되어 있다는 점입니다. 이는 구글 루커 스튜디오의 수정 모드 버그로서, 이를 해결하려면 테두리 그림자를 체크(check)하고 다시 한 번 해제하면(uncheck) 해결됩니다.

> **Tip** 구글 루커 스튜디오는 화면 버그가 종종 있습니다. 단 화면상의 버그일 뿐, 실제 데이터 오류는 아니므로 안심해도 됩니다.

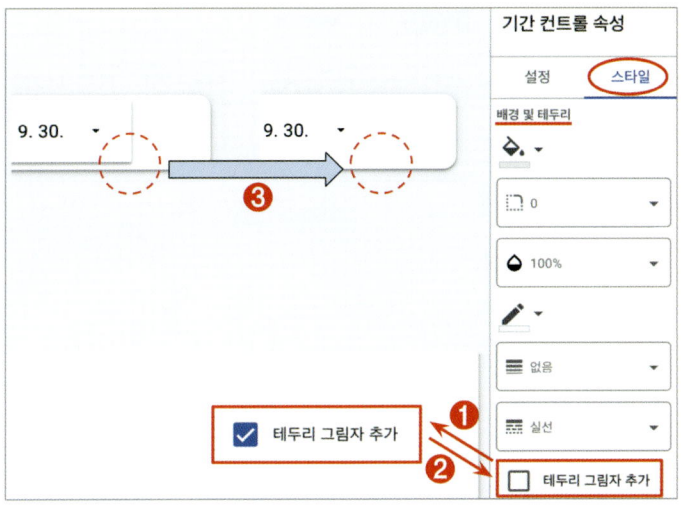

▲ [테두리 그림자 추가] 체크박스를 체크 후, 다시 체크 해제 하면 해결됩니다.

❶ 날짜 컨트롤을 클릭합니다. 우측의 [스타일] 탭을 클릭하여, [테두리 그림자 추가] 체크박스를 클릭하여 체크합니다.

❷ 버그를 해결하기 위해 [테두리 그림자 추가] 체크박스를 다시 클릭하여 체크 해제합니다.

❸ 날짜 컨트롤의 테두리가 깔끔하게 정리됩니다.

같은 방법으로 제조사 컨트롤도 보기 좋게 수정합니다.

▲ 제조사 및 날짜 컨트롤 모두 테두리 그림자를 제거합니다.

CHAPTER 10 시각화 : 표

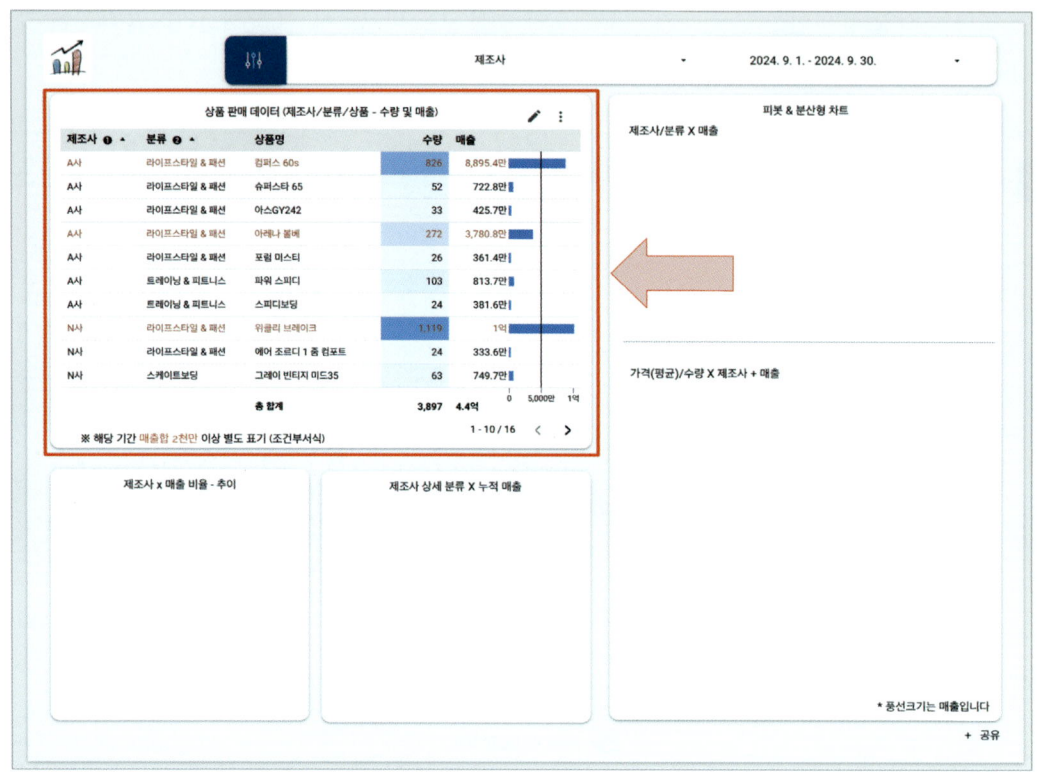

▲ 표의 단점은 다양한 스타일로 보완해야 합니다.

■ 최악의 가독성 극복

01 표 차트 추가 및 특징

- **사용 차트** : 표
- **장점** : 문장보다 나은 가독성
- **단점** : 차트 중에 가능 낮은 가독성. 가독성을 높이는 추가 작업 필수
- **추가 학습 목표** : 정렬, 표 가독성 높이는 옵션, 조건부 서식, CSV 파일 다운로드

표는 일반 문장보다는 조금 나을 뿐, 차트 중에서는 가장 가독성이 낮습니다. 따라서 가급적 사용하지 않는 것이 좋고, 어쩔 수 없이 사용해야 할 때는 히트맵, 막대 등 다양한 옵션을 추가해서 **최소한의 가독성을 확보해야** 합니다. 이러한 이유로 표는 가독성을 위한 옵션이 많습니다.

이외에도 조건부 서식 및 CSV 파일 다운로드를 위한 아이콘 등을 추가할 수 있습니다.

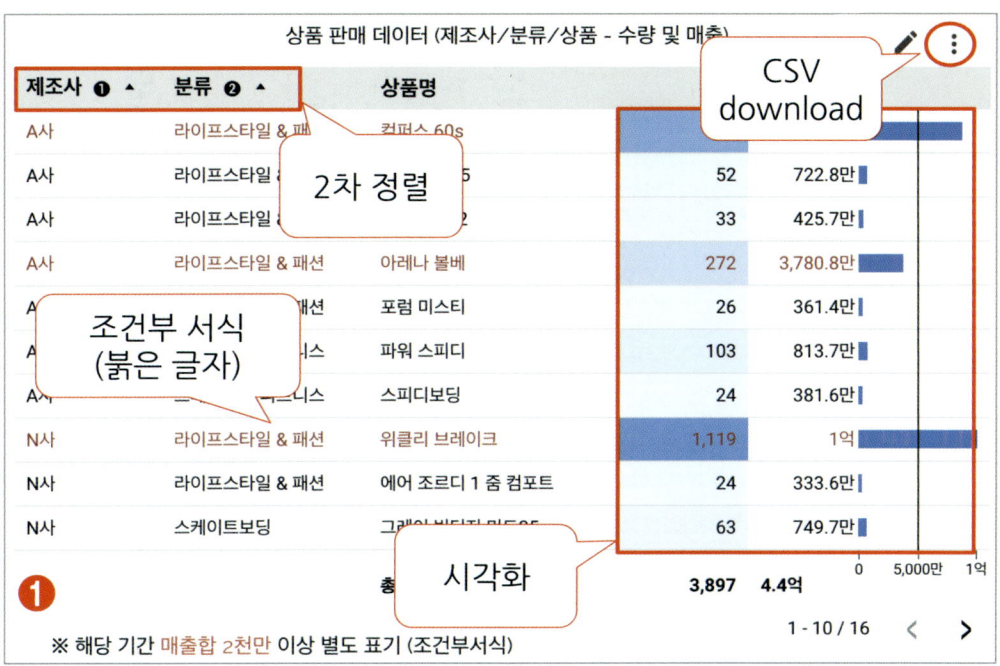

❶ 차트 완성 화면

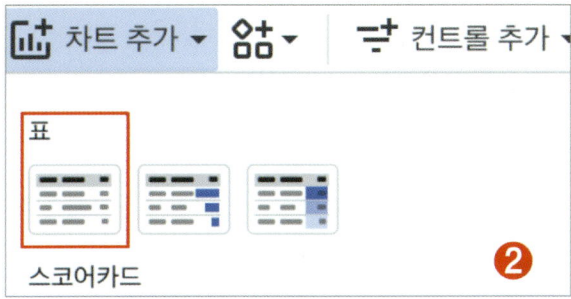

❷ [차트 추가] 탭을 클릭하고, [표]을 선택합니다.

02 기본 설정

표의 기본 세팅은 비교적 간단합니다. 자동으로 세팅되는 날짜 필드를 제외하고 엑셀의 표를 만들듯이 측정 기준과 측정항목을 세팅해 주면 됩니다. 추가로 하단 요약 행과, 보고서의 크기에 맞게 페이지당 행 수를 정해 줄 수 있습니다.

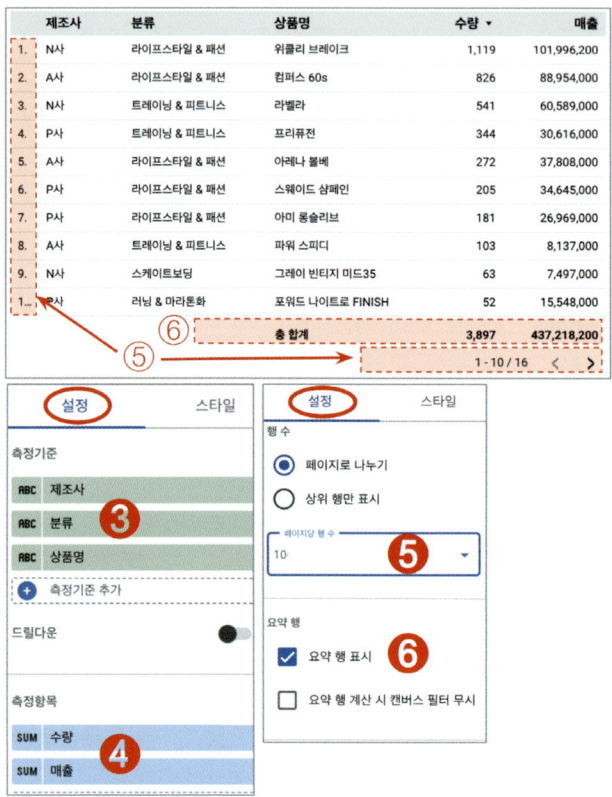

❸ 추가한 표를 클릭한 후 우측의 [설정] 탭 [측정기준] 섹션에 [제조사], [분류], [상품명]을 추가합니다.

❹ [설정] 탭 [측정항목] 섹션에 [수량], [매출]을 추가합니다.

❺ [설정] 탭 [행 수] 섹션의 [페이지당 행 수]를 '10'으로 선택합니다.

- 페이지에 표현할 최대 행 수입니다. 표를 넣을 공간에 맞춰서 조정해줍니다.
- 이때 표 하단에는 페이지 이동 아이콘([<], [>])이 만들어집니다.

❻ 하단의 [요약 행] 섹션의 [요약 행 표시] 체크박스를 체크합니다. 표 하단에 '총 합계' 등 집계(합)가 표시됩니다.

03 정렬

표의 기본 정렬도 사용자 정의할 수 있습니다. 또한 1차, 2차 정렬을 각각 지정해 카테고리처럼 만들 수도 있습니다. 이렇게 정렬한 필드는 공유할 때 기본값이 됩니다. 원활한 공유를 위해서 교차 필터링 OFF 체크도 잊지 말아야 합니다.

❼ [설정] 탭을 클릭합니다. [정렬]의 [오름차순]을 클릭한 후, [보조 정렬]의 [오름차순]을 클릭합니다.

- 1차 정렬과 2차 정렬을 지정합니다.
- 오름차순은 가나다 순으로 정렬됩니다.
- 2차 정렬 시에는 동그라미 형태의 숫자(❶, ❷)가 나타나며 이는 1차, 2차 정렬을 의미합니다.

❽ [설정] 탭 하단의 [차트 상호작용] 섹션의 [교차 필터링] 옵션을 OFF로 체크합니다.

- 기본값이 ON인 경우도 있습니다. 확인 후 옵션을 OFF로 체크하길 바랍니다.

참고 _ 실시간 정렬

보기 및 수정 단계 어디서든 헤더의 필드명을 클릭하면 해당 필드로 내림차순 혹은 오름차순 정렬이 가능합니다. 단, 이러한 일시적인 정렬은 저장되지 않습니다.

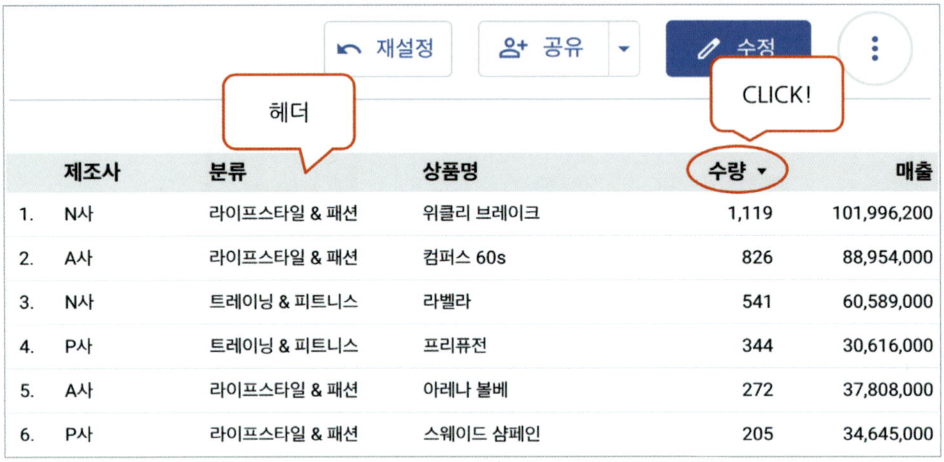

재설정
공유
수정
CLICK!
헤더
제조사 분류 상품명 수량 매출
1. N사 라이프스타일 & 패션 위클리 브레이크 1,119 101,996,200
2. A사 라이프스타일 & 패션 컴퍼스 60s 826 88,954,000
3. N사 트레이닝 & 피트니스 라벨라 541 60,589,000
4. P사 트레이닝 & 피트니스 프리퓨전 344 30,616,000
5. A사 라이프스타일 & 패션 아레나 볼베 272 37,808,000
6. P사 라이프스타일 & 패션 스웨이드 샴페인 205 34,645,000

▲ 헤더의 필드명을 클릭하면, 즉시 해당 필드로 정렬됩니다.

04 본문 줄 바꿈 및 행 번호 제거

이제부터 최악의 가독성을 가진 표에 가독성을 살리는 작업이 필요합니다. 먼저 줄 바꿈을 첨가하고 행 번호를 제거합니다.

표 헤더
차트
설정
스타일
표 본문
행 번호 8
자동 높이
텍스트 줄바꿈 9
가로 방향 스크롤
None
표 바닥글
표 본문
제조사 분류 상품명 수량 매출
A사 라이프스타일 & 패션 컴퍼스 60s 826 88,954,000
A사 라이프스타일 & 패션 슈퍼스타 65 52 7,228,000
A사 라이프스타일 & 패션 아스GY242 33 4,257,000
A사 라이프스타일 & 패션 아레나 볼베 272 37,808,000
A사 라이프스타일 & 패션 포럼 미스티 26 3,614,000
A사 트레이닝 & 피트니스 파워 스피디 103 8,137,000
A사 트레이닝 & 피트니스 스피디보딩 24 3,816,000
N사 라이프스타일 & 패션 위클리 브레이크 1,119 101,996,200
N사 라이프스타일 & 패션 에어 조르디 1 줌 컴포트 24 3,336,000
N사 스케이트보딩 그레이 빈티지 미드35 63 7,497,000
총 합계 3,897 437,218,200
1 - 10 / 16
8
9

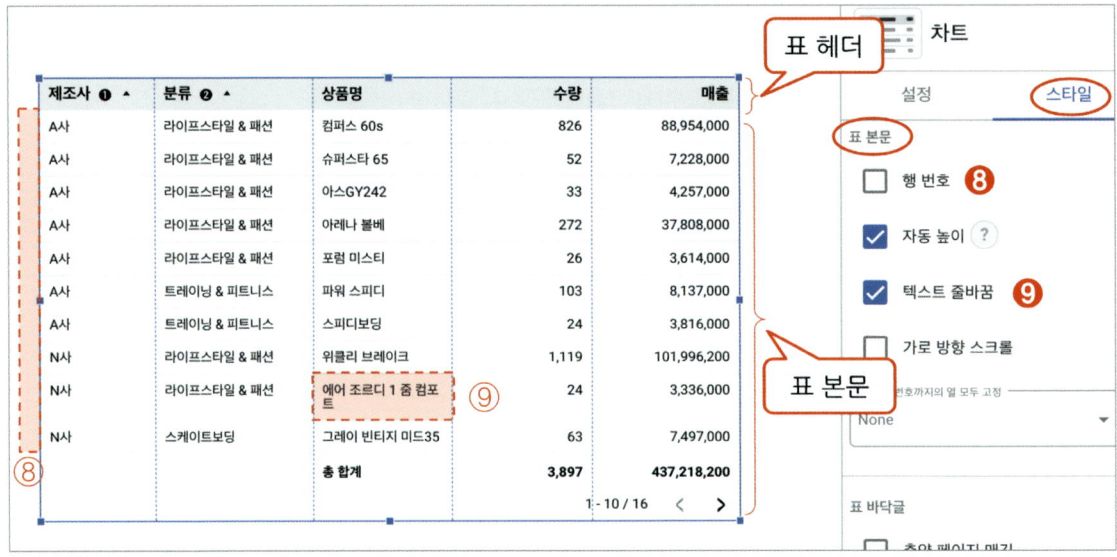

❽ [스타일] 탭을 클릭한 후, [표 본문] 섹션의 [행 번호] 체크박스를 클릭하여 OFF로 체크합니다.

- 행 번호를 OFF로 체크하면 표 가장 좌측의 번호가 사라집니다.
- 행 번호 여부는 선택이나, 실습에서는 표의 공간을 줄이기 위해서 OFF로 체크합니다.

❾ [표 본문] 섹션의 [텍스트 줄바꿈] 체크박스를 클릭하여 ON으로 변경합니다.

- 본문 내 텍스트가 너무 길 때 [텍스트 줄바꿈]을 활용하여 가독성을 높입니다.

05 히트맵

시각화의 단계에서 색상 등을 지정해 강조할 수 있는데, 대표적인 것이 히트맵입니다. 일반적으로 히트맵은 가장 높은 수치에 가장 진한 색을 부여해 가독성을 높입니다. 한편, 표는 측정항목이 여러 개일 때 좌측부터 측정항목 1번, 2번, 3번 이렇게 오름차순으로 숫자를 부여합니다. 히트맵은 측정항목 1번, '수량'에만 넣어줍니다.

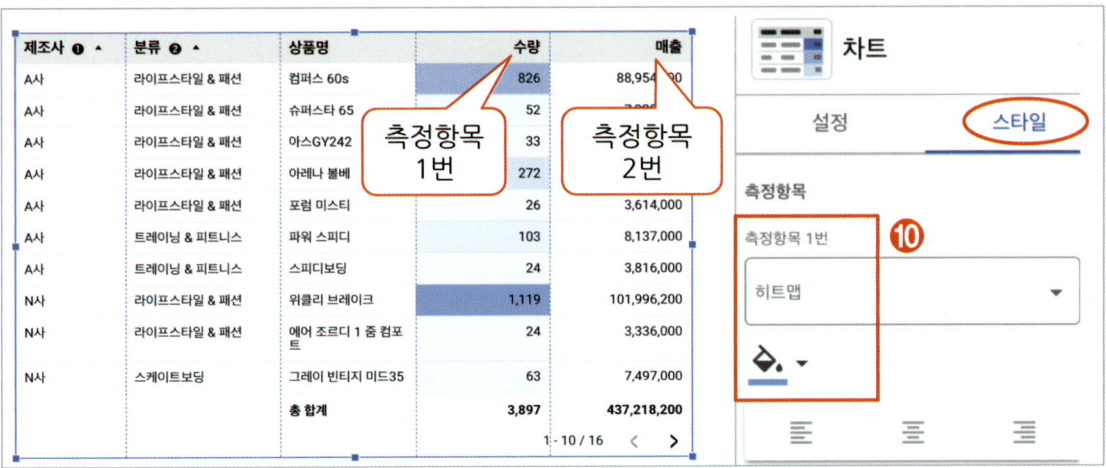

▲ 측정항목 좌측부터 1번, 2번 등 순차적으로 구분합니다.

❿ [스타일] 탭의 [측정항목] 섹션에서 [측정항목 1번]을 [히트맵]으로 선택합니다. 또한 색상도 지정할 수 있습니다.

> **Tip** 히트맵은 실습 예시처럼 다른 필드(제조사, 분류)가 기본 정렬되어 있고, 해당 측정항목(수량)은 정렬되지 않은 표일 때 효과적입니다. 반면 처음부터 수량으로 기본 정렬된 표라면 히트맵은 가독성에 별 도움을 주지 못합니다.

제조사	분류	상품명	수량 ▼	매출
N사	라이프스타일 & 패션	위클리 브레이크	1,119	101,996,200
A사	라이프스타일 & 패션	컴퍼스 60s	826	88,954,000
N사	트레이닝 & 피트니스	라벨라	541	60,589,000
P사	트레이닝 & 피트니스	프리퓨전	344	30,616,000
A사	라이프스타일 & 패션	아레나 볼베	272	37,808,000
P사	라이프스타일 & 패션	스웨이드 샴페인	205	34,645,000
P사	라이프스타일 & 패션	아미 롱슬리브	181	26,969,000
A사	트레이닝 & 피트니스	파워 스피디	103	8,137,000
N사	스케이트보딩	그레이 빈티지 미드35	63	7,497,000
P사	러닝 & 마라톤화	포워드 나이트로 FINISH	52	15,548,000
		총 합계	3,897	437,218,200

1 - 10 / 16

▲ 수량으로 기본 정렬된 표에 수량 히트맵은 의미가 없습니다.

06 막대

표에 삽입되는 막대는 수치를 이미지화해주는 옵션으로, 앞서 설명한 히트맵과 더불어 표의 가독성을 살려주는 옵션입니다.

막대 관련 옵션들은 복잡해 보이지만 직관적이므로 어렵지 않습니다. 옵션을 하나씩 선택하여 실시간으로 바뀌는 부분을 직접 확인해 보길 바랍니다.

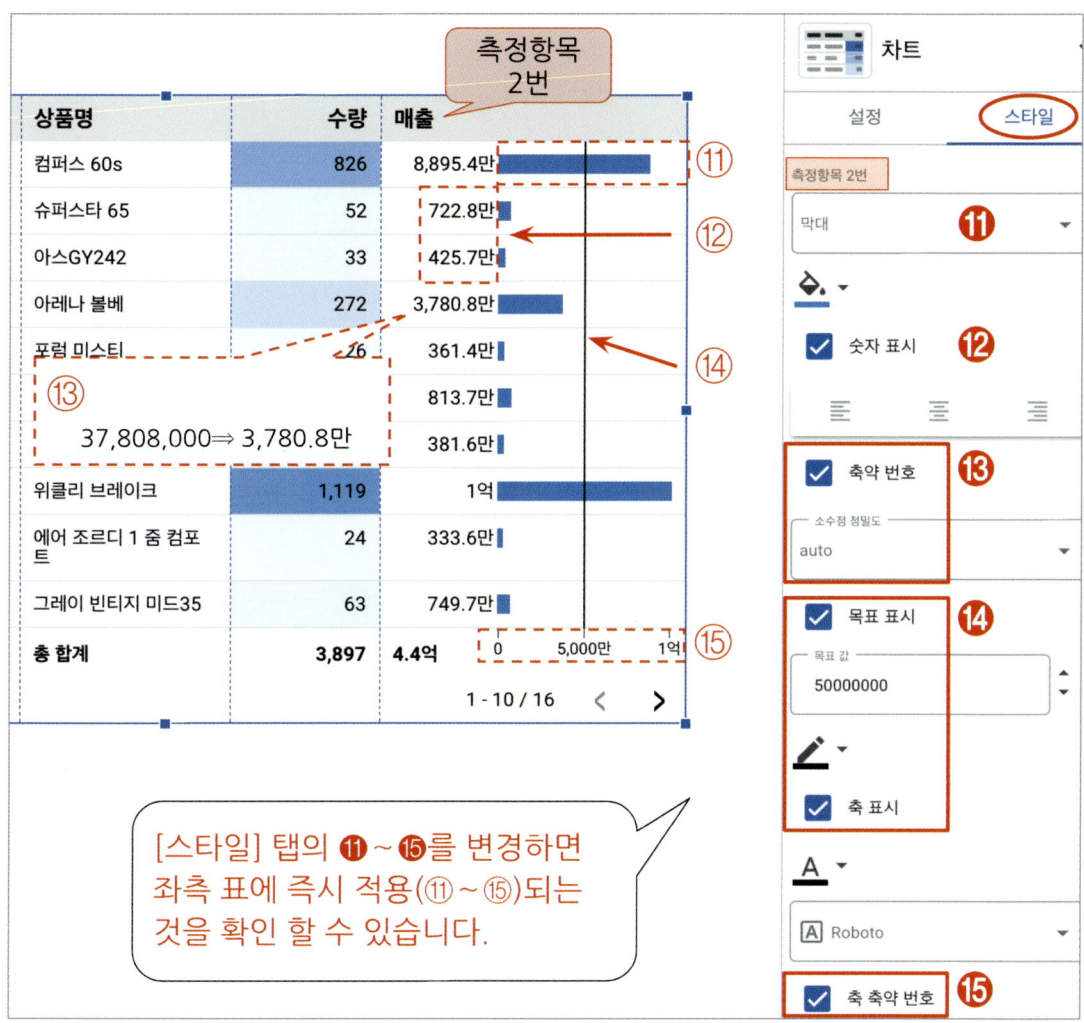

▲ 복잡해 보이지만 하나씩 세팅해 보면 어렵지 않습니다.

⑪ [스타일] 탭을 클릭합니다. [측정항목 2번] 섹션을 [막대]로 선택합니다.

⑫ [측정항목 2번] 섹션의 [숫자 표시] 체크박스를 클릭하여 체크합니다.

⑬ [측정항목 2번] 섹션의 [축약 번호] 체크박스를 클릭하여 체크합니다. 이때, [소수점 정밀도]는 [auto]를 선택하면, 매출을 만, 억 단위로 간단히 표시해 줍니다.

⑭ [측정항목 2번] 섹션의 [목표 표시] 체크박스를 클릭합니다. [목표 값]은 '50000000'으로 입력합니다.

⑮ [측정항목 2번] 하단 [축 축약 번호] 체크박스를 체크합니다. 이로써 축에도 축약 번호 표시가 가능해집니다.

> 축약 번호는 한국어 모드에서 만, 억, 조로 표시되며, 영문 구글 루커 스튜디오에서는 M,B,T(million, billion, trillion) 단위로 바뀝니다. 이는 사용자가 임의로 변경할 수 없습니다.

07 조건부 서식

조건부 서식을 이용하면 표 데이터 중 일부를 조건에 맞게 강조할 수 있습니다. 예시로 해당 기간 매출 합이 2천만 이상일 경우를 다음과 같이 빨간 글자로 표시할 수 있습니다.

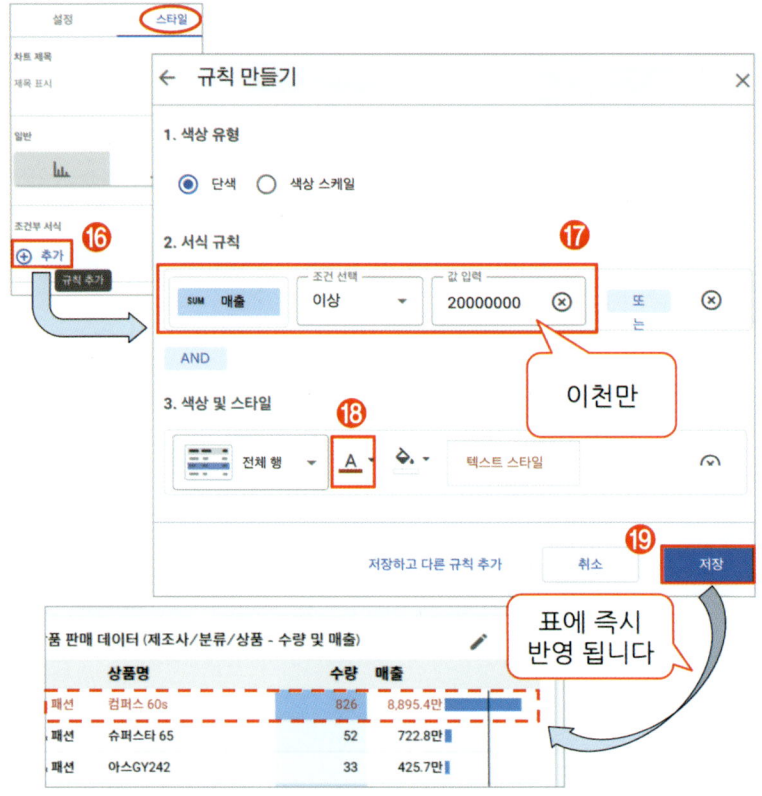

⑯ [스타일] 탭에서 [조건부 서식]의 [추가] 버튼을 클릭합니다.

⑰ [규칙 만들기] 팝업창 [2. 서식 규칙] 섹션에 [측정항목 : 매출], [조건 : 이상], 값 : '20000000 (이천 만)'을 입력합니다.

⑱ [3. 색상 및 스타일]에서는 가독성을 위해 글자 색만 [빨간색]으로 선택합니다.

⑲ 우측 하단 [저장]버튼을 클릭하면 매출이 2천만이 넘는 제품들이 빨간 글자로 즉시 변경됩니다.

> Tip 조건부 서식은 또는(OR)과 그리고(AND)를 조합하여 다양한 조건을 만들 수 있습니다.

08 CSV 다운로드

구글 루커 스튜디오의 표는 공유할 때나, 표를 디자인할 때 언제든 CSV 파일로 다운로드할 수 있습니다. 다운로드 파일에는 사용자가 새로 만든 필드도 그대로 출력됩니다. 단, 표의 우측상단의 파일 다운로드 아이콘(:)은 항상 보이는 것이 아니고 마우스 포인터(↖)를 차트에 가져다 댈 때만 보입니다. 이를 항상 보이게 하려면 차트 헤더를 '항상 표시'로 선택해 줘야 합니다.

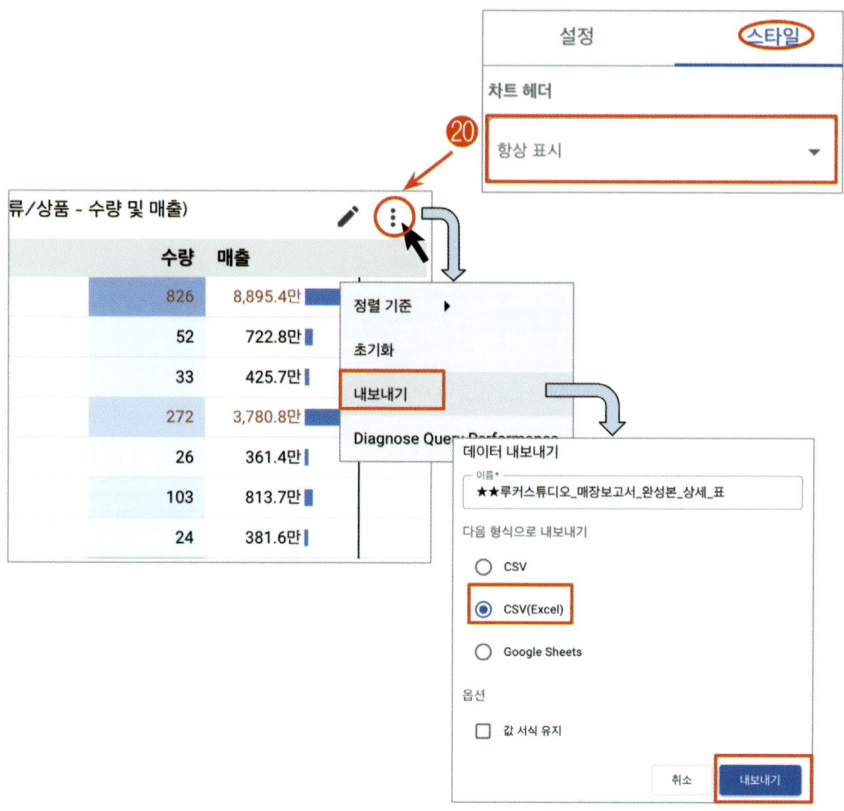

⑳ [스타일] 탭의 [차트 헤더]를 [항상 표시]로 선택하면 표 우측 상단에 아이콘(:)이 생깁니다.

> **Tip** 엑셀용 CSV 파일 다운로드하려면 표 우측 상단 : 클릭 → [내보내기] → [CSV(Excel)] → [내보내기] 버튼을 클릭합니다.

CHAPTER 11
시각화 : 100% 누적 영역 차트

■ 비율의 추세

01 100% 누적 영역 차트

데이터의 일자별 추이는 시계열 차트를 이용해 만들고 비율은 원형 차트로 만듭니다. 그렇다면 매출 비율의 시간에 따른 변화 즉, 원형 차트와 시계열 차트를 더한 차트는 어떤 차트로 만들까요?

이를 위해서는 먼저 원형 차트의 '친구'들을 찾아야 합니다. 원형 차트의 '친구'들이라함은 비율을 나타내는 차트들로서 구글 루커 스튜디오에는 '100% 누적 열 차트', '100% 누적 막대 차트', '100% 누적 영역 차트'가 있습니다. 이 차트들의 특징은 한쪽의 값이 모두 일정하며 그 값은 1, 퍼센티지(%)로는 100%를 의미합니다.

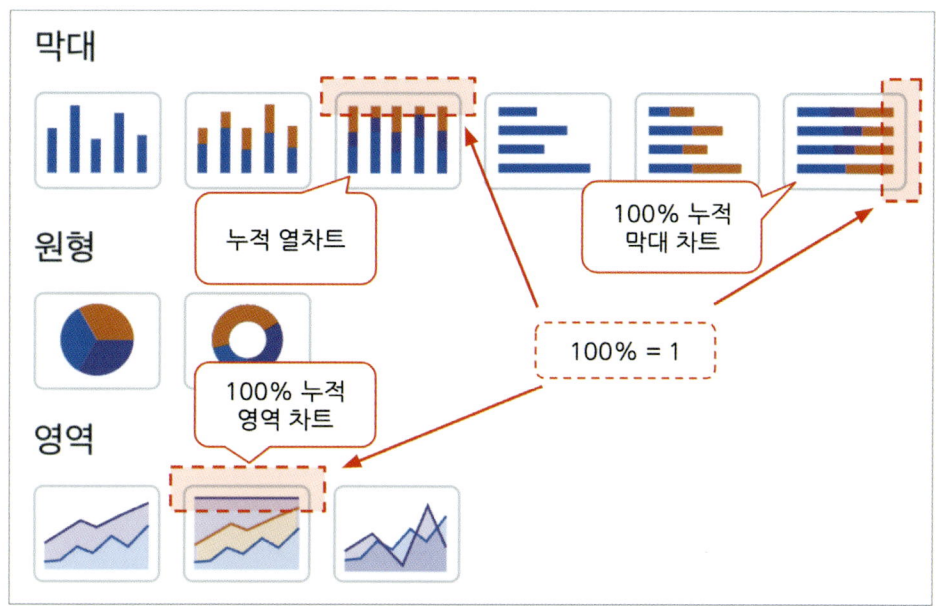

▲ 비율 관련 차트는 한쪽 끝이 일정하게 닿아 있습니다.

특히 이 중에서도 '100% 누적 영역 차트'는 X축이 시간인 차트로서 그림과 같이 구성되어 있습니다.

▲ 원형 차트 + 시계열 차트 = 100% 누적 영역 차트

❶ 상단의 라인은 100%를 의미합니다. 이는 원형 차트(◯)의 친구. 즉, 비율을 표시한다는 뜻입니다.

❷ 하단 X축은 시간 축을 의미합니다. 이는 시계열 차트(∼)의 시간을 표시하는 X축과 동일합니다.

❶, ❷의 성질을 이용하면, 제조사의 비율의 시간에 따른 추이는 '**100% 누적 영역 차트'를 이용해 구현**하면 됩니다.

02 차트 추가 및 특징

- **사용 차트** : 100% 누적 영역 차트
- **장점** : 비율의 추이
- **단점** : 다소 어려운 차트로서 차트에 대한 이해가 필요
- **특징** : 비율 차트 + 시계열 차트 = 100% 누적 영역 차트
- **추가 학습 목표** : CASE/WHEN 함수, 전역 사용자 필드

비율과 추이를 모두 만족하는 차트는 '100% 누적 영역 차트'를 사용합니다. 더불어 CASE/WHEN 함수를 이용해 필드에 추가하면 화면 내용을 일시적으로 바꿀 수 있습니다. 이렇게 추가한 사용자 정의 필드는 전역(Global)으로 만들어서 다른 차트에서도 사용할 수 있습니다.

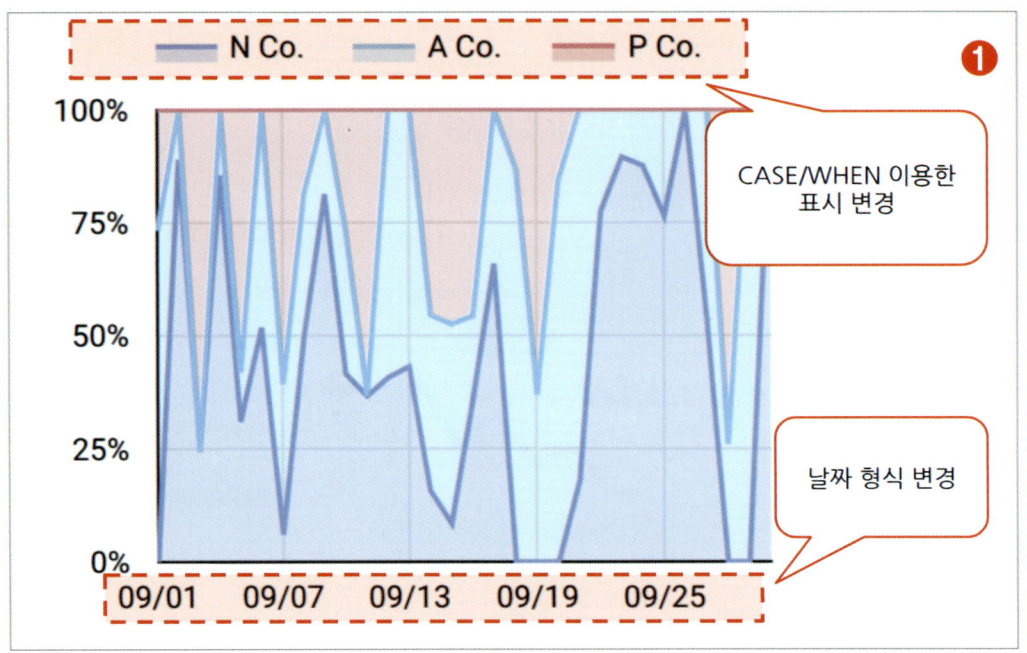

❶ 완성 차트

03 원형 차트에서 시작하기

실습에서는 '100% 누적 영역 차트'를 바로 제작하지 않고 1페이지의 원형 차트를 복사해 사용합니다. 이때 '복제' 기능을 사용하지 않는 이유는 복제는 동일한 페이지에 결과물이 생성되지만, 이번 실습은 다음 페이지에 붙여넣어야 하므로 복사+붙여넣기로 진행됩니다.

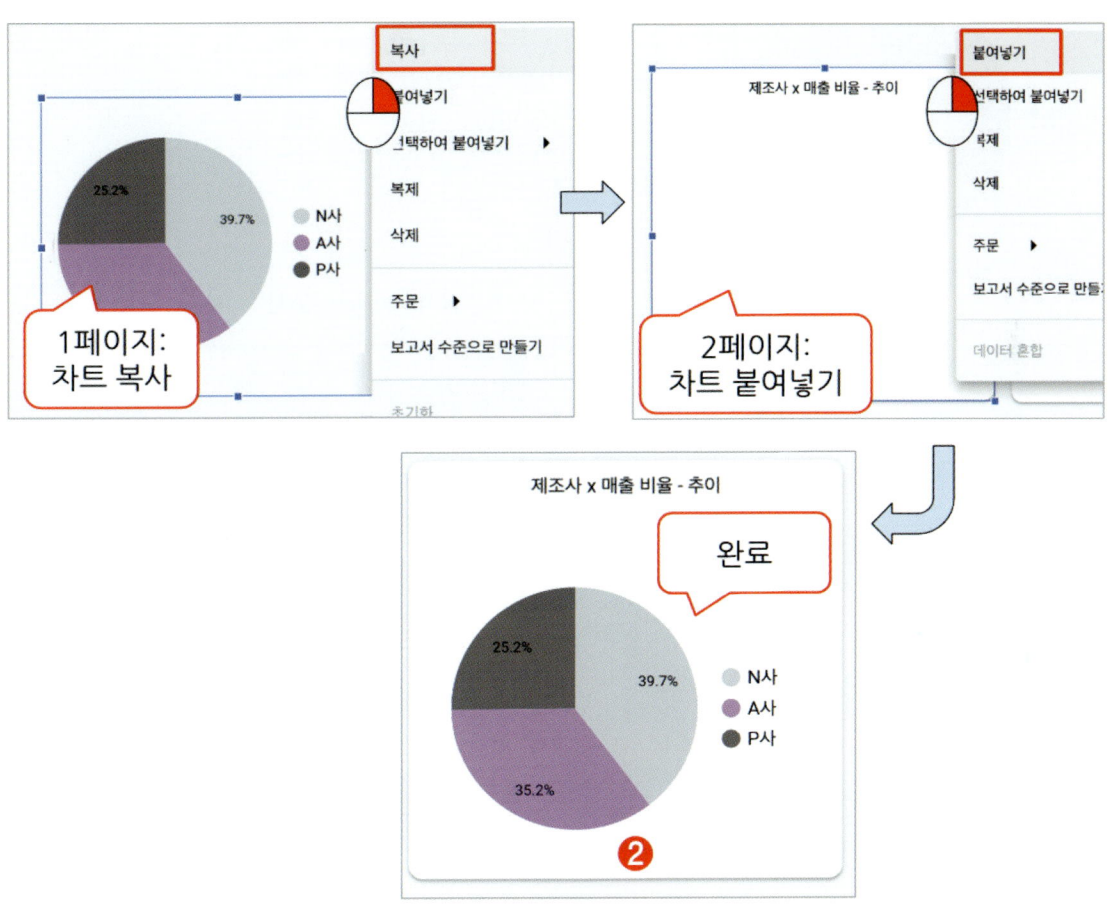

❷ 1페이지의 원형 차트를 복사해서 2페이지에 붙여넣습니다.

복사된 원형 차트를 100% 누적 영역 차트로 변경합니다.

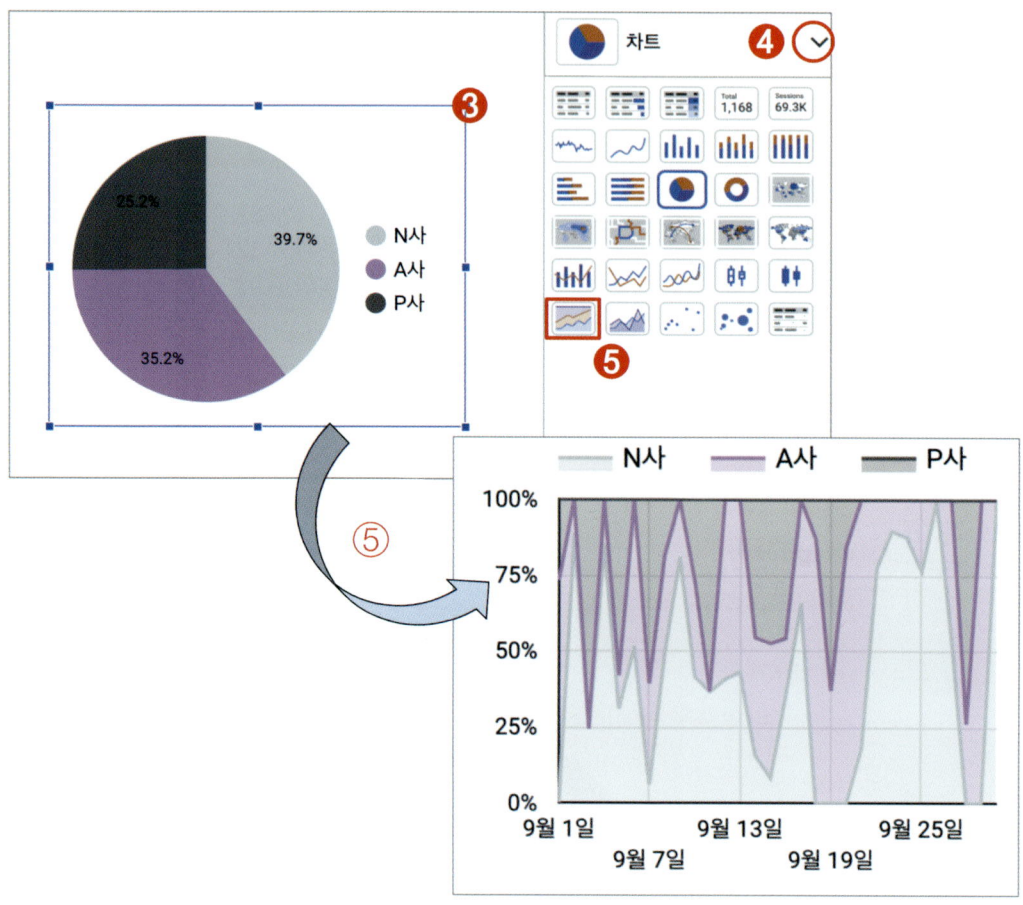

❸ 복사된 차트를 클릭합니다.

❹ 우측 상단의 드롭다운(⌄) 버튼을 클릭해서 [차트]를 엽니다.

❺ [100% 누적 영역 차트(◢)]를 클릭하면, 차트 변경이 완료됩니다.

04 기본 설정

1페이지의 제조사 매출 비율을 복사했기 때문에 특별한 변경 없이 그대로 사용하면 됩니다. 특이한 것은 측정기준이 일자로 바뀌고, '세부 측정기준'으로 제조사가 할당되었다는 것입니다. 만일 세팅이 다르다면 아래 그림을 참고해서 동일하게 세팅합니다. '세부 측정기준'의 자세한 설명은 **PART 02 매장보고서 – CHAPTER 12. 시각화 : 누적 열 차트**에서 더 자세히 다뤄보겠습니다.

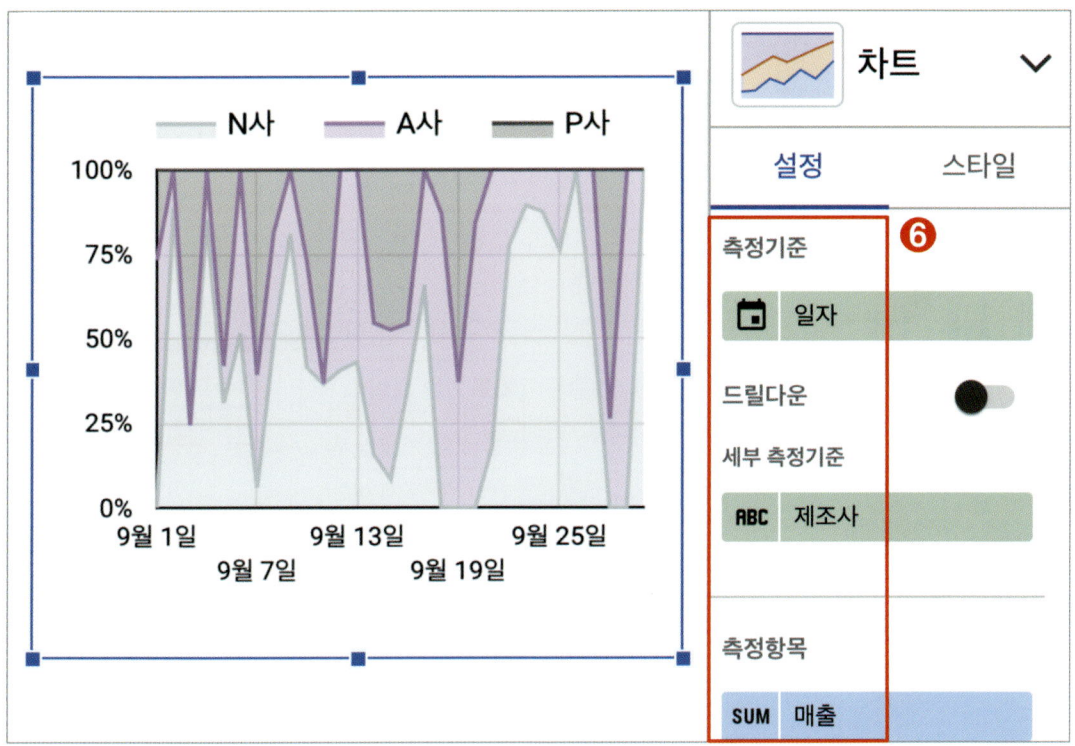

❻ 그림과 다를 경우 다음처럼 수정합니다.
- 차트를 클릭하고 우측 [설정] 탭에서 [측정기준]은 [일자]로 세팅합니다(= X축).
- [세부 측정기준]은 [제조사]를 선택합니다.
- [측정항목] 섹션에서 [매출]을 선택합니다.

05 날짜 형식 변경

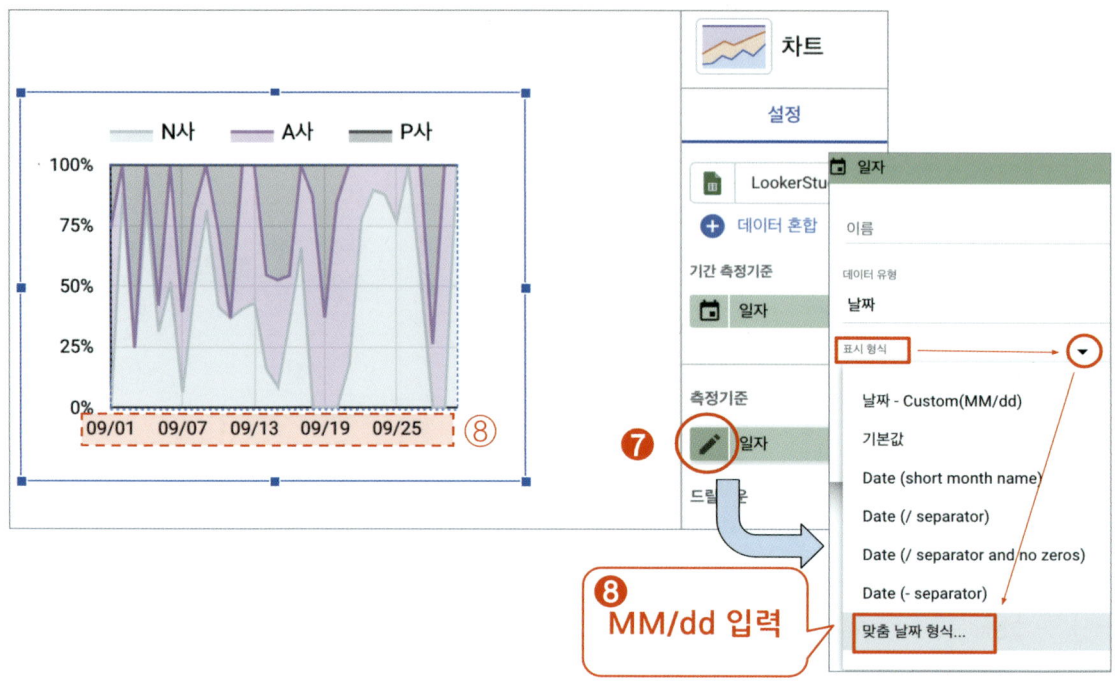

❼ [측정기준]의 [일자] 좌측 연필 아이콘(✏)을 클릭합니다. 이때 아이콘은 마우스 포인터(↖)를 가까이 하면 나타납니다.

❽ [일자] 팝업창에서 [표시 형식] 우측의 드롭다운(▼) 버튼을 클릭합니다. 팝업창 하단의 [맞춤 날짜 형식]을 클릭하고 'MM/dd'를 입력 후 [적용]을 클릭하면 차트에 날짜표기(❽)가 바뀝니다. 입력 시 철자 및 대소문자에 주의합니다.

06 CASE/WHEN 함수 : 사용자 정의 필드

차트의 N사, A사, P사를 영문명인 N Co., A Co., P Co. 형태로 바꿀 수 있습니다. 여기서는 단순히 제조사를 영어명으로 바꾸는 역할이지만, 활용도가 매우 높은 함수 입니다.

CASE/WHEN 함수는 다음과 같은 경우 주로 사용합니다.

- 데이터 자체에 오타가 있었으나 수정하기에는 너무 데이터 양이 많을 때
- 조금 더 쉬운 표현으로 변경해야 할 때
- 언어를 바꿔서 표를 만들어야 할 때 (한글 ←→ 영어)

'날짜 형식'은 '별명'처럼 보고서상의 변화일 뿐 데이터 자체에는 영향을 주지 않습니다. 이처럼 구글 루커 스튜디오는 데이터를 읽어올 뿐, 직접 데이터를 변경할 수 없습니다.

> **Tip** CASE/WHEN 함수는 실습용 템플릿에 텍스트 형태로 미리 입력되어 있습니다. 이를 복사하여 사용하고, 사용 후에는 삭제하면 됩니다.
>
>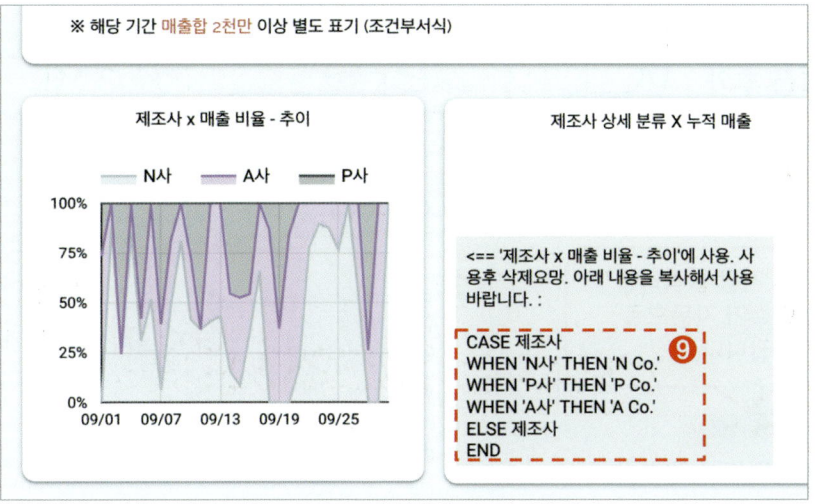
>
> ▲ 템플릿에 함수가 텍스트로 사전 입력되어 있습니다. 사용 후 텍스트는 삭제합니다.
>
> ❾ 사진의 점선 박스로 표시된 부분을 마우스로 드래그(drag)하여 복사합니다. 이때는 단축키를 사용 바랍니다(윈도우 : Ctrl + C 키 / Mac OS : ⌘ + C 키).

> **Tip** 차트 복사와는 다르게 텍스트 복사는 우클릭 메뉴가 동작하지 않는 경우가 많습니다. 이는 구글 루커 스튜디오의 일종의 버그입니다.
> - **차트 복제 또는 복사/붙여넣기** : 우클릭 후 메뉴 권장
> - **텍스트 복사/붙여넣기** : 키보드 단축키 권장

새로운 함수는 '데이터 영역'에서 [필드 추가]로 진행합니다.

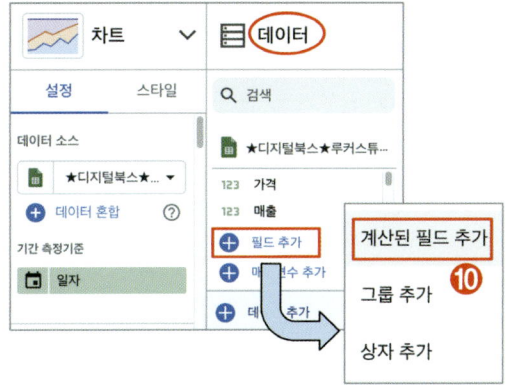

▲ '속성 영역'이 아닌 '데이터 영역'에서 필드를 추가합니다.

❿ '데이터 영역'에서 [필드 추가] 버튼을 클릭한 후, 팝업창 메뉴 중 [계산된 필드 추가]를 선택합니다.

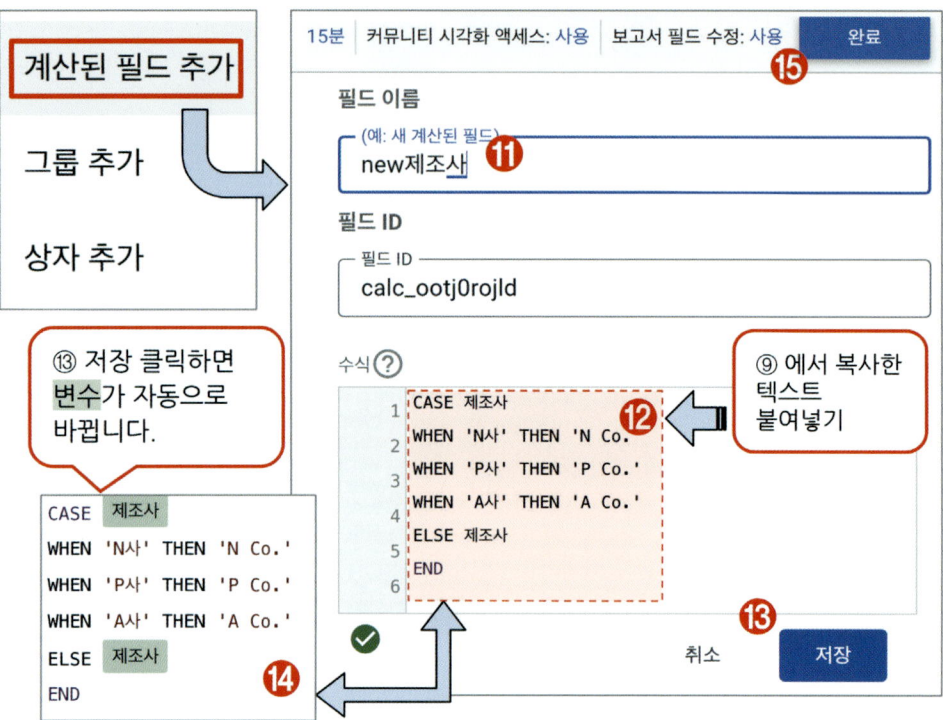

⓫ 필드 이름 입력합니다. 이때 필드의 이름은 찾기 쉽게 직관적인 이름으로 짓습니다.

⓬ ❾에서 복사한 CASE/WHEN 함수를 붙여넣습니다.

- **키보드 단축키** : 윈도우 : Ctrl + V 키 / Mac OS : ⌘ + V 키

⓭ [저장] 버튼을 클릭합니다.

⓮ ⓭에서 [저장] 버튼을 클릭하면 '제조사'가 초록색(제조사)으로 변수화됩니다.

- 변수화 과정을 거쳐야지만 정상적으로 인식되어 함수가 동작합니다.
- 초록색으로 변경되지 않으면 맞춤법 등이 틀린 것입니다.
- 붙여넣기 형태가 아니라 직접 키보드로 직접 타이핑했다면 '제조사'를 입력하는 순간 자동으로 초록색으로 바뀝니다.

⓯ [완료] 버튼을 클릭합니다.

- [완료] 버튼을 클릭하지 않으면 적용되지 않습니다.
- ⓭의 [저장] 버튼은 작업 과정의 완료가 아닌 중간 저장 개념입니다.

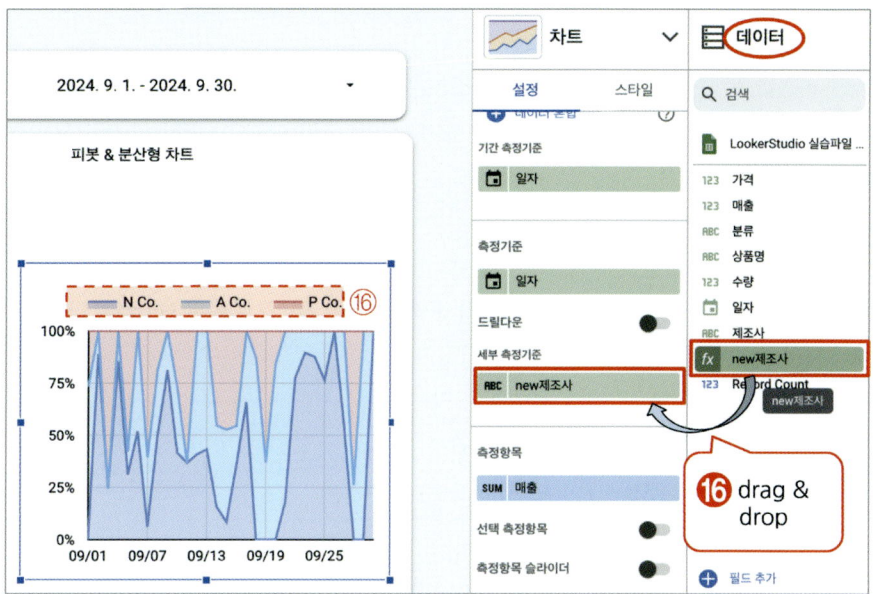

▲ 추가한 새로운 필드가 '데이터 영역'에 나타납니다.

❶⓺ 새로 추가된 [new제조사] 필드를 [설정] 탭 세부 측정기준으로 옮깁니다.

- '데이터 영역'에서 가져옵니다.
- 기존 세부 측정기준인 [제조사] 위에 옮기는 것으로 세부 측정기준이 업데이트됩니다.
- 한글 [제조사]가 영문으로 바뀌게 됩니다.

📓 참고 _ 필드 추가 : '데이터 영역' vs '속성 영역'

실습에서는 '계산된 필드 추가'를 '데이터 영역'에서 진행했으나 우리는 이미 **PART 02 매장보고서 – CHAPTER 04 시각화 : 스코어카드**의 사용자 정의함수 - '속성 영역'에서 필드 추가를 진행한 바 있습니다. 둘 다 입력 방법은 유사하지만 쓰임에서 큰 차이가 있습니다.

'속성 영역'에 추가된 계산된 필드는 해당 차트에만 적용되고 같은 내용의 필드도 차트마다 매번 다시 만들어야합니다. 한편, **'데이터 영역'에 추가한 계산된 필드는 일종의 전역(Global) 개념으로 동일 보고서의 다른 차트에서 '재사용'**이 가능합니다.

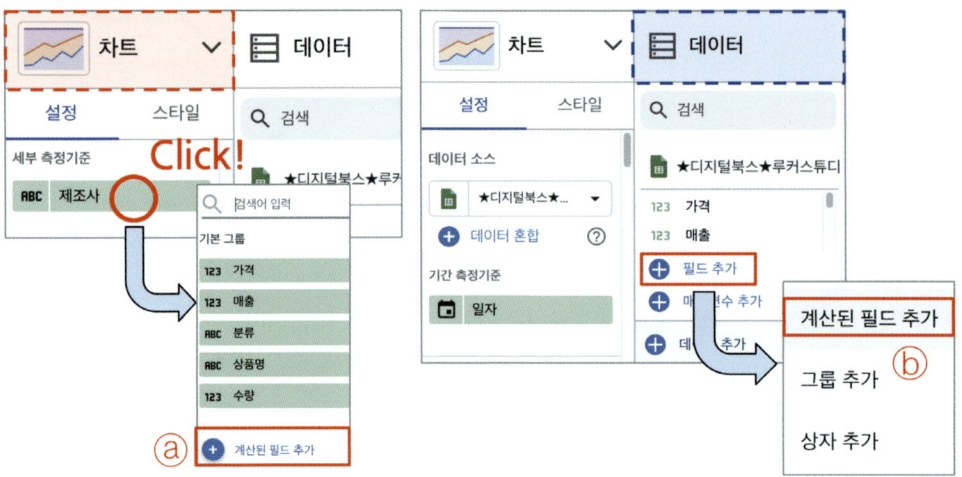

ⓐ '속성 영역'에 추가되는 필드는 선택된 차트에서만 사용 가능한 필드입니다. 이를 지역(Local) 필드라고 합니다.

ⓑ '데이터 영역'에 추가되는 필드는 동일 보고서 내의 모든 차트에서 재사용 가능한 필드입니다. 이를 전역(Global) 필드라고 합니다.

📖 참고 _ CASE/WHEN 함수 해석

CASE/WHEN 함수는 프로그램 형태로 처음 접하면 다소 어려울 수 있지만, 익숙해지면 활용도가 높은 함수입니다. 직관적인 구조이므로, 함수의 의미를 가볍게 읽어보길 바랍니다.

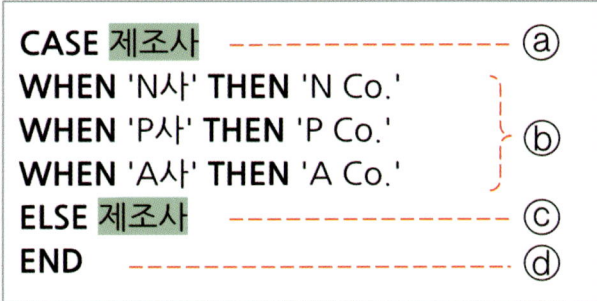

ⓐ CASE문의 시작 : 만약 제조사 라는 변수 값이

ⓑ 'N사'일 때 'N Co.'로, 'P사'일 땐 'P Co.'로, 'A사'일 때는 'A Co.'로 결과값을 내보내고

ⓒ 'ⓑ 조건'에 해당하지 않는다면 제조사 변수 값을 그대로 내보내라.

ⓓ CASE 문 종료

이때 case, when, then, else, end 등은 대소문자를 구별하지 않으며 제조사 는 구글 루커 스튜디오에서 인식된 변수입니다. 즉, 글자 배경이 초록색 혹은 파란색으로 바뀌어야 구글 루커 스튜디오에서 변수 값을 올바르게 인식한 것입니다. 예컨대, '재조사'처럼 변수 값의 맞춤법이 틀리면 변수 인식이 되지 않아 에러가 발생합니다.

 Tip 더 많은 구글 루커 스튜디오 함수와 CASE/WHEN 함수가 궁금하다면 다음 키워드를 이용해 구글 검색으로 확인할 수 있습니다.

- **구글 검색** : '구글 루커 스튜디오 함수'

  https://support.google.com/looker-studio/table/6379764

- **구글 검색** : '구글 루커 스튜디오 case when'

  https://support.google.com/looker-studio/answer/7020724

CHAPTER 12 시각화 : 누적 열 차트

▲ 누적 열 차트는 상세 내용을 확인할 수 있습니다.

■ 값의 상세 분석

01 누적 열 차트 특징 및 추가

- **사용 차트** : 누적 열 차트
- **장점** : 값의 세부내역 확인 가능
- **추가 학습 목표** : 세부 측정기준, 전역 데이터 필드 사용

'누적 열 차트'는 일반적인 '열 차트'에 상세내역도 함께 표시하는 차트입니다.

실습에서는 일반적인 '열 차트( )'에서 변경되어 가는 과정과 해당 과정 중 '세부 측정기준'의 역할을 이해할 수 있도록 '열 차트'로 시작합니다.

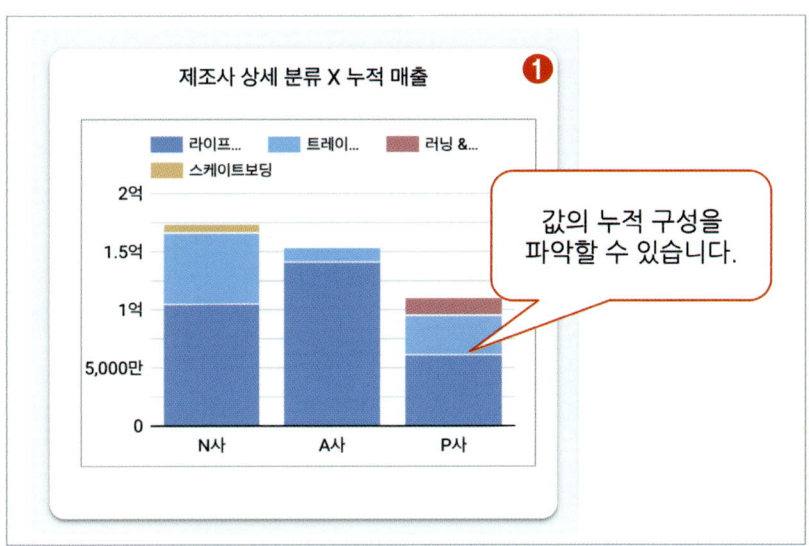

❶ 완성 차트

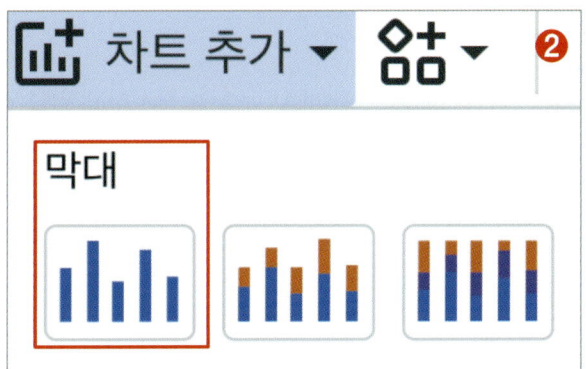

❷ [차트 추가] 탭을 클릭합니다. 탭 하단의 그림과 같은 [열 차트]를 선택합니다.

02 세부 측정기준

측정기준에는 새롭게 추가한 필드인 '데이터 영역'의 'new제조사' 측정기준을 재사용하고 측정항목은 '매출'을 유지합니다. 이때 'new제조사' 측정기준은 '데이터 영역'을 이용해 추가한 필드이므로 전역(Global) 필드의 기능을 가지고 있습니다. 따라서 보고서 내 다른 차트에서도 사용이 가능합니다.

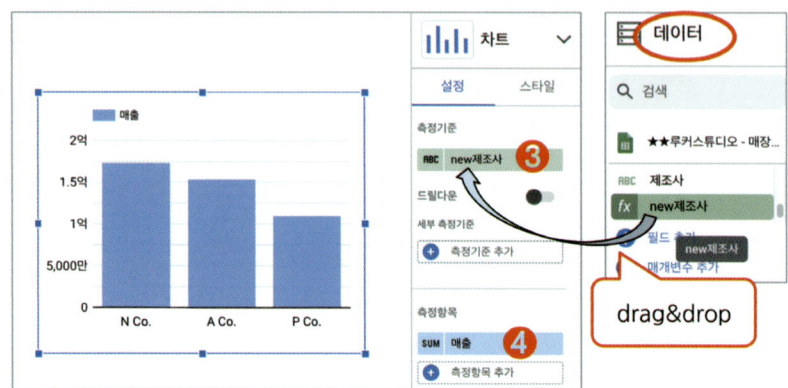

❸ 열 차트를 클릭하여 우측 [설정] 탭에서 [측정기준]의 [new제조사]를 '데이터 영역'에서 드래그앤드롭(drag&drop)합니다.

❹ [설정] 탭에서 [측정항목]의 [매출]을 선택합니다.

이제 단순한 <u>열 차트(📊)</u>에 '세부 측정기준'을 추가하면, '매출'을 표시하고 있던 막대 차트가 세분화됩니다.

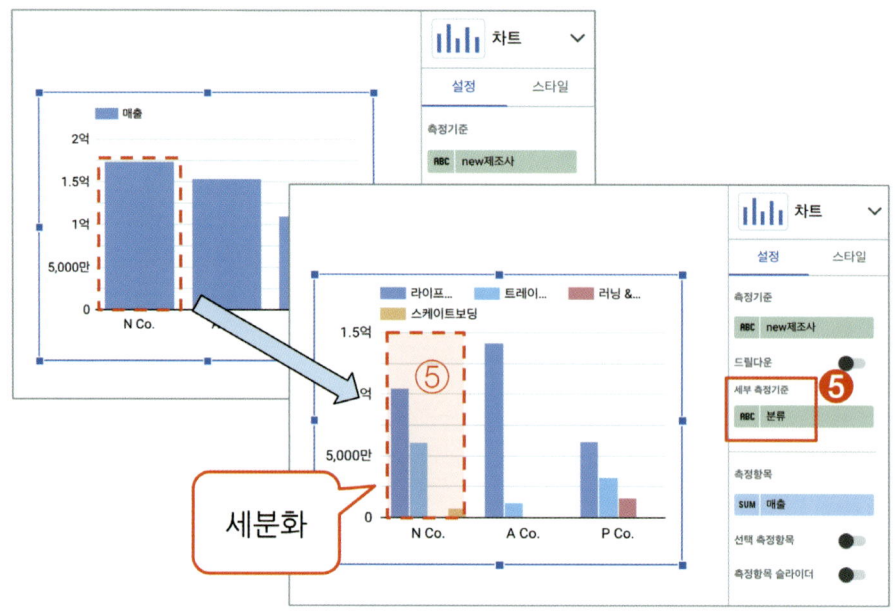

❺ [설정] 탭 [세부 측정기준]을 클릭하여, [분류]를 선택하면 차트가 세분화됩니다.

03 옵션으로 차트 변경

이렇게 세분화된 차트도 다양한 목적으로 사용될 수 있습니다. 최종 목적이 아니므로 조금 더 변경을 진행해 보겠습니다.

막대(Bar)와 **같은 동일한 계열 내에서는 [스타일] 탭의 옵션을 통해서도 차트를 변경할 수 있습니다.** 예를 들어, 열 차트의 [스타일] 탭에서 '누적'만 선택해도 '누적 열 차트'로 변경됩니다.

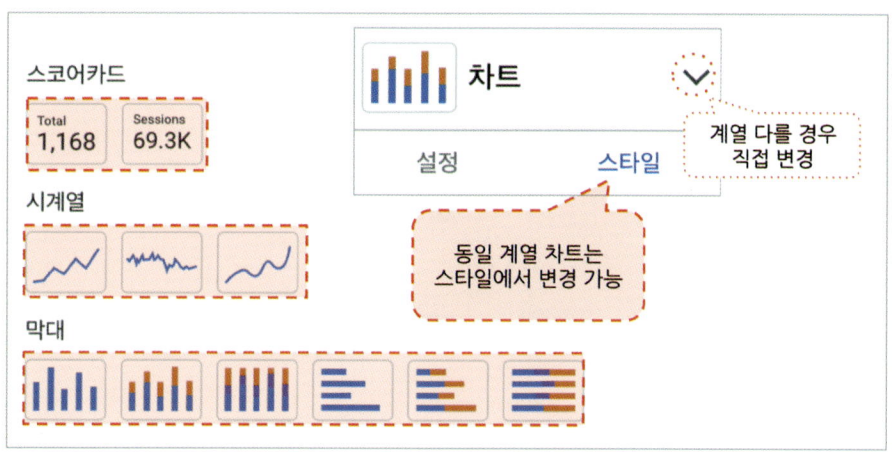

▲ 동일한 계열 간의 차트 변경은 [스타일] 탭의 옵션 변경으로도 가능합니다.

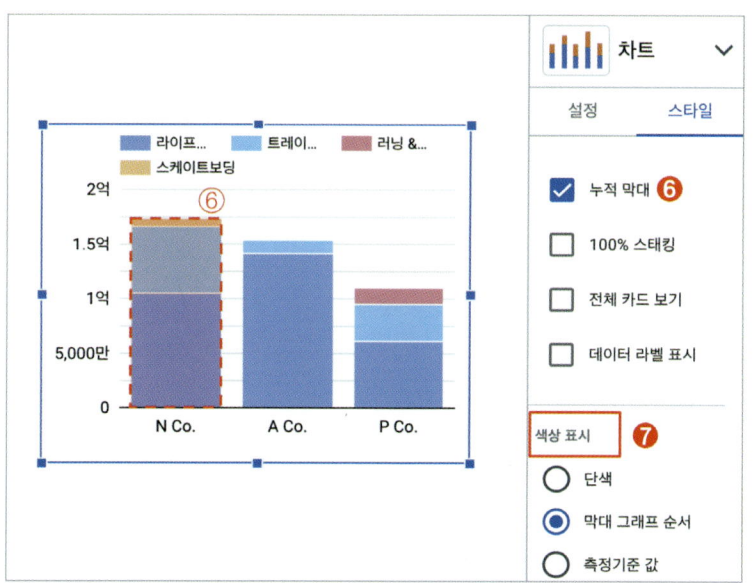

❻ [스타일] 탭을 클릭하여 [누적 막대] 체크박스를 체크하면 즉시 '누적 열 차트'로 변경됩니다.

❼ [스타일] 탭을 클릭하여, [색상 표시] 섹션에서, '막대 그래프 순서'로 색을 더해줍니다.

시각화 : 피봇 테이블 VS 분산형 차트

▲ 피봇 테이블과 분산형 차트는 기본 원리만 이해하면 쉽습니다.

■ 차트 고수의 척도 피봇 테이블

01 피봇 테이블 원리 = 필터 + 필터의 합계

피봇 테이블이란, 쉽게 말해 필터의 필터를 더하여 적용한 결과물을 합산한 표입니다.

▲ 피봇 = 필터 + 필터 + 합계

예컨대 위의 표를 정의에 의해 피봇 테이블로 만든다면, 다음과 같은 순서로 진행합니다.

ⓐ '제조사'를 'N사'로 필터링합니다.

ⓑ '분류'를 '트레이닝 & 피트니스'로 필터링합니다.

ⓒ 두 개의 필터링의 교집합의 매출을 모두 합산합니다.

이를 모든 제조사 및 모든 분류로 반복하면 다음과 같은 표를 만들 수 있습니다.

매출의 SUM	제조사		
분류	A사	N사	P사
라이프스타일 & 패션	141,861,000	105,332,200	61,614,000
러닝 & 마라톤화			15,548,000
스케이트보딩		7,497,000	
트레이닝 & 피트니스	11,953,000	60,589,000	32,824,000

▲ 피봇 테이블 최종 결과물

물론 위 표는 하나하나 더해 만든 것이 아니라, 구글 시트(혹은 엑셀)의 피봇 테이블을 이용해 한 번에 만들었습니다. 하지만 하나하나 더해 만들었든, 구글 시트나 엑셀 메뉴에서 간단히 만들었든 **필터와 필터의 합**이라는 원리는 같습니다.

이처럼 간단한 원리임에도 불구하고, 오프라인 강의 수강생들에게 확인해 보면 많은 이들이 피봇 테이블을 해석하는 데는 어느 정도 능숙하지만, 직접 만드는 데는 어려움을 겪고 있었습니다. 이는 피봇 테이블을 만드는 과정에 보이지 않는 진입장벽이 존재함을 의미합니다.

하지만 컴퓨터(머신)의 관점에서 보면, '측정기준'과 '측정항목'을 사용하면 피봇 테이블을 제작하는 것은 매우 간단한 작업입니다.

 한글 맞춤법상 '피벗 테이블'이 맞으나 본문에서는 구글 루커 스튜디오의 표기와 동일하게 '피봇 테이블'로 표시합니다.

02 머신이 이해하는 피봇 테이블

머신이 이해하는 피봇 테이블을 이야기 하기 전에, 우선 인간은 피봇 테이블을 다음과 같이 이해합니다.

"필터의 필터 그리고 합계"

반면 머신(AI, 프로그램 등의 표현) 입장에선 피봇 테이블 다음과 같이 정의합니다.

"측정기준과 측정기준의 관계를 측정항목으로 나타낸 것"

이를 시각적으로 나타내면 아래 그래프처럼 X, Y축은 측정기준, 그 교차점은 측정항목이 됩니다. 이게 피봇 테이블의 전부입니다.

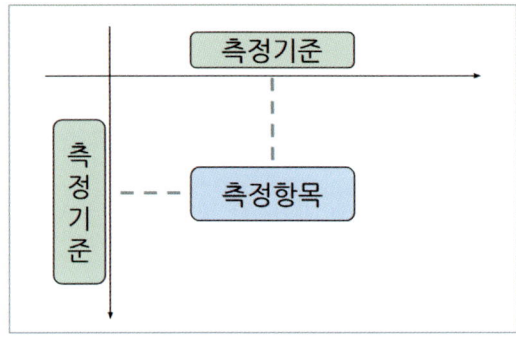

▲ 피봇 테이블의 원리

따라서 이 개념을 대입해 앞서 만들었던 피봇 테이블을 해석하면 다음과 같습니다.

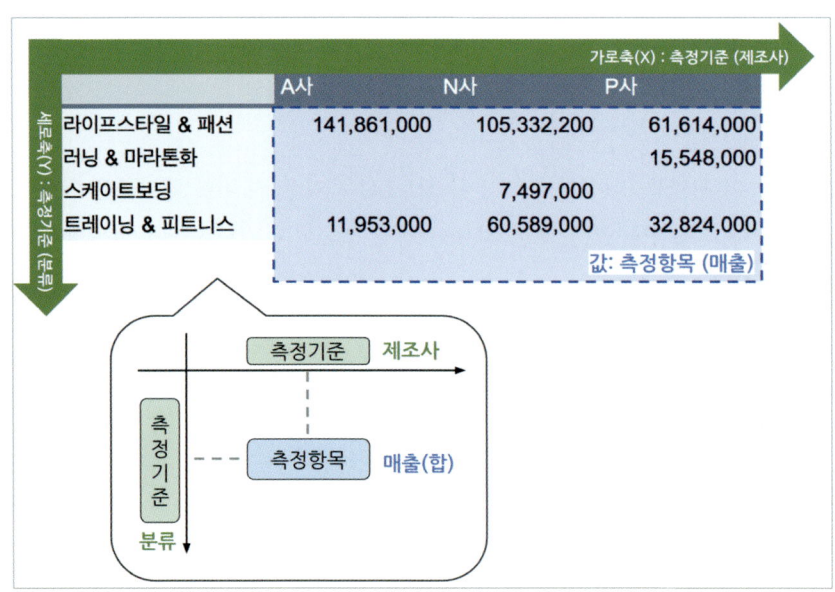

▲ 가로 및 세로축에는 측정기준, 값에는 측정항목이 들어 있습니다.

주의할 것은 '처음부터 피봇 테이블처럼 만든 표'는 피봇 테이블이 아니라는 점입니다. 예를 들어, 가로축에는 '요일', 세로축에는 '이름'을 넣고 초과 작업시간을 기입하는 엑셀표가 있다면 이는 그냥 피봇 테이블처럼 생긴, 일반적인 표입니다.

초과 작업시간 현황

	월	화	수	목	금
홍길동	1	3	2	3	1
임꺽정	1	1	1	2	3
장길산	3	1	1	1	1

▲ 처음부터 피봇 테이블'처럼' 만들어도 피봇 테이블이 아닙니다.

이에 반해 피봇 테이블은 별도의 데이터가 존재하고 이를 읽어와서(SQL 등) 재구성할 때만 해당합니다. 즉, 직원들의 작업시간 데이터가 별도의 데이터베이스(Data Base)에 있고, 이 데이터를 읽어와서 가로축은 '요일', 세로축은 '이름' 그리고 값에 초과 작업시간을 집계해서 넣었다면 비로소 피봇 테이블이 되는 것입니다.

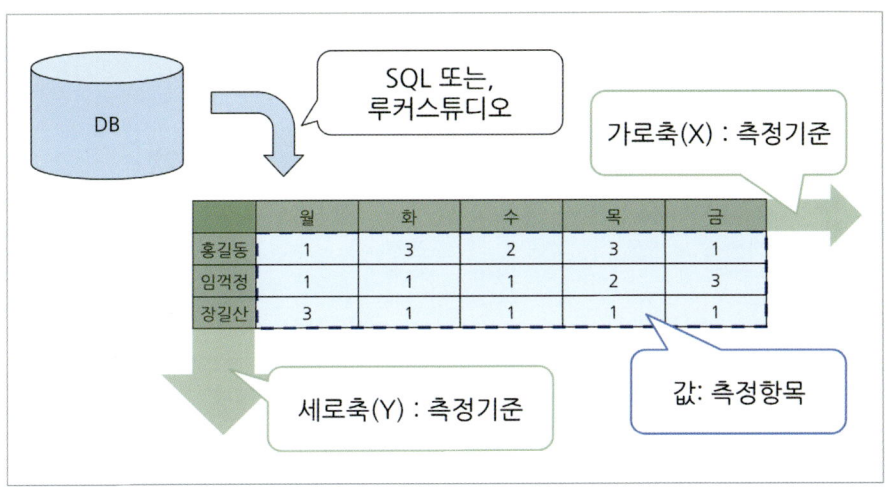

▲ 피봇 테이블은 데이터를 읽어 집계해 만듭니다.

요약하면 다음과 같습니다.

"피봇 테이블 = 측정기준과 측정기준의 관계를 측정항목으로 나타낸 것"

그리고 차트로 표현하면 다음과 같습니다.

- **가로/세로축** : 측정기준
- **값** : 측정항목

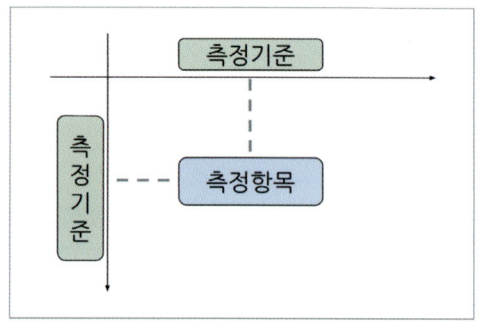

03 차트 추가 및 특징

- **사용 차트** : 피봇 테이블
- **의미** : 측정기준의 상관관계를 측정항목으로 표시
- **단점** : 기본 원리를 이해하지 못하면 제작이 어려움
- **특징** : 데이터를 요건에 맞게 재 집계한 표로서, 일반 표와는 다름
- **추가 학습 목표** : 데이터 누락 처리, 피봇 테이블의 카테고리

피봇 테이블은 표가 아닌, 별도의 피봇 테이블 섹션에서 선택해야 합니다.

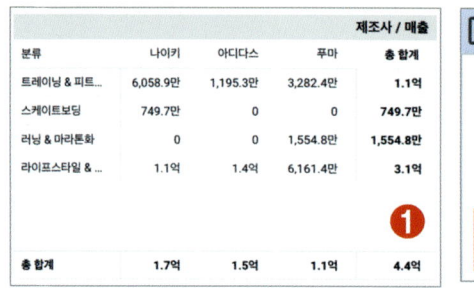 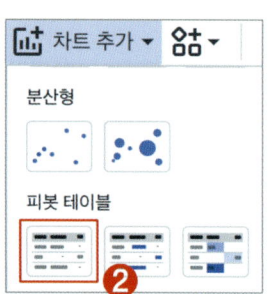

❶ 완성
❷ [차트 추가] 탭을 클릭합니다. 탭 하단의 [피봇 테이블]을 클릭합니다.

04 기본 설정

피봇 테이블은 측정기준 2개와 만나는 값 부분을 표현할 측정항목 1개만 지정해주면 됩니다.

이때 행과 열은 표가 가로로 길어지거나, 세로로 길어지는 것 이외에는 차이가 없습니다.

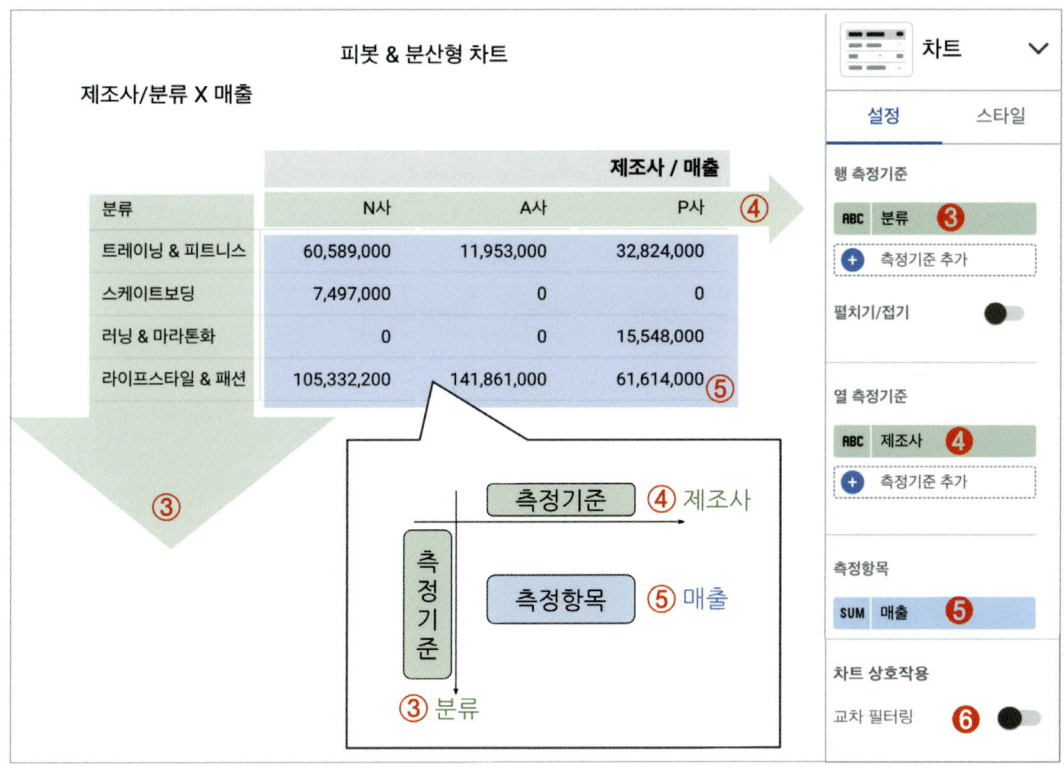

▲ 가로, 세로축 : 측정기준, 값 : 측정항목

❸ 피봇 테이블을 클릭하여 우측 [설정] 탭 [행 측정기준]에 [분류]를 세팅합니다. 이는 'Y축'이 됩니다.
❹ [열 측정기준] 섹션은 [제조사]를 선택합니다. 이는 'X축'이 됩니다.
❺ 마지막으로 [측정항목] 섹션에는 [매출]을 선택합니다. 이는 '값'이 됩니다.
❻ [설정] 탭 하단의 [차트 상호작용] 섹션의 [교차 필터링]이 OFF임을 확인합니다.
  • 교차 필터링은 기본값이 일정하지 않기 때문에 ON/OFF가 반복됩니다. [교차 필터링] 옵션이 OFF인지 확인하는 습관이 필요합니다.

> 행과 열은 표가 가로로 길어질지, 세로로 길어질지만 결정합니다.

05 합계표시

피봇 테이블은 가로축과 세로축 각각의 합계를 표시할 수 있습니다.

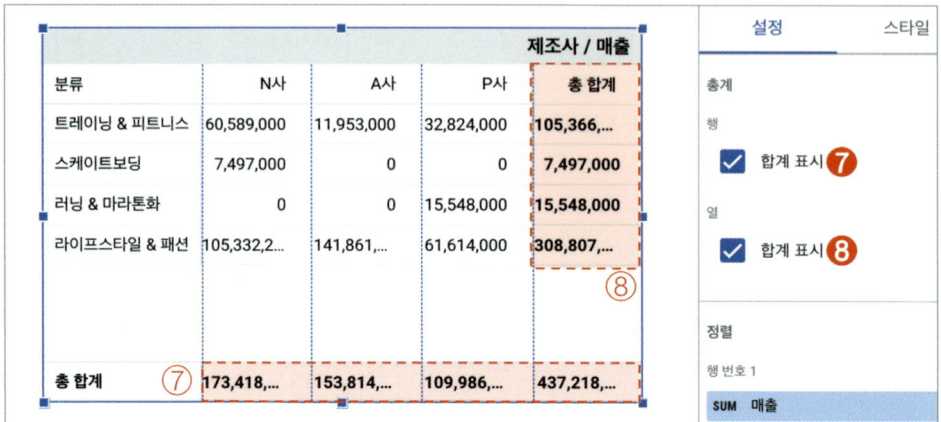

▲ 합계를 표시할 수 있습니다

7 [설정] 탭 [총계]의 [행 - 합계 표시] 체크박스를 체크합니다.

8 [설정] 탭 [총계]의 [열 - 합계 표시] 체크박스를 체크하면 행과 열의 합이 각각 표시됩니다.

06 축약 번호 및 데이터 누락 표시

합계를 표시하면 영역이 좁아서 숫자가 잘 보이지 않게 됩니다. 이는 축약 번호로 해결하며 해당 옵션은 [스타일] 탭에 있습니다.

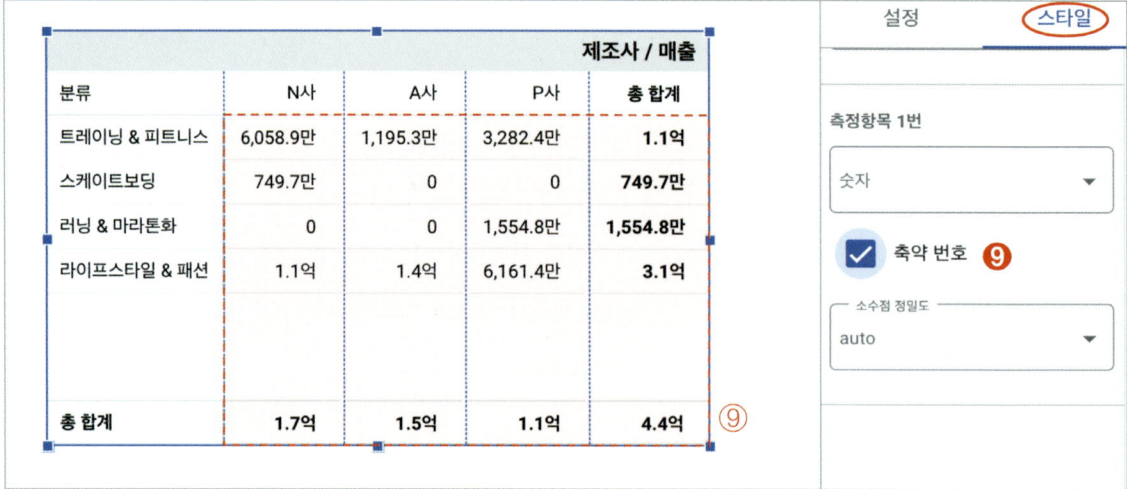

9 [스타일] 탭을 클릭합니다. [측정항목 1번]의 [축약 번호] 체크박스를 클릭합니다. [축약 번호]는 표의 숫자를 간결히 정리해줍니다.

구글 시트와 같은 데이터에는 '0'이라는 값 대신 공백 등으로 존재할 수 있습니다. 이러한 공백에 대하여 '데이터 누락'을 이용해 누락된 데이터를 '0'으로 처리할 수 있습니다.

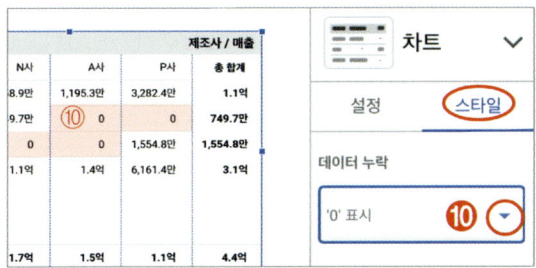

❿ [스타일] 탭 [데이터 누락]의 드롭다운(▼) 버튼을 클릭하여 ['0' 표시]를 선택합니다.

📖 참고 _ 카테고리화

제작한 차트의 행 또는 열에 측정기준을 추가하면 측정기준을 카테고리화할 수 있습니다. 단, 카테고리가 너무 상세하다면 오히려 표의 가독성을 떨어뜨립니다. 따라서 카테고리화는 꼭 필요할 때만 사용할 것을 권장합니다.

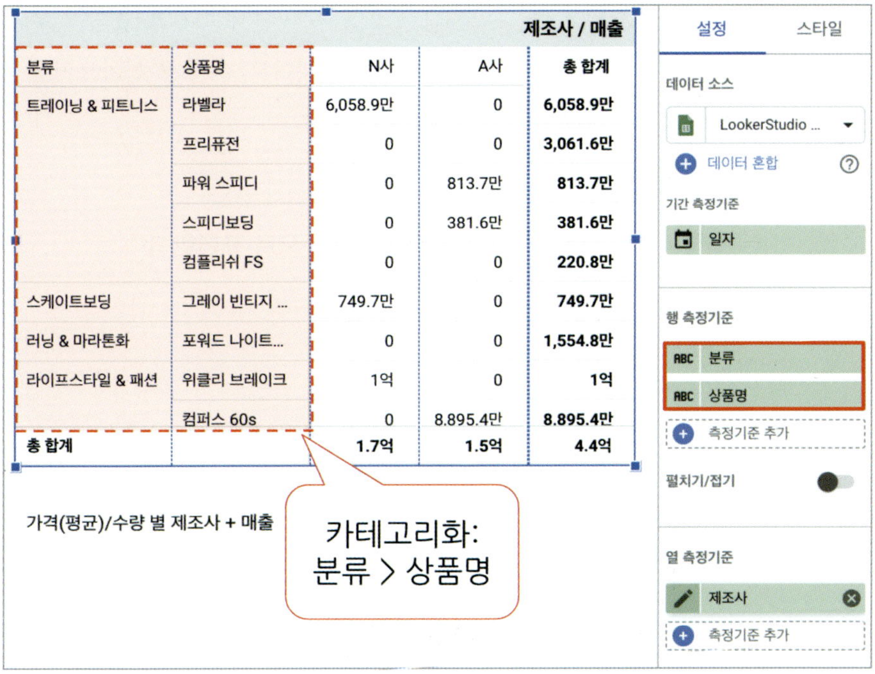

▲ 측정기준을 2개 이상 추가하면 카테고리화가 가능합니다.

■ 피봇 테이블의 반대말, 분산형 차트

01 분산형 차트의 원리

분산형 차트를 설명하기 전에 예시로서 각 국가별 평균 수명과 1인당 GDP의 상관관계를 바탕으로 차트를 만든다면 다음과 같은 차트가 됩니다.

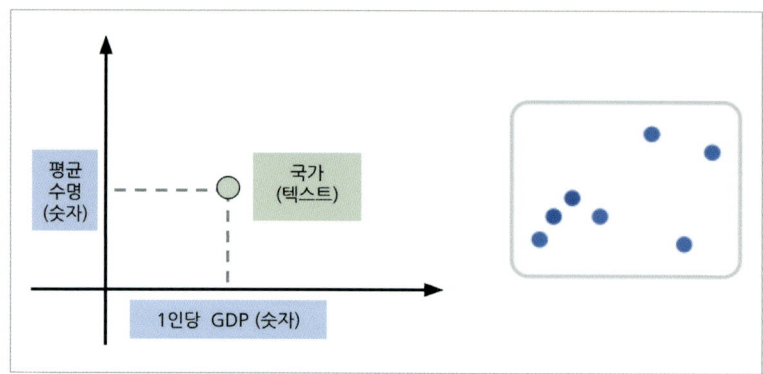

▲ 분산형 차트(scatter chart)

이러한 조건에 맞는 국가를 여럿 표시한다면 우측의 차트처럼 될 것이고, 이는 우측 차트처럼 마치 차트 위에 소금을 뿌린 형태가 되므로 '분산형 차트(scatter chart)'라고 합니다.

분산형 차트를 정의하면 다음과 같습니다.

"측정항목과 측정항목의 관계를 측정기준으로 표현한 것"

이며 이를 차트로 표현하면 다음과 같습니다.

- **가로, 세로축** : 측정항목
- **값 부분** : 측정기준

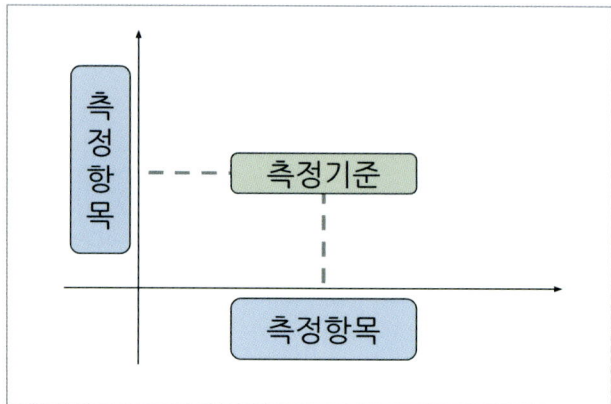

흥미로운 점은 분산형 차트는 앞서 언급한 피봇 테이블과 정확히 반대라는 점입니다. 여기서 반대란 수학적인 관계가 아니라, 머신이 데이터를 이용하여 차트를 만들 때 그렇다는 점입니다.

피봇 테이블과 분산형 차트의 차이점을 요약하면 다음과 같습니다.

- **피봇 테이블** = X, Y축 : 측정기준 / 값 : 측정항목
- **분산형 차트** = X, Y축 : 측정항목 / 값 : 측정기준

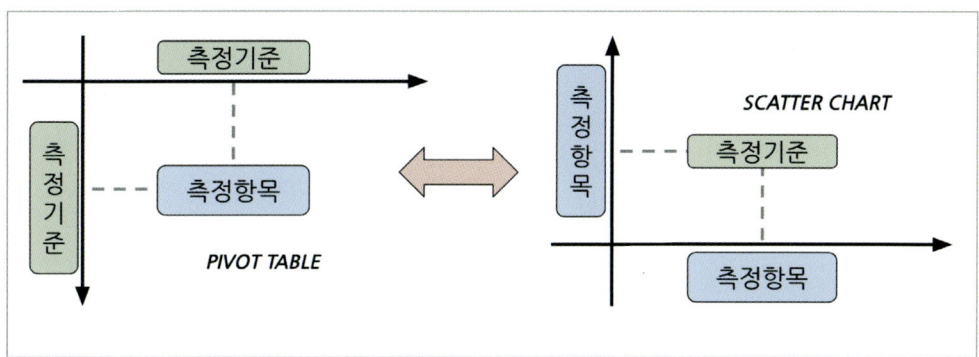

02 차트 추가 및 특징

- **사용 차트** : 분산형 차트
- **의미** : 측정항목 간의 상관관계를 측정기준으로 표시
- **단점** : 조금만 난이도를 높이면 매우 어려운 차트가 됨
- **추가 학습 목표** : 풍선 크기 측정항목 추가, 집계 방법 변경

분산형 차트는 측정항목과 측정항목의 상관관계를 측정기준으로 표시할 수 있는 효과적인 방법입니다. 하지만 조금만 응용해도 해석의 난이도가 매우 높아집니다. 차트 해석에 난이도가 높다는 것은 가독성이 떨어진다는 말과 동일합니다.

따라서 차트가 익숙한 사람들 사이에서는 분산형 차트는 매우 효과적이지만, 차트에 익숙하지 않는 사람들에게 사용할 때는 신중하게 고려해야 합니다. 즉, 보고서의 대상을 구별해서 사용해야 합니다.

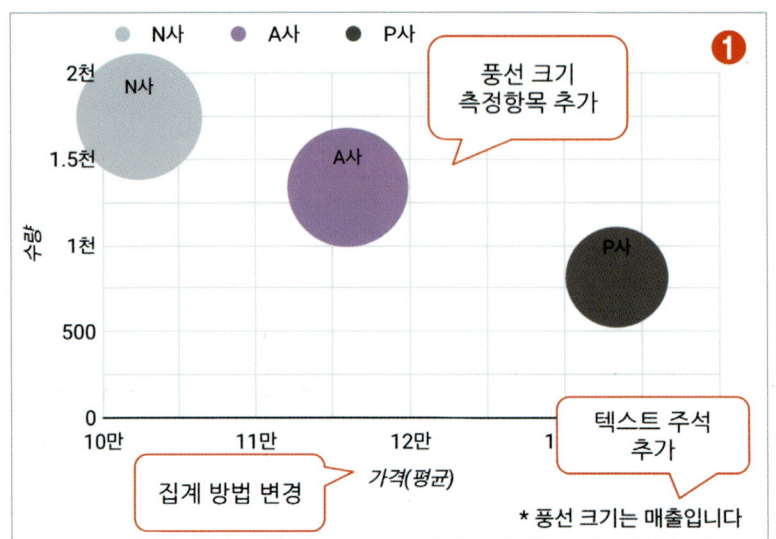

① 완성 차트

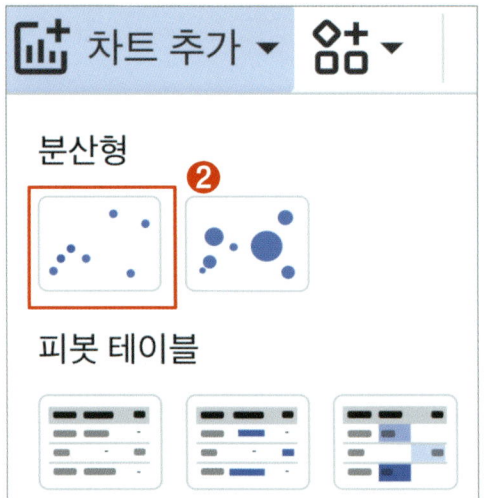

② [차트 추가] 탭을 클릭합니다. [분산형 차트]를 선택합니다.

03 기본 설정

"측정항목과 측정항목의 관계를 측정기준으로 표현"하려면 X, Y축에 측정항목, 값에는 측정기준을 세팅하면 됩니다.

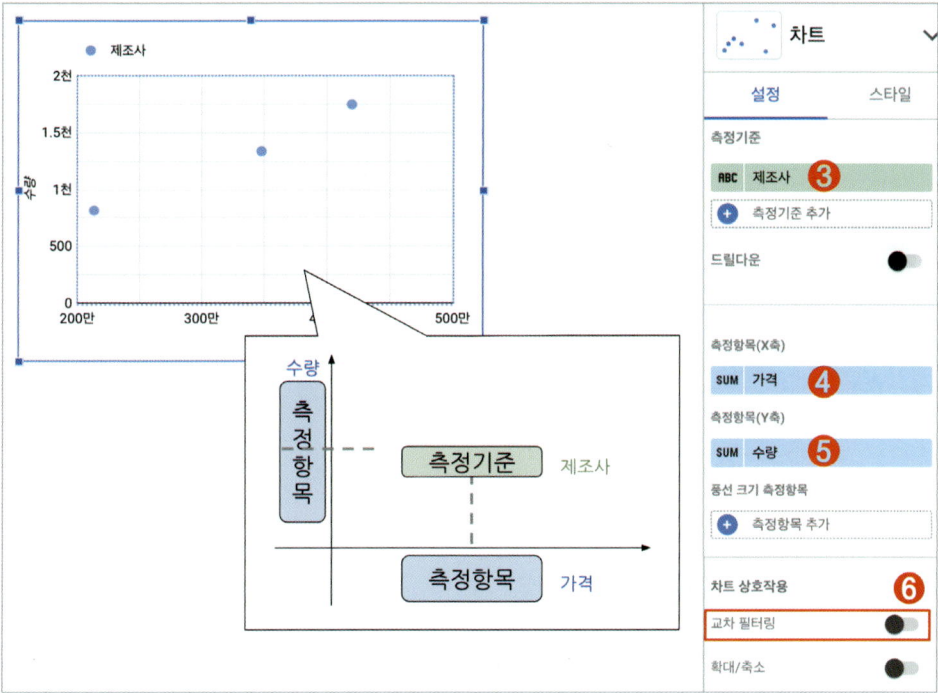

❸ 추가한 분산형 차트를 클릭하여 우측 [설정] 탭 [측정기준]을 [제조사]로 세팅합니다.
❹ [측정항목] 섹션의 X축에 [가격]을 세팅합니다.
❺ [측정항목] 섹션의 Y축에 [수량]을 세팅합니다.
❻ 하단 [차트 상호작용] 섹션의 [교차 필터링] OFF 여부를 확인합니다.

04 집계 방법 변경 : 가격의 합?

가격 및 수량 측정항목을 세팅하면 구글 루커 스튜디오는 모두 합계로 집계합니다. 가격 좌측에 SUM이라고 표시된 것도 그런 의미이고 이를 클릭하면 집계 방법이 '합계'로 되어 있습니다. 이는 기본값입니다.

하지만 곰곰히 생각해 보면, 차트에서 '가격의 합'이 맞는 계산일까요?

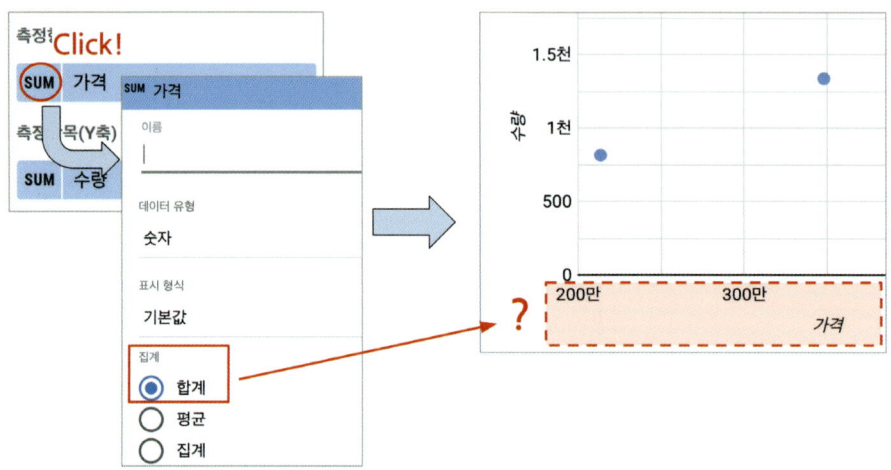

당연히 **가격은 '합계'로 집계해선 안 됩니다.**

예컨대 반 전체 평균을 내려할 때, 학생들의 평균을 모두 더하고 학생 수로 나누면 틀린 계산이 되듯이 상황에 따라 수많은 집계 방법이 있고, 합산은 그중 하나일 뿐입니다. 구글 루커 스튜디오에서 합계는 기본값일뿐 그 외 다른 집계 방법도 선택할 수 있습니다.

따라서 실습에서 '가격'이라는 측정항목은 '합계'보다는 '평균'이 더 적합해 보입니다. 또한 이름도 직관적으로 알 수 있게 바꿔줍니다.

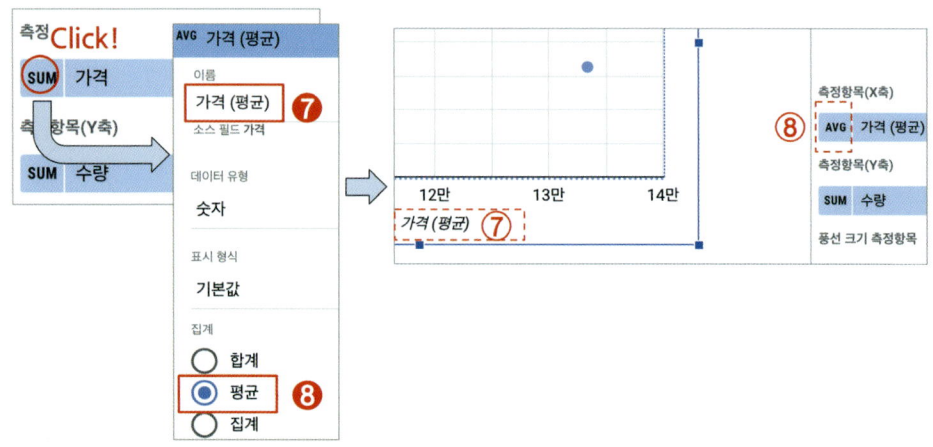

▲ X축에 '가격(평균)'이 표시되고, 측정항목도 AVG로 변경됩니다.

❼ [가격] 좌측의 SUM을 클릭합니다. 팝업창에서 [이름]을 [가격 (평균)]으로 입력합니다.

❽ 팝업창의 [집계]를 [평균]으로 변경합니다.

 Tip [집계]를 [평균]으로 바꾸어도 팝업창에는 별도의 적용 버튼이 없습니다. 이때 화면의 빈 영역을 클릭하면 바로 적용됩니다.

05 가독성 추가

분산형 차트의 [스타일] 탭 옵션으로 가독성을 한층 높여줄 수 있습니다. 모두 가독성을 높이기 위한 옵션인 만큼, 옵션 하나하나 클릭하면서 각 옵션이 어떻게 반영되는지 확인해 보길 바랍니다.

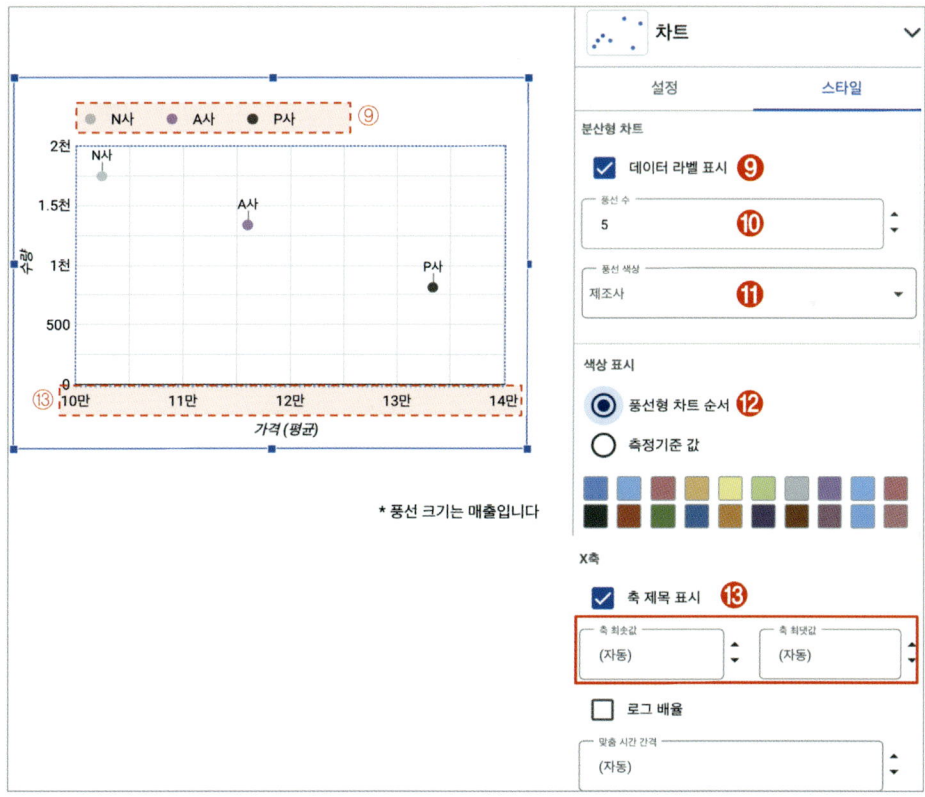

▲ 몇 가지 옵션을 추가하는 것으로 가독성을 높일 수 있습니다.

❾ [스타일] 탭을 클릭합니다. [분산형 차트]의 [데이터 라벨 표시] 체크박스를 클릭하여 ON으로 세팅합니다.

❿ [분산형 차트]의 [풍선 수] 값을 '5'로 세팅합니다. 이 세팅은 차트에 표시되는 최대 데이터 개수입니다.

⓫ [분산형 차트]의 [풍선 색상]을 [제조사]로 세팅합니다. 이로써 각 제조사별로 색상이 다르게 되는 것을 허용합니다.

⑫ [스타일] 탭 [색상표시] 섹션의 [풍선형 차트 색 순서]를 선택하면 자동으로, 제조사별로 색상이 다르게 적용됩니다.

⑬ [스타일] 탭의 [X축] 섹션은 [축 제목 표시]를 체크하고 축의 최소값과 최대값을 '자동'으로 그대로 둡니다.

> **Tip** 각 축의 최대, 최소를 수동으로 지정할 수도 있습니다.

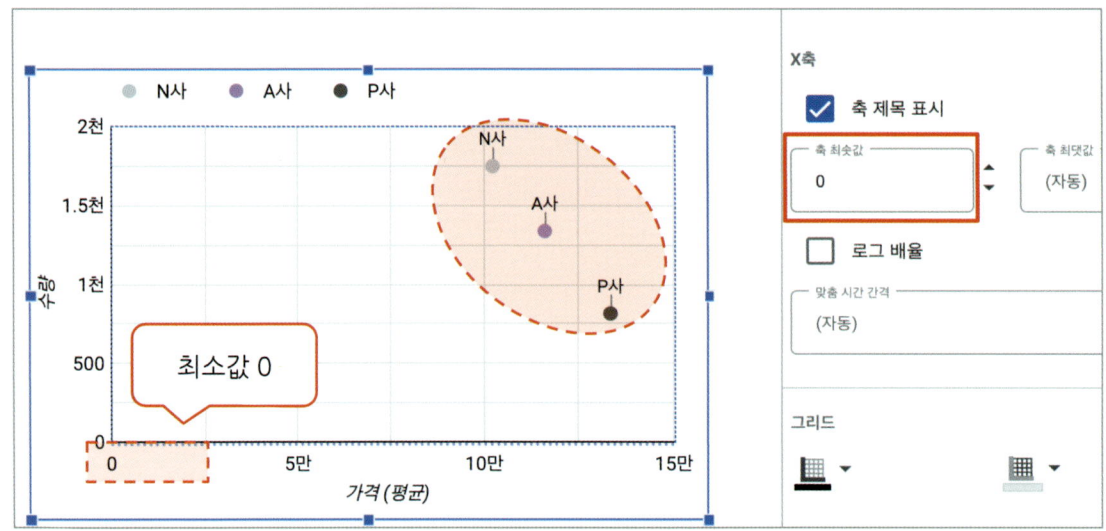

▲ 축의 최소값을 지정하면 차트의 범위가 변합니다.

06 분산형 차트의 응용

분산형 차트는 약간의 응용으로 훨씬 더 풍부한 정보를 담을 수 있습니다. 예를 들어, [설정] 탭에서 '풍선 크기 측정항목'이라는 부분에 매출을 추가하면 점으로 표시되던 측정기준에 풍선 형태의 볼륨이 생깁니다. 또한 차트의 풍선 크기도 [스타일] 탭에서 변경할 수 있습니다

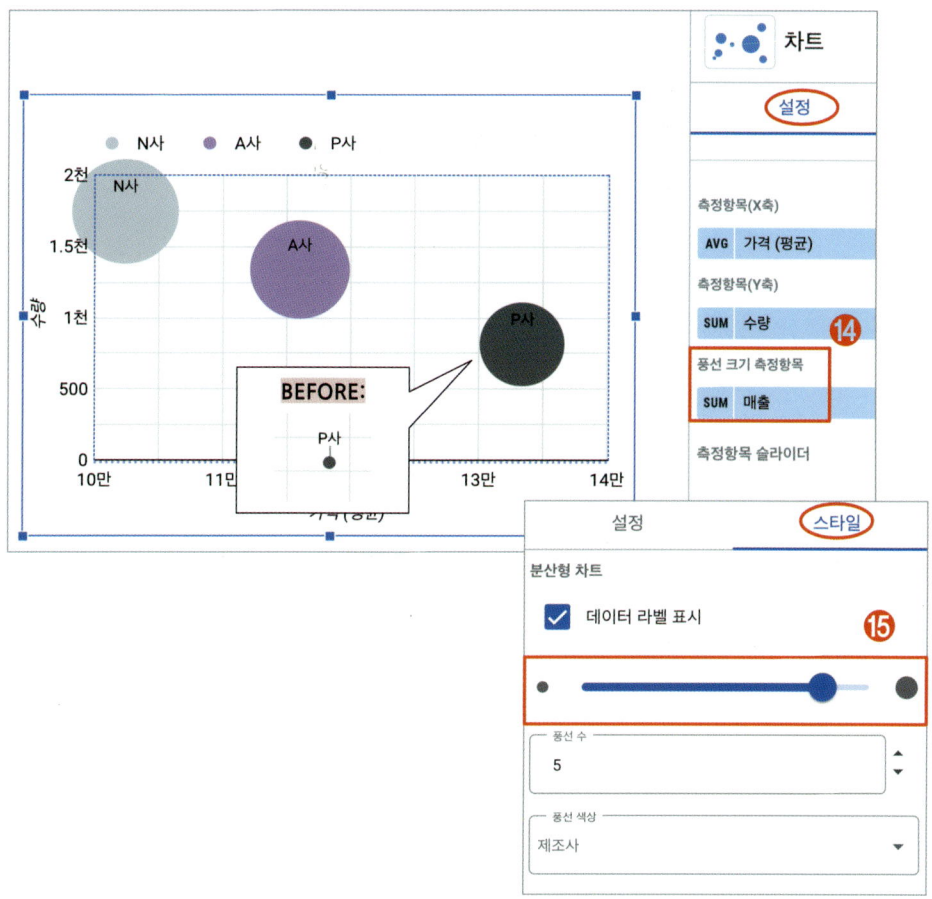

▲ 풍선 크기에 '매출' 측정항목 정보를 추가할 수 있습니다.

⓮ [설정] 탭을 클릭합니다. [풍선 크기 측정항목]을 [매출]로 세팅합니다.

⓯ [스타일] 탭을 클릭합니다. [분산형 차트] 섹션의 [풍선 크기 조절] 옵션에서 차트 내의 풍선 크기를 조절 할 수 있습니다.

- ⓮에서 [풍선 크기 측정항목]을 추가하면 [스타일] 탭에 풍선 크기를 조절할 수 있는 슬라이더가 '자동으로' 생깁니다.

앞선 과정을 거쳐 차트의 정보도 풍부해지고 가독성도 훨씬 좋아졌습니다. 그런데 여기서 한 가지 모순이 생겼습니다. 분산형 차트의 '값' 영역에 '측정항목'이 추가됨으로써 '측정항목간의 관계를 측정기준으로 표시한 차트'라는 분산형 차트의 기본 정의가 어긋나게 되었습니다.

엄밀히 말하면 '풍선 크기 측정항목'은 더 많은 정보를 담기 위한 응용입니다. 따라서 이 경우 분산형 차트의 정의를 따지는 것은 무의미합니다. <u>기본 원리인 '측정항목 간의 관계를 측정기준으로 표현함'을 바탕으로 응용하여 표현했다는 것만 잊지 않아야 합니다.</u>

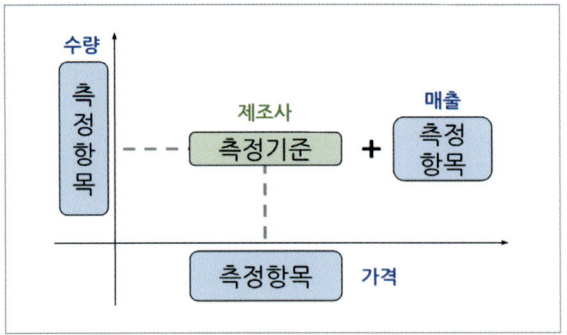

▲ 분산형 차트의 기본 원리를 이해하면 응용도 가능합니다.

> 📖 **참고** _ 분산형 차트는 신중하게 사용
>
> 분산형 차트를 처음 소개하는 단계에서 이 차트가 다소 어려운 것이 단점이라고 표현했습니다. 그 어려움의 원인이 바로 마지막으로 추가한 세 번째 측정항목(매출, 풍선 크기) 때문입니다. '풍선 크기'가 추가되었음에도 불구하고 차트 자체가 매우 심플해 보입니다. 하지만 이 차트는 그 자체로 많은 정보를 담고 있습니다.
>
> 여러분들은 측정기준과 측정항목, 피봇 테이블과 분산형 차트의 차이. 그리고 분산형 차트가 어떻게 구성되는지를 학습했기에 이런 응용까지 비교적 간단히 해석되었습니다. 하지만 이러한 유기적인 관계를 잘 모르는 사람들에게 분산형 차트는, 한눈에 들어오기에는 너무 많은 정보를 담고 있는 어려운 차트입니다.
>
> 결국 풍선크기가 들어 있는 분산형 차트는 '추가 설명을 해줘야 이해되는 차트'로서, 차트가 익숙하지 않은 사람들에게는 적합한 차트가 아닙니다. 반면 분산형 차트 이용이 자연스러운 그룹, 예를 들어 마케터 모임 같은 경우에는 매우 쓸모 있는 차트입니다.

 추가 설명이 필요하다는 것은 이미 가독성이 낮다는 뜻이므로 상황에 맞게 사용해야 합니다.

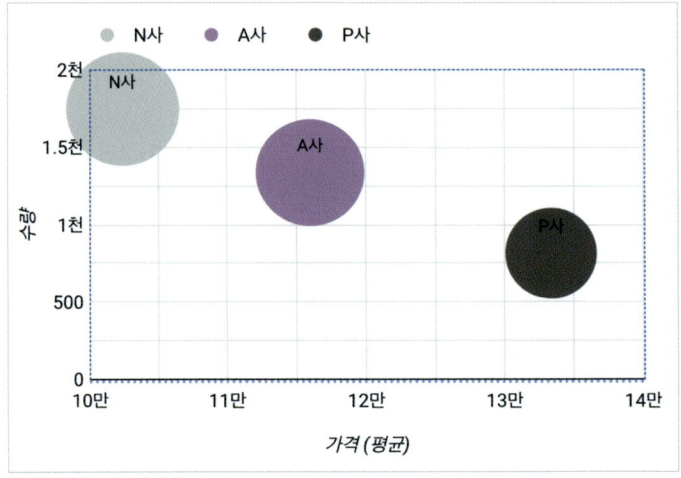

■ 그 외 다양한 차트

구글 루커 스튜디오에는 앞에서 설명한 차트 이외에 '선', '블릿', '흐름 차트' 등 다양한 차트가 구비되어 있습니다. 물론 이들 차트의 핵심 세팅도 대부분 '측정기준과 측정항목의 적절한 조합'입니다. 하지만 대부분 사용 빈도가 낮거나 이미 설명한 차트와 거의 사용법이 동일하며, 특히 '블릿' 차트는 스코어카드의 진행바(Progress Bar)로 대체되는 등 그 활용도가 점점 줄어들고 있습니다. 따라서 앞에서 서술한 차트 외에 다른 차트도 활용하고 싶다면 유튜브 영상 및 기타 강좌 등을 참고하기를 바랍니다. 다만 기본적인 차트의 기능 및 실무에서의 활용은 본문에서 다룬 차트만으로도 부족함 없이 사용할 수 있습니다.

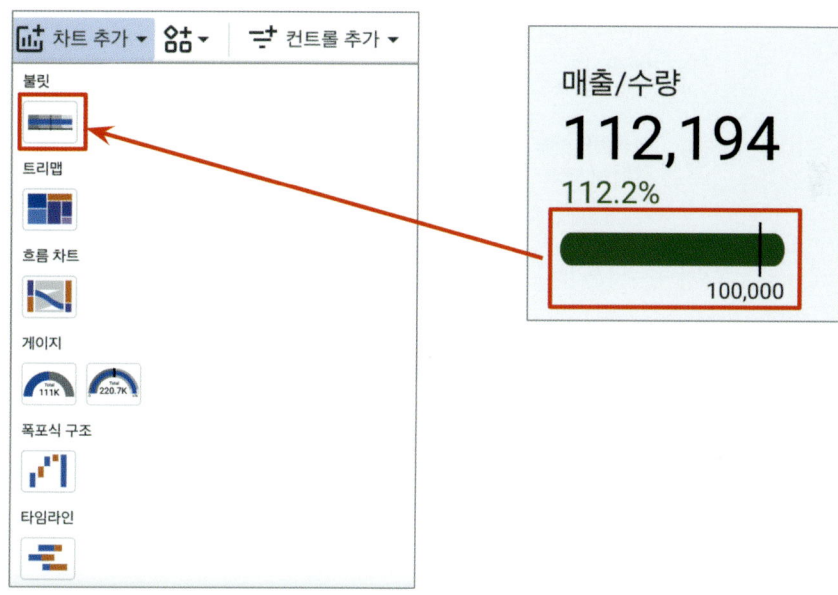

▲ '블릿' 차트와 유사한 기능은 스코어카드의 진행바(Progress Bar)로 구현됩니다.

■ 커뮤니티 시각화

- 툴바 → 커뮤니티 시각화 버튼(品)
- **장점** : 기본 차트 이외에 다양한 종류의 차트 추가
- **단점** : 공유 시 에러, PDF 미출력 에러, 공유 권한 문제 등이 자주 발생

커뮤니티 시각화는 구글이 아닌 제3자가 제작·배포하는 차트입니다. 이를 통해 기본 차트에서 다소 아쉬웠던 점을 보완할 수 있습니다.

하지만 최근 실무에서 차트 누락, PDF 출력 오류, 권한 관련 버그 등이 빈번하게 발생해 불편을 초래하고 있습니다. 이는 아마도 구글 루커 스튜디오의 잦은 업데이트 속도에 호응하지 못해 발생하는 호환성 문제로 보입니다. 따라서 꼭 필요한 경우가 아니라면 사용을 권장하지 않습니다.

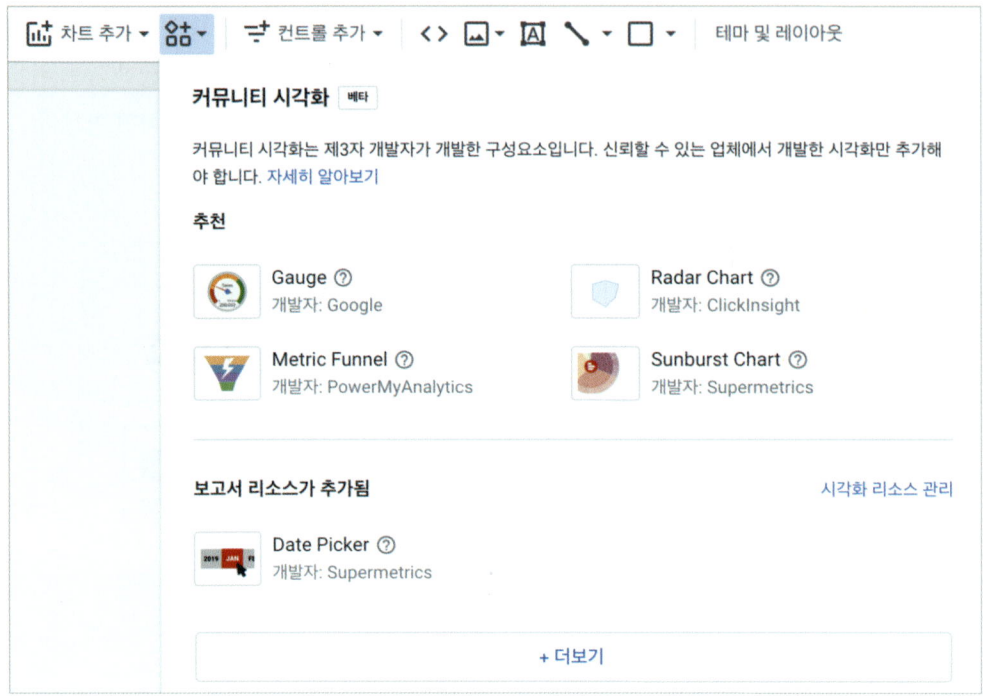

▲ 최근 버그가 많아져 사용하지 않을 것을 권장합니다.

CHAPTER 14 공유

■ 공유 및 예약

구글 루커 스튜디오의 공유는 클라우드 공유 방법 중에서도 쉬운 편입니다. 특히 권한 세팅이 매우 직관적이어서 팝업창의 주석만 자세히 읽어 봐도 쉽게 이해가 가능합니다.

01 공유화면 전환 및 공유 시 사용되는 컨트롤

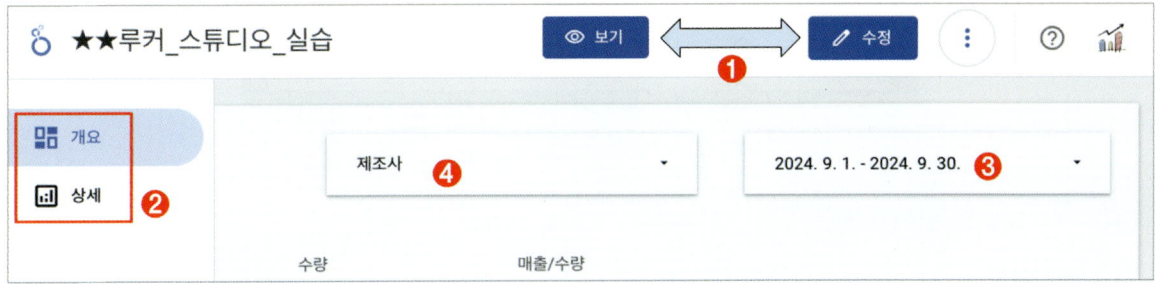

❶ 우측 상단의 `보기` 버튼을 클릭하면 공유한 보고서 모습을 확인할 수 있습니다. 버튼을 다시 누르면 `수정`으로 바뀝니다.

❷ 페이지 이동을 가능하게 해줍니다. 아이콘을 적용하지 않으면 1, 2…로 표시됩니다.

❸ **날짜 컨트롤** : 실시간으로 사용 가능한 날짜 필터로서 공유 시 '기본 기간'으로 공유됩니다.

❹ **제조사 컨트롤(필터)** : 공유 시 실시간 필터로 동작합니다.

02 공유 옵션 및 주의사항

구글 루커 스튜디오의 공유는 매우 직관적으로 되어 있습니다. 그럼에도 불구하고 <u>다음 3가지는 꼭 기억해야</u> 합니다.

첫 번째, 링크를 공개로 하지 말아야 합니다. 구글에 의해 검색이 되기 때문에 보안에 취약합니다.

두 번째, 공유 시 수정 옵션은 부여하지 않는 것이 좋습니다.

세 번째 최고 보안 옵션은 링크 설정을 '제한됨'으로 하는 것입니다. 단지, 이때는 보고서를 공유할 팀원들의 지메일(Gmail)이 필요합니다.

공유 옵션에서 제작된 공유 링크는 이메일, 카톡 등에 자유롭게 사용할 수 있습니다. 이때 웹브라우저 크롬 브라우저 사용을 권장합니다.

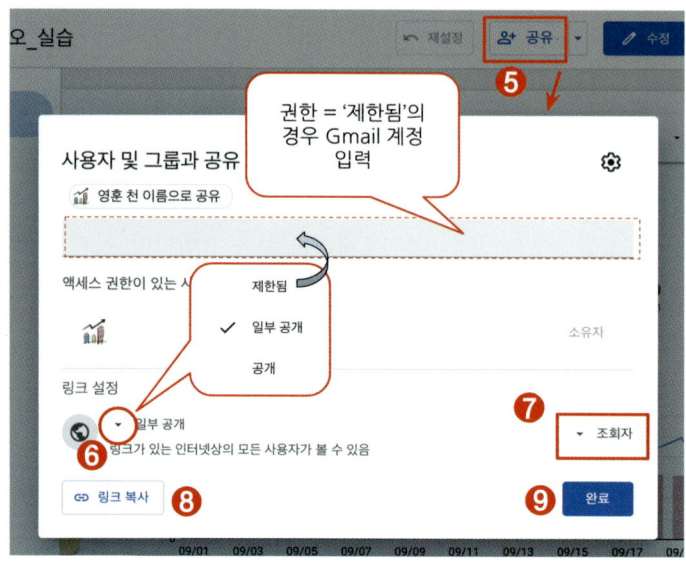

▲ 공유 옵션 팝업창

❺ 공유 버튼을 클릭합니다.

❻ 링크 설정
- **제한됨** : 제한됨으로 선택하면 상단에 담당자들의 지메일(Gmail) 계정을 입력해야 됩니다. 가장 안전합니다.
- **일부 공개** : 링크가 있는 모든 사용자에게 공유되며, 심지어 구글 로그인을 하지 않은 게스트에게도 공유됩니다.
- **공개** : 구글 검색으로도 찾을 수 있습니다. 권장하지 않습니다.

❼ 조회/편집 권한 부여입니다. '조회자'가 읽기 모드입니다.

❽ 공유 시 전달할 링크 복사

❾ 공유 권한 세팅 완료
- 링크 복사 없이 화면을 닫은 경우, ❺부터 다시 진행합니다.

03 이메일 예약

구글 루커 스튜디오는 이메일 예약을 통해서 보고서를 받아 볼 수 있습니다. 이때 보고서를 받는 사람은 굳이 지메일(Gmail) 계정이 아니어도 상관없습니다. **이메일 예약 취소도 같은 화면에서 진행합니다.** 또한 보고서를 PDF 형태로 다운로드할 수 있으며, 공유 시에도 PDF 다운로드가 가능합니다.

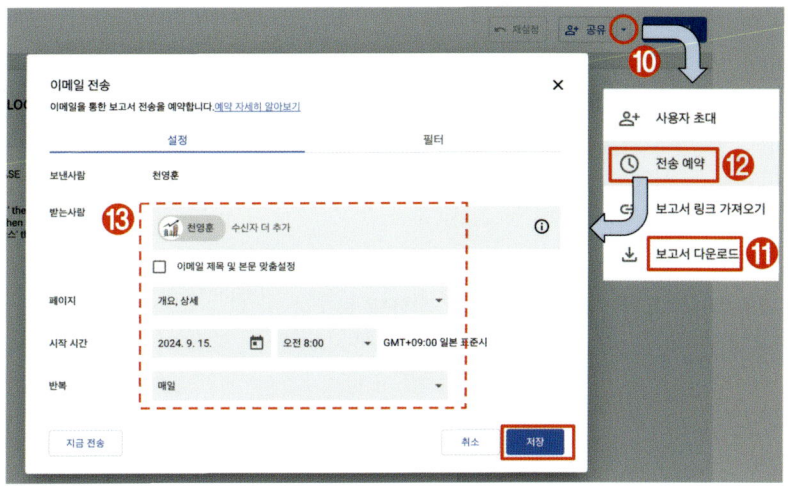

▲ 메일 옵션 팝업창

⑩ 　공유　 버튼 옆 드롭다운(▼) 버튼을 클릭해 메뉴를 엽니다.

⑪ **[보고서 다운로드] 메뉴** : PDF 파일로 다운로드 가능합니다.

⑫ **[전송 예약] 메뉴** : 이메일 전송 관련 팝업창을 띄웁니다.

⑬ 이메일 수신자 등 다양한 정보를 입력합니다.
- 이메일은 구글 메일이 아니어도 무관합니다.
- 시간, 반복 등 다양한 옵션을 입력 후 [저장] 버튼을 클릭합니다.

⑭ 이메일 전송 예약 취소도 ⑫ [전송 예약]부터 다시 진행합니다.
- 　공유　 버튼 옆 드롭다운(▼) 버튼 클릭→ ⑫ [전송 예약]
- 전송 예약 팝업창 우측 상단 아이콘(⋮) 클릭 → 일정 삭제

▲ 메일 취소도 동일한 창에서 진행합니다.

▲ 예약 시간에 이메일이 전달됩니다.

CHAPTER 15
더 많은 차트, 더 많은 기능 – N차 학습

지금까지 '연결' – '시각화' – '공유'의 순서로 구글 루커 스튜디오 보고서를 제작하는 과정과 차트의 쓰임새까지 공부했습니다. 이제부터는 다소 난도가 높은 내용도 있으므로 일단 가볍게 읽고, 조금 어려운 부분은 N차 학습과 정독을 권장합니다.

■ 2개 이상 다른 데이터 소스

구글 루커 스튜디오는 하나의 보고서에 여러 데이터 소스를 연결할 수 있습니다. 예컨대 구글 시트의 매출, 유튜브 조회수 등을 한 페이지에 담을 수 있다는 뜻입니다. 이를 위해서 차트별로 [데이터 소스]를 활용해 데이터 추가를 해주면 됩니다. 이후로는 차트 데이터 연결 과정과 동일합니다.

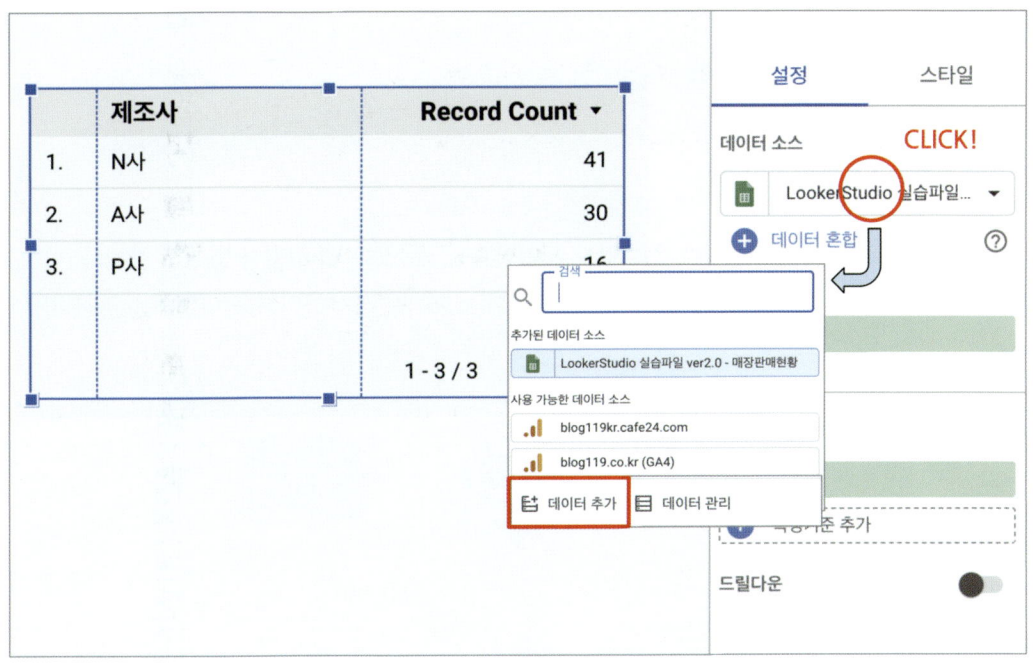

▲ 요소 클릭 → [설정] 탭 → 데이터 소스 클릭 → 데이터 추가

데이터 소스에서 추가한 경우, '메뉴 : 리소스 → 추가된 데이터 소스 관리'에서 연결된 데이터 소스들을 확인할 수 있습니다.

■ 추가된 데이터 소스 관리

한 개 이상의 데이터와 연결된 구글 루커 스튜디오의 데이터 소스는 상단의 '리소스 → 추가된 데이터 소스 관리' 메뉴에서 확인할 수 있습니다. 해당 메뉴에서는 추가된 데이터 소스와 그에 연결된 차트 개수 등 전반적인 현황도 확인할 수 있습니다.

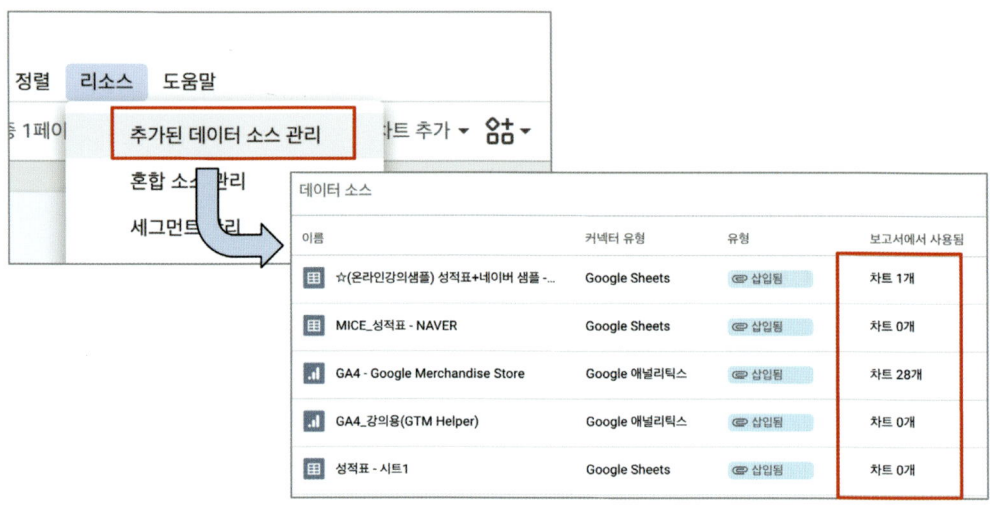

▲ 리소스 → 추가된 데이터 소스 관리

■ 완성 보고서 복사하기

완성된 보고서를 복사할 때(사본으로 만들 때)는 동일한 구조의 '소유 데이터'가 있어야 합니다. 이때 소유한 (혹은 권한이 있는) 데이터가 있어야 하는 이유는, 완성된 보고서를 복사하더라도 데이터는 복사되지 않기 때문입니다.

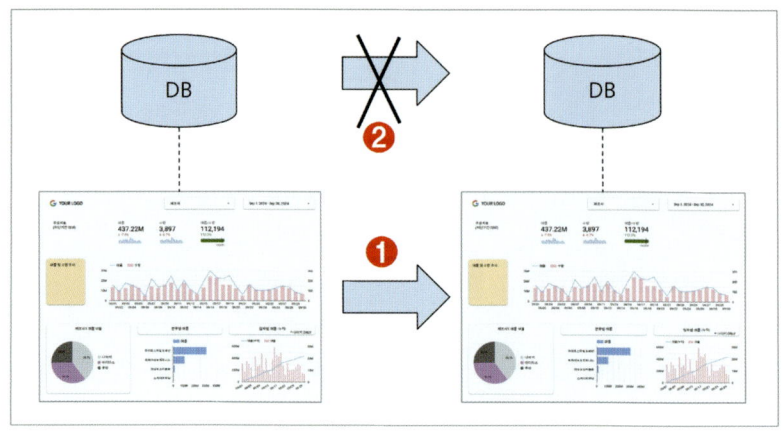

▲ 보고서 복사(❶)는 가능하나, 데이터는 복사가 불가(❷)합니다.

01 매장 보고서 완성본 복사하기

앞서 언급한 것처럼 템플릿이 아닌 완성본에서 사본을 만들 때는 자신의 데이터가 별도로 있어야 합니다. 따라서 실습에서는 데이터도 사본, 완성본도 사본을 만들어서 각각을 새로운 데이터와 보고서로 연결해 사용합니다.

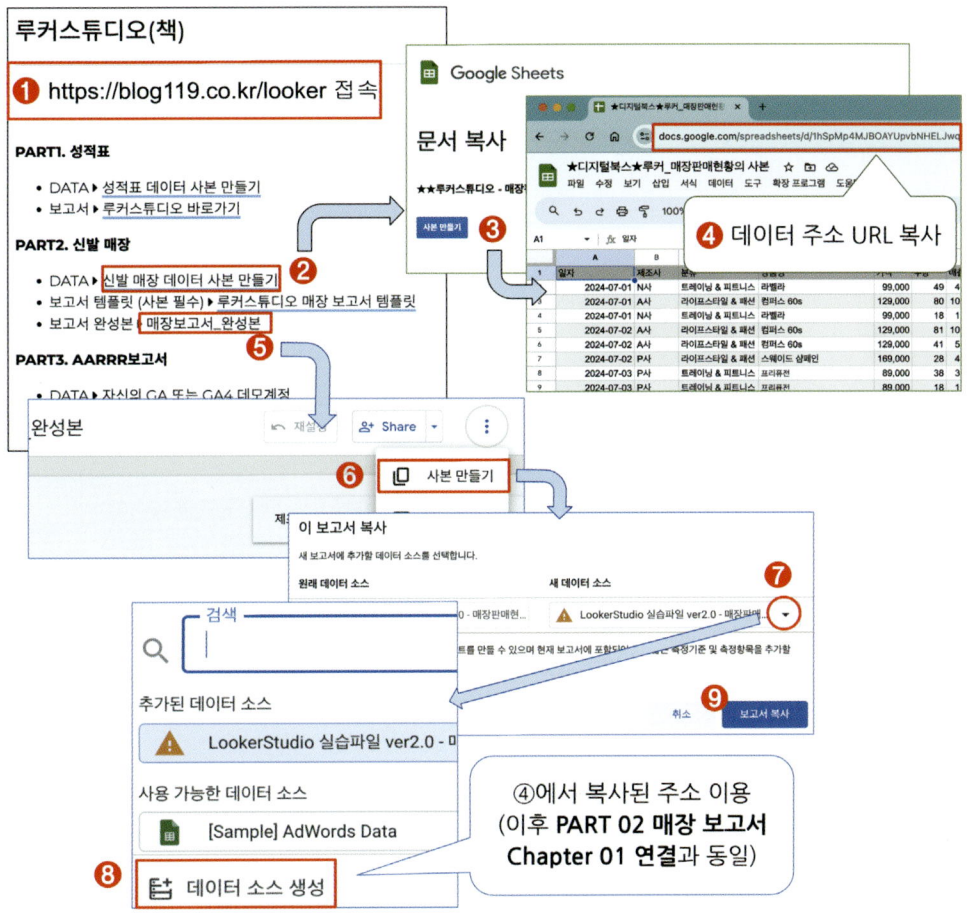

과정은 다소 복잡해 보이나 요약하면 다음과 같습니다.

❶ https://blog119.co.kr/looker에 접속

❷ ~ ❹ : 매장 데이터 사본을 만들어 데이터 주소(URL) 복사

❺ ~ ❻ : 완성 보고서의 사본 만들기

❼ ~ ❾ 데이터 사본과 보고서 사본 연결 : 드롭다운(▼) 버튼 → 데이터 소스 생성 → 새 데이터 소스 → 구글 시트 URL → ❹에서 복사한 주소 입력

> **Tip** 새 데이터 소스를 입력하는 과정은 **PART 02 매장 보고서 – CHAPTER 01. 연결** 과정과 동일합니다.
> 구글 루커 스튜디오 학습 초기에는 다른 사람이 만들어 배포하는 템플릿을 [설정] 및 [스타일] 탭 등 확인하는 것만 해도 큰 도움이 됩니다.

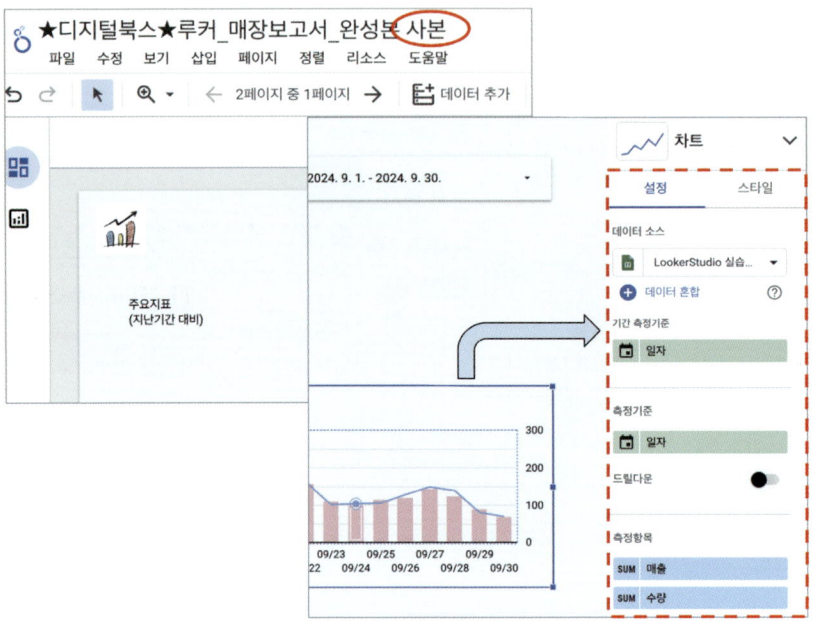

▲ 사본 복사 후 [설정] 탭 및 [스타일] 탭을 둘러보면 많은 도움이 됩니다.

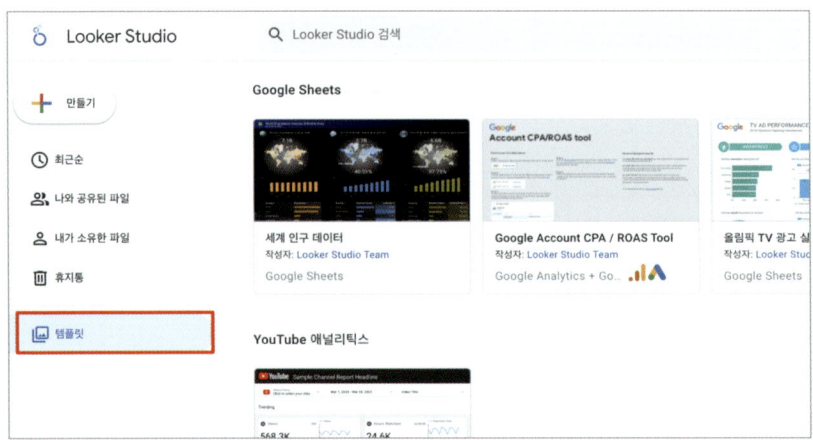

▲ 구글 루커 스튜디오 메인 화면에 있는 템플릿도 확인해 보기 바랍니다.

■ 엑셀 연동

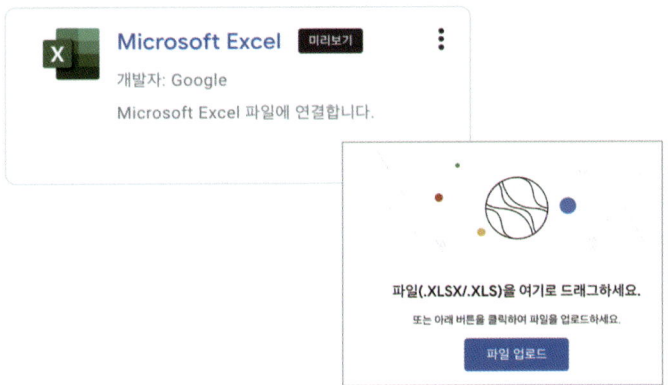

구글 루커 스튜디오는 엑셀(Excel)과의 연동은 가능하나 정확히 말하면 '엑셀 파일' 수동 업로드 연동입니다. 즉 실시간 엑셀 연동은 불가능합니다.

실무에서는 엑셀을 구글 시트로 수동 복사해서 일정 기간마다 데이터를 업데이트하고, 이를 구글 루커 스튜디오와 연동해 자동으로 업데이트하는 방법을 사용합니다. 현재로서는 이것이 최선의 방법입니다.

❶ 수동 업데이트(주별, 일별 담당자 수동 작업)
❷ 자동 업데이트

■ 빅쿼리 연동

구글 루커 스튜디오에서 빅쿼리(BigQuery)에 연결(❶)해서 데이터를 읽어 오거나 반대로 빅쿼리에서 구글 루커 스튜디오 보고서로 직접 출력(❷)할 수 있습니다. 본문에서는 이 정도의 개념만 이해해도 충분합니다.

■ 구글 시트 데이터 전처리

구글 시트를 데이터로 사용할 때 주의할 사항이 있습니다.

이른바 '전처리'라는 것인데, 이는 '데이터를 더 빠르게, 오류 없이 읽을 수 있도록 데이터의 형식을 규격화하는 과정'을 말합니다. 구글 시트뿐만 아니라 데이터를 다루는 모든 분야에서 공통으로 적용됩니다.

수많은 전처리 작업이 있는데, <u>일단 꼭 기억해야 할 두 가지는 다음과 같습니다.</u>

01 셀 병합 금지

첫 번째, 데이터로 사용하는 모든 범위에는 '셀 병합'을 사용해선 안 됩니다.

셀 병합은 기존 엑셀 사용자에게 익숙한 서식이나, 데이터로 사용할 때는 오류가 발생합니다. 따라서 셀 병합이 섞여있는 데이터는 OFFSET 등의 함수를 이용해서 전처리 해야 하는데, 매우 번거롭고 시간이 많이 소요됩니다. 요컨대 표를 데이터용으로 사용할 때는 처음부터 셀 병합을 사용해선 안 됩니다.

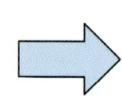

▲ 데이터에는 셀 병합이 없어야 합니다.

02 날짜는 YYYY-MM-DD 형태로

두 번째, 날짜 포맷은 'YYYY-MM-DD' 형태로 통일해야 합니다.

구분	날짜	비고
A	24/9/1	
B	2024-09-01	"YYYY-MM-DD" 형태
C	24.9.1	

▲ 구글 루커 스튜디오에서는 B만 날짜로 인식합니다.

예를 들어 앞의 표에서 A, B, C 모두 사용자는 날짜로 인식하지만 구글 루커 스튜디오나 다른 데이터 베이스에서는 대부분 B만 날짜로 인식합니다.

결국 A, C는 별도로 날짜 처리해야 하는데 이 경우 엑셀이나 구글 시트가 제공하는 '서식' 기능을 사용해선 안 됩니다. 서식은 보이는 것만 바꿔주는 '눈속임'일 뿐, 실제 데이터가 바뀌는 것이 아니기 때문입니다.

▲ 구글 시트나 엑셀의 서식은 전처리가 아닙니다.

결국, 구글 시트의 날짜가 인식되지 않는다면 구글 루커 스튜디오의 PARSE_DATE 함수 등으로 전처리해야 하는데, 이런 함수를 이용하는 것보다는 처음부터 구글 시트나 엑셀의 모든 날짜를 'YYYY-MM-DD' 형태 (예 : 2024-09-01)로 입력하는 습관이 필요합니다.

■ PARSE_DATE 함수

실습에서는 모든 차트가 자동으로 날짜를 인식하고, 상단의 날짜 필터와 자동으로 동기화되었습니다. 이는 실습 데이터의 날짜 데이터가 'YYYY-MM-DD' 형태로 입력되어 있었기 때문입니다.

날짜가 자동 인식되면 '[설정] 탭 → 기간 측정기준 → 일자'에 대한 세팅을 별도로 하지 않아도 자동으로 세팅됩니다.

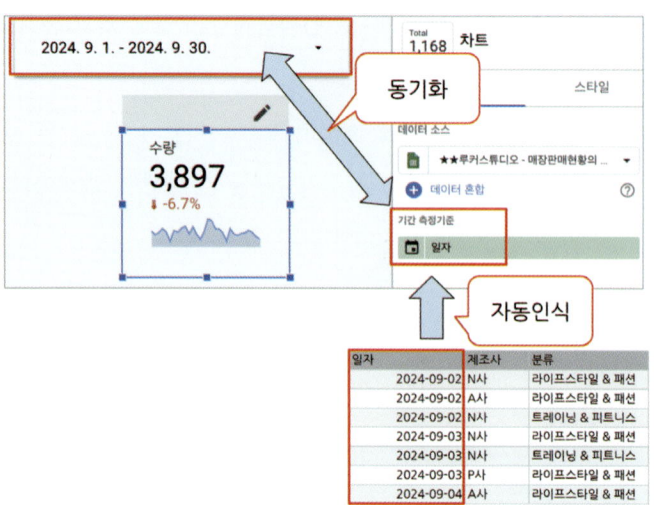

하지만 모든 데이터가 이런것은 아닙니다. 이런 경우에는 어쩔 수 없이 모든 날짜를 'YYYY-MM-DD' 형태로 전처리해야만 합니다. 하지만 데이터가 많거나 다른 여러 이유로 날짜 전처리가 어려울 경우, 강제로 날짜 데이터를 인식(함수 등 사용)시켜줘야 합니다.

이를 간과하고 진행하지 않으면 데이터의 날짜 필드가 날짜가 아닌 단순 텍스트(측정기준)로만 인식해서 결국 보고서의 날짜 필터와 동기화하지 못하게 됩니다. 그 결과 차트는 항상 날짜 필터와 무관한 데이터만 보여주게 됩니다.

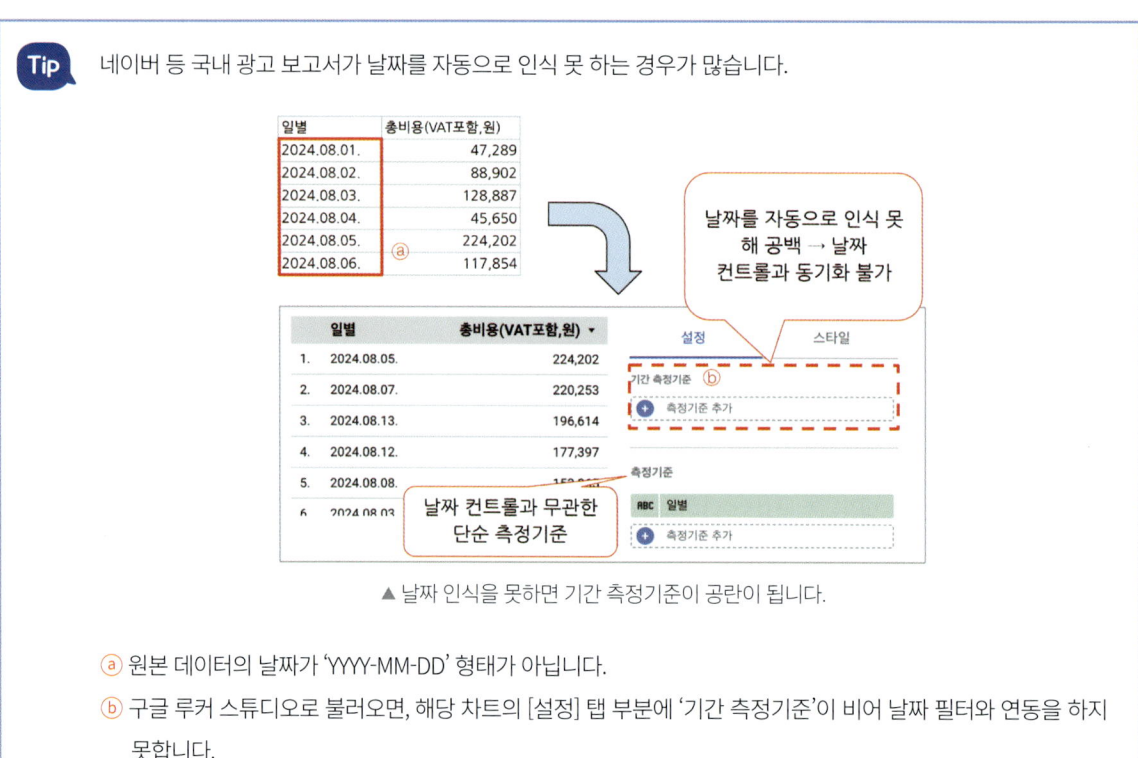

▲ 날짜 인식을 못하면 기간 측정기준이 공란이 됩니다.

ⓐ 원본 데이터의 날짜가 'YYYY-MM-DD' 형태가 아닙니다.
ⓑ 구글 루커 스튜디오로 불러오면, 해당 차트의 [설정] 탭 부분에 '기간 측정기준'이 비어 날짜 필터와 연동을 하지 못합니다.

따라서 이런 데이터는, 구글 루커 스튜디오의 PARSE_DATE 함수를 사용해서 강제로 새로운 날짜 필드로 만들어 사용할 수 있습니다.

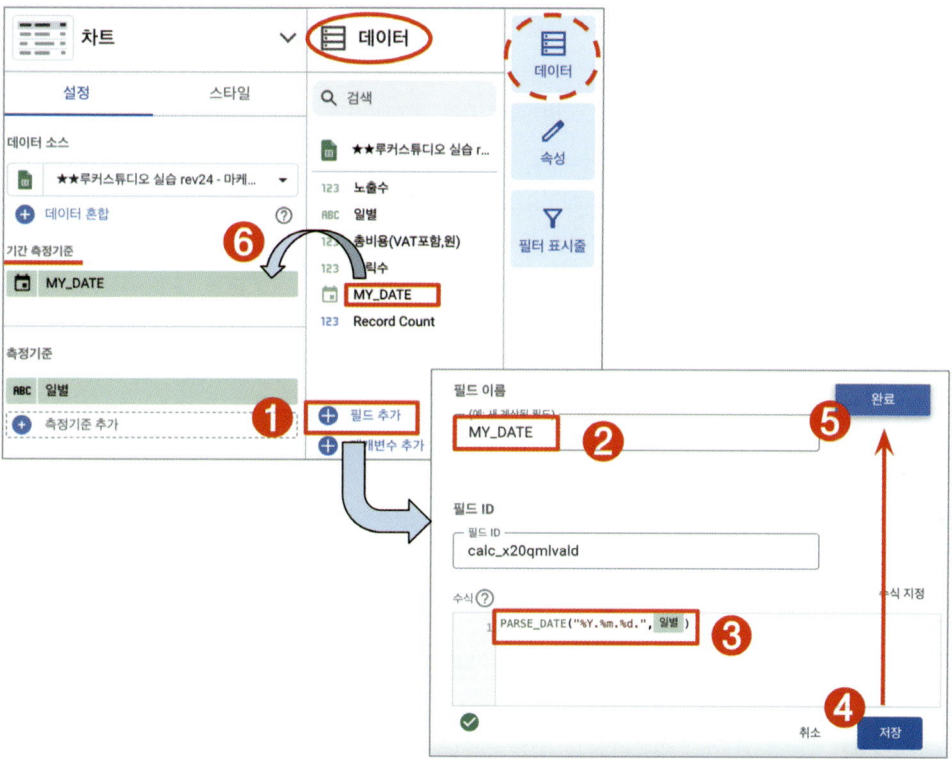

❶ '데이터 영역' → 필드 추가
- 다른 차트에서도 사용해야 하므로 '데이터 영역'에 추가합니다.
- '데이터 영역'이 보이지 않으면 화면 가장 우측 상단의 [데이터] 버튼(점선형태의 원)을 클릭합니다.

❷ **새로운 날짜 필드 이름 입력** : MY_DATE

❸ PARSE_DATE 이용한 수식 입력(**참고 _ PARSE_DATE 사용법**에서 자세히 설명합니다.)

❹ + ❺ : 새로운 필드는 저장 + 완료순으로 클릭해야만 적용됩니다.

❻ 새로 만든 MY_DATE를 '기간 측정기준'에 드래그앤드롭(drag&drop)하면 날짜 컨트롤과 동기화됩니다.

📘 참고 _ PARSE_DATE 사용법

대표적으로 네이버의 광고 보고서 날짜 포맷이 다음 그림과 같기 때문에 이를 루커 스튜디오 보고서와 연동하려면 PARSE_DATE를 함수 활용하여 그림처럼 입력해야 합니다. 주의사항은 대소문자를 구별하고, 일별 은 변수처리(초록색 바탕)로 바뀌어야 합니다. 정확하게 입력했다면 직접 키워드로 타이핑하다 보면 자동으로 바뀝니다.

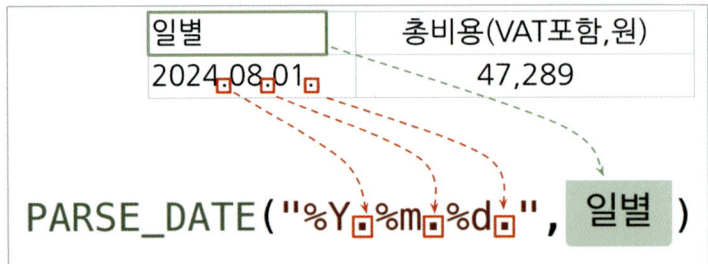

- "%Y.%m.%d." : 대소문자 및 철자 주의
- 일별 : 함수 내에서는 반드시 변수형태인 초록색 으로 바뀌어야 합니다. 맞춤법만 맞다면 자동으로 변경됩니다.
- 각 날짜와 문자(%Y.%m.%d)는 각각 매치시키고 이때 '.'는 구분자가 됩니다.
- 이처럼 PARSE_DATE를 사용할 때는 날짜 데이터가 어떤 패턴으로 구성되어 있는지 자세히 살펴봐야 됩니다.
- "%Y.%m.%d."와 같은 날짜 서식은 아래 주소를 참고 바랍니다. 단, 난도가 높으므로 위의 설명 정도로만 이해하고 활용을 권장합니다.

　구글 클라우드 빅쿼리 : Format elements for date and time parts - https://cloud.google.com/bigquery/docs/reference/standardsql/format-elements

PARSE_DATE를 이용해 새로운 날짜 필드를 만들면, 새로 만드는 차트에는 '기간 측정기준'이 자동으로 입력됩니다. 그래도 항상 재확인을 권장합니다.

▲ 실습에서 차트마다 기간 측정기준을 확인한 이유가 바로 이 때문입니다.

Tip 영상 쇼츠 QR : PARSE_DATE

PARSE_DATE에 대한 설명을 유튜브 쇼츠로 만들었습니다. 참고 바랍니다.

PARSE_DATE

■ 구글 시트 데이터 범위로 불러오기

이제까지 실습에서 데이터를 연결할 때는 URL을 입력하고 '워크시트'만 확인하고 범위는 신경 쓰지 않아도 모든 데이터를 자동으로 읽어 왔습니다.

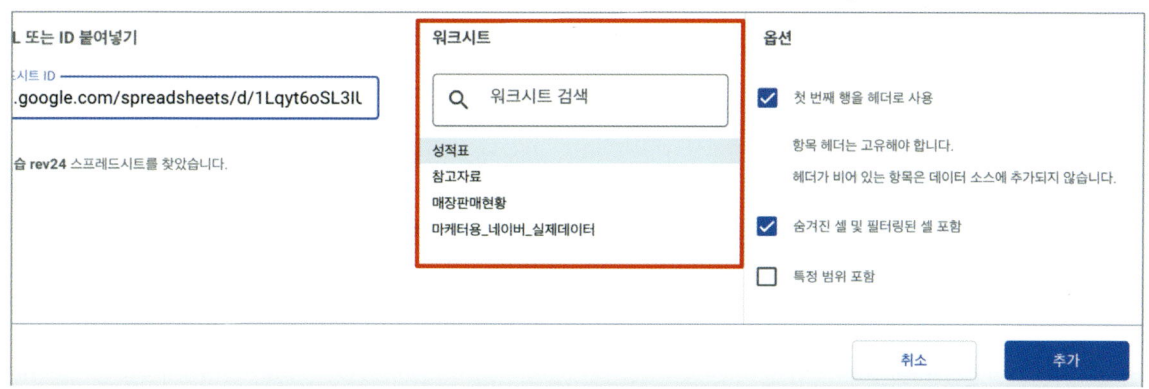

▲ 실습 데이터는 URL 입력 후 워크시트만 확인하면 됩니다.

하지만, 실습의 모든 데이터의 헤더가 '우연히' 모두 1행에 있었던 것이고, 실무 데이터는 그렇지 않을 경우가 많습니다.

따라서 이때는 일반적으로 엑셀에서 사용하는 범위를 입력해 주면 됩니다. 예컨대 'A2:F100'은 A2 셀부터 F100 셀까지 데이터를 읽어오라는 뜻입니다. 여기에 구글 루커 스튜디오에서는 엑셀에는 없는 '열린 참조'라는 형태의 범위가 추가됩니다.

예를 들어 열린 참조로 'A2:D'라고 하면 A2 셀부터 D열 끝까지 라는 뜻으로, 현재 데이터뿐만 아니라 앞으로도 추가될 데이터도 읽어올 수 있습니다.

> **Tip** '열림 참조'는 엑셀에는 없는 개념으로 데이터 처리에 특화된 구글 시트에만 있습니다.

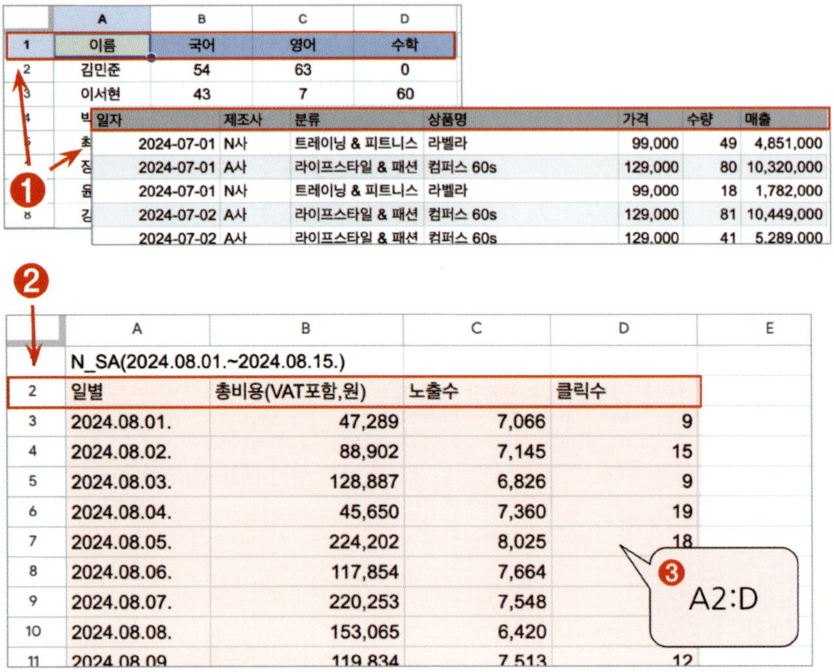

▲ 실무에서는 헤더가 2, 3행부터 시작하는 경우가 많습니다.

❶ 실습용 데이터는 모든 헤더가 1행에 있습니다.
❷ 실무에서는 2행 또는 그 아래에 첫 번째 헤더가 있는 경우가 많습니다.
❸ 열림 참조 'A2:D'는 'A2 셀부터 D열' 끝까지라는 뜻으로 앞으로 올 모든 데이터도 포함합니다.

이제 데이터의 범위를 구글 루커 스튜디오 워크시트에 '특정 범위 포함'이라는 옵션에 입력해주면 됩니다.

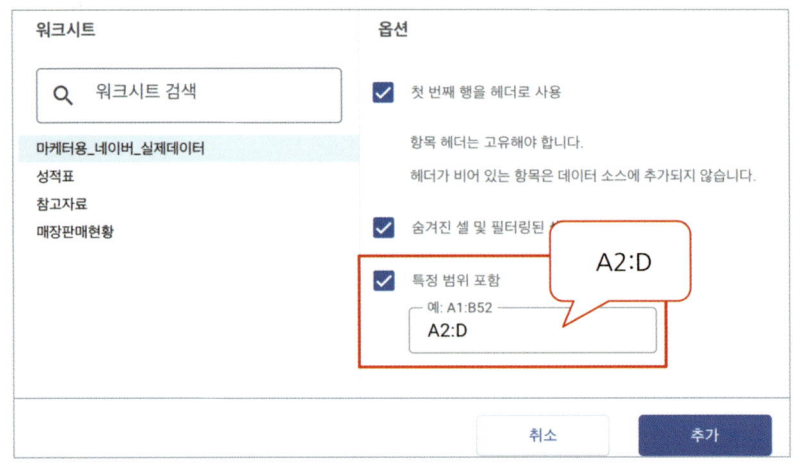

▲ 데이터의 범위를 구체적으로 지정해 줄 수 있습니다.

■ 차트 간 상호 관계

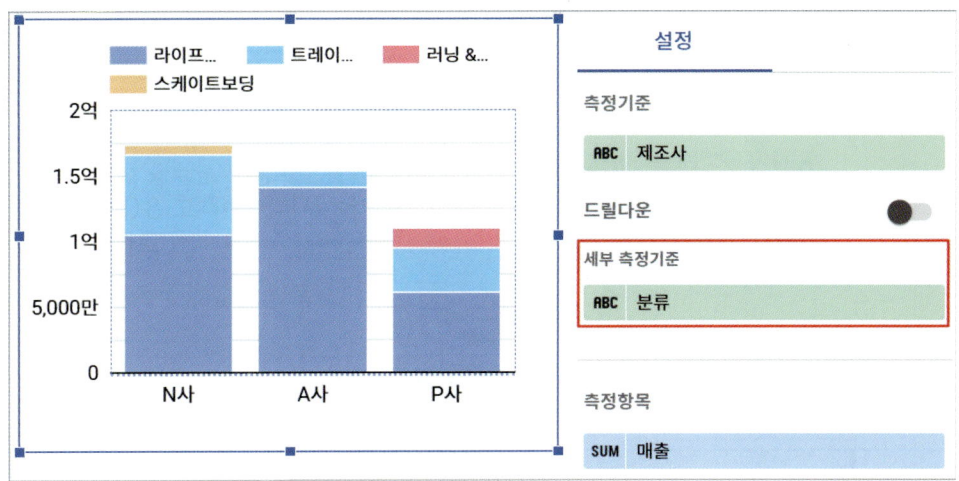

CHAPTER 12. **시각화 : 누적 열 차트**에서 제작한 차트처럼 '세부 측정기준'이 포함된 차트를 변형할 때, 차트 간에는 다음과 같은 상호 관계가 있습니다.

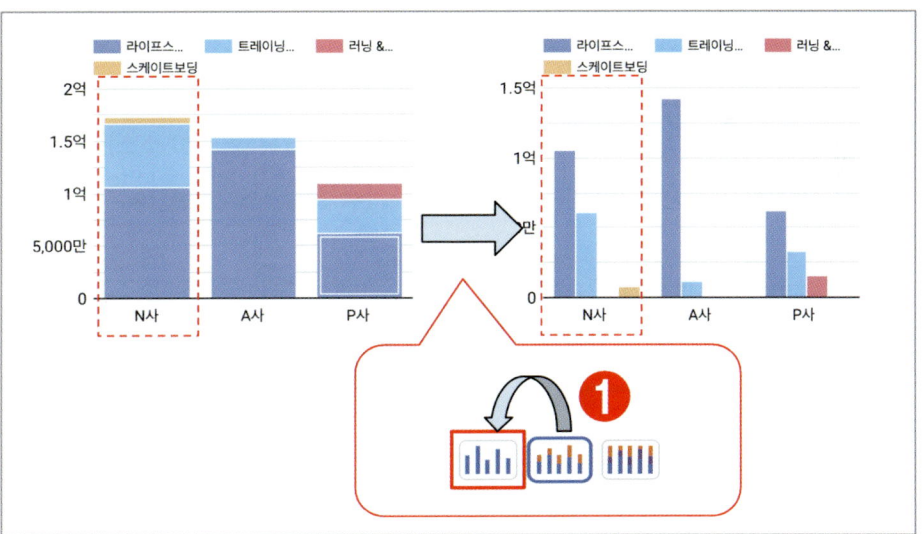

❶ '**누적 열 차트 → 열 차트' 변형** : 누적 부분이 세분화됩니다.

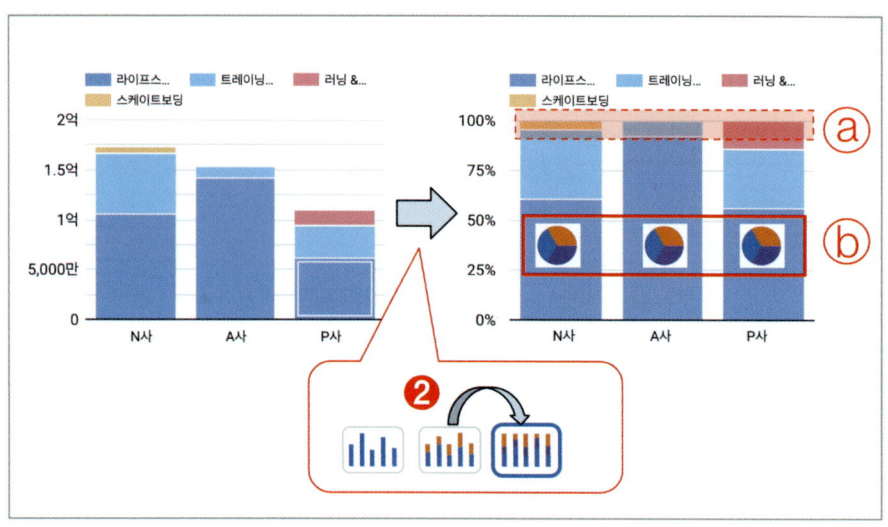

❷ '누적 열 차트 → 100% 누적 열 차트' 변형 : 누적 부분이 비율로 전환됩니다.

ⓐ 끝이 하나로 닿아 있습니다. 이 값은 1로서 100%를 의미합니다.

ⓑ 결국 3개의 원형 차트가 동시에 있는 것과 동일한 결과가 됩니다.

그 외 선 차트까지 정리하면 상호 관계는 다음과 같습니다.

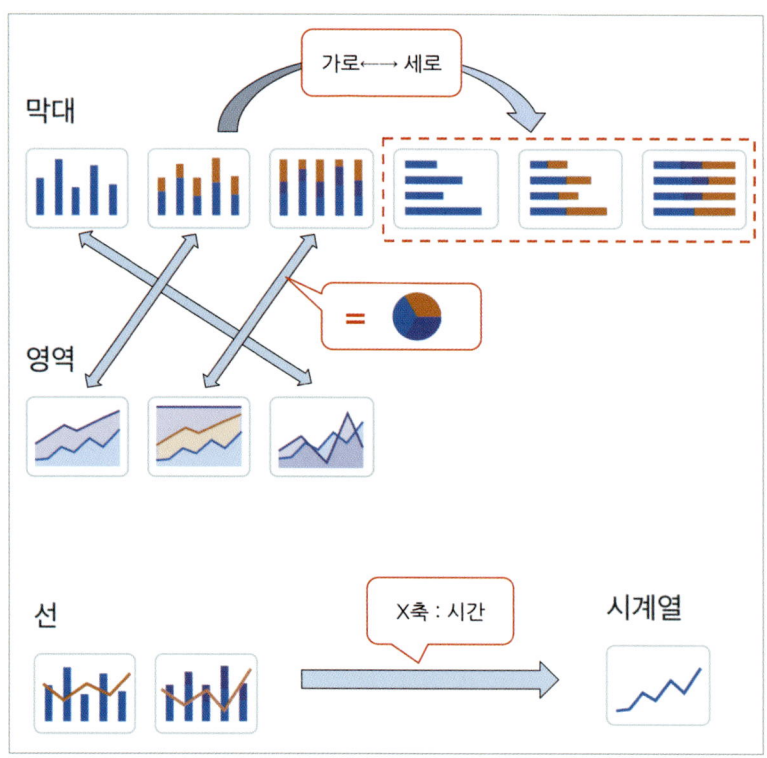

마지막으로 피봇 테이블과 분산형 차트는 다음과 같은 관계가 있습니다.

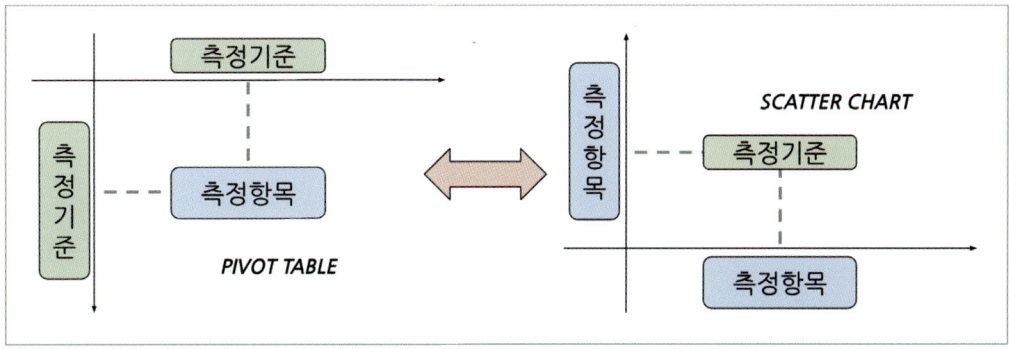

■ 피봇 테이블의 확장

 본 내용은 실습이 아니므로, 내용을 이해하는 것에 초점을 맞추길 바랍니다.

학년	이름	성별	국어	영어	수학	자기주도학습 수강시간
1	김민준	남	54	63	0	3
2	이서현	여	43	7	60	1
1	박지훈	남	43	12	53	4
2	최수민	여	38	16	37	2
1	장예은	여	58	13	72	2
3	윤도현	남	70	73	84	1
2	강지아	여	94	63	50	3
3	오하늘	남	60	64	41	3
3	정다은	여	79	85	70	2
3	조민서	여	48	71	87	3
1	임수호	남	3	24	43	1
1	서지안	여	16	33	73	4
1	한유진	여	52	58	41	5
3	백서우	남	100	92	72	1
1	송지호	남	76	47	48	5

그림과 같은 표에서 '학년 및 성별 자기주도학습 수강시간' 관련 피봇 테이블은 다음과 같이 만듭니다.

이때 측정기준과 측정항목은 다음과 같습니다.

- **측정기준** : 학년, 성별
- **측정항목** : 자기주도학습 수강시간

여기서 주의 깊게 볼 사항은 바로 '측정기준 = 학년'입니다. 뭔가 이상하지 않나요?

처음부터 강조했듯이 '측정기준 = 텍스트 데이터'이고, '측정항목= 숫자 데이터'인데, 여기서는 **숫자인 학년을 측정기준으로 처리했습니다.** 왜냐하면 여기서 학년 1, 2, 3은 '1학년, 2학년, 3학년'으로 해석할 수 있고, 이는 총 합계로 집계할 수 없는 '텍스트 데이터'이기 때문입니다.

이 과정이 다소 의아하게 보일 수 있으나 생각보다 많이 쓰이며 반도체의 '3나노 공정, 7나노 공정…' 등으로 예를 들 수 있습니다.

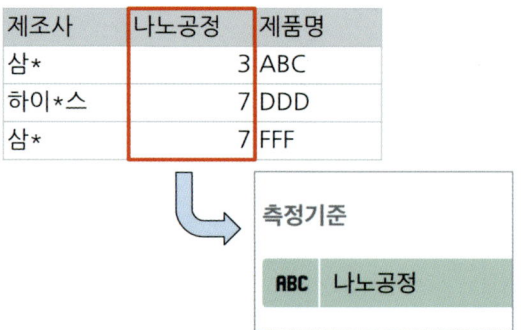

이처럼 숫자는 필요에 의해서는 텍스트로 해석해 피봇 테이블에서 측정기준으로 사용할 수 있습니다.

■ ChatGPT로 차트 만들기

> 본 내용은 실습이 아니므로 내용만 이해하는 것을 목표로 합니다.

Q 아래 그림과 같이 A, B, C의 매출을 일자별로 정리한 표가 있을 때, A, B, C 매출의 합의 비율을 원형 차트로 만들 수 있을까요?

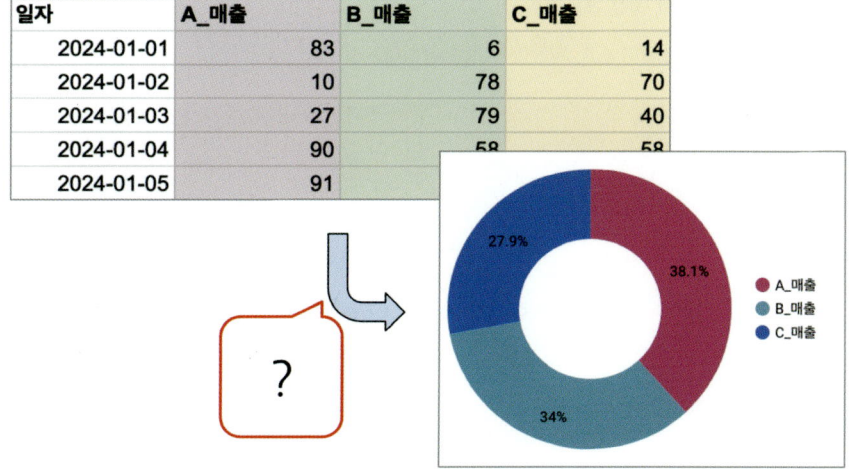

▲ A, B, C 매출을 원형 차트로 구현?

A 불가능합니다.

그 이유는 원형 차트는 단 1개의 측정항목만을 담을 수 있는데 반해, 원본의 A, B, C 매출표는 총 3개의 측정항목이 존재하기 때문입니다.

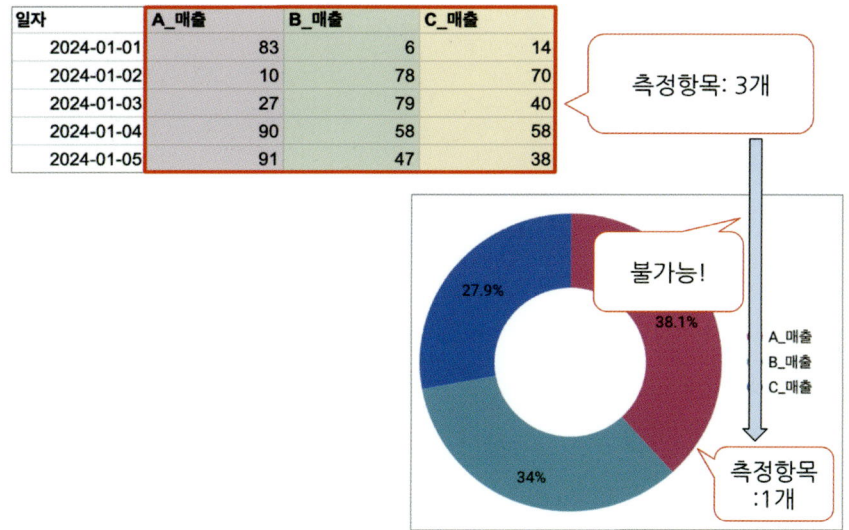

따라서 이를 해결하려면 측정항목이 3개인 표를 측정기준이 1개인 표로 변경하고 그 후에 원형 차트로 만들어 주면 됩니다. 이때, 표의 변경은 ChatGPT 등을 이용하면 자동 스크립트로 만들어 한 번에 처리할 수 있습니다. 심지어 앞으로 입력될 미래의 데이터도 자동으로 변경되도록 할 수도 있습니다.

아래는 구글 시트에서 사용할 수 있는 스크립트입니다. 이 스크립트는 `##이전##` 형식의 데이터를 `##이후##` 형식으로 변환합니다.

스크립트

1. `Google Sheets`에서 `확장 프로그램` → `Apps Script` 로 이동합니다.
2. 아래 코드를 복사하여 붙여넣고, 저장한 후 실행합니다.

```javascript
function transformSalesData() {
  // 현재 활성화된 시트를 가져옵니다.
  var sheet = SpreadsheetApp.getActiveSpreadsheet().getActiveSheet();

  // 데이터 범위를 가져옵니다.
  var data = sheet.getDataRange().getValues();

  // 결과를 저장할 배열을 생성합니다.
  var result = [["일자", "구분", "매출"]];

  // 첫 번째 행 (헤더)을 제외한 데이터를 반복합니다.
  for (var i = 1; i < data.length; i++) {
    var date = data[i][0];
    for (var j = 1; j < data[0].length; j++) {
      result.push([date, data[0][j], data[i][j]]);
    }
  }

  // 새로운 시트에 변환된 데이터를 씁니다.
  var newSheet = SpreadsheetApp.getActiveSpreadsheet().insertSheet("변환된 데이터");
  newSheet.getRange(1, 1, result.length, result[0].length).setValues(result);
}
```

▲ ChatGPT를 이용하면, 표 변환 스크립트도 쉽습니다.

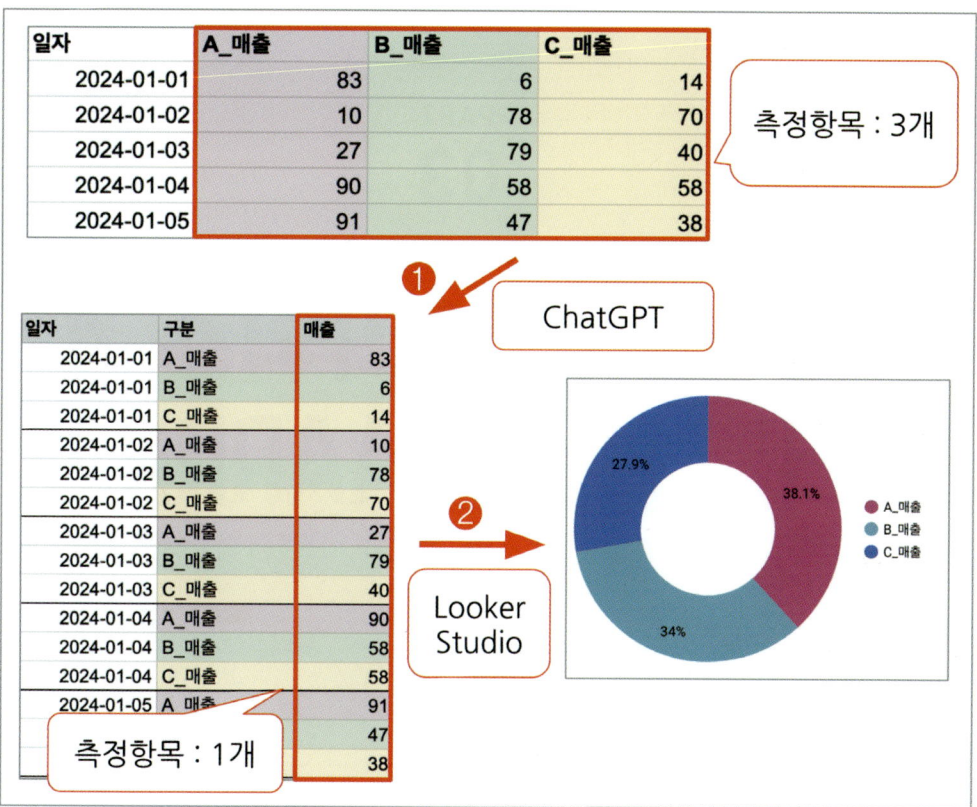

❶ ChatGPT를 이용, 측정항목이 3개인 원본 표를 측정항목이 1개인 표로 변경
❷ 측정항목이 1개로 바뀐 표를 구글 루커 스튜디오의 원형 차트로 구현

> **Tip 영상 쇼츠 QR : ChatGPT**
>
> 'ChatGPT를 이용한 차트 만들기'를 간략한 영상으로 제작했습니다. 참고 바랍니다.
>
>
> ChatGPT
>
> 데이터 베이스용 표(DB Table)를 구상하는 것은 이처럼 만만한 일이 아닙니다. 앞서 언급한 예처럼 측정항목이 3개인 표는 사용자가 이해하기에는 쉽지만 데이터로 사용하기에는 적합하지 않고, 측정항목이 1개인 표는 차트로 만들기는 쉽지만 사용자가 한눈에 이해하기에는 어렵기 때문입니다. 다행히 이제는 ChatGPT 덕분에 표(DB table) 구상 스트레스는 덜게 되었습니다!

구글 애널리틱스 4 데이터를 활용한 AARRR 보고서

CHAPTER 01. 마케터만을 위한 AARRR
CHAPTER 02. ACQUISITION (유입)
CHAPTER 03. ACTIVATION (행동)
CHAPTER 04. RETENTION (재방문 데이터)
CHAPTER 05. REVENUE (매출)
CHAPTER 06. REFERRAL (referral + organic)
CHAPTER 07. 공유 및 기타

마케터만을 위한 AARRR

PART 03 구글 애널리틱스 4 데이터 활용 AARRR 보고서는 구글 애널리틱스 4(이하 GA4) 데이터를 활용하여 AARRR 보고서를 작성하는 것을 목표로 하고 있습니다. 단지 책의 주제에서 벗어나는 GA4에 대한 자세한 설명은 제공하지 않습니다.

더불어 **PART 03**은 앞선 **PART 01, 02**를 완독한 후, 진행을 권장합니다. 실무에서 필수적인 사항과 팁은 반복해서 다루지만, 차트에 대한 자세한 설명은 생략될 수 있기 때문입니다.

마지막으로 보고서 완성을 지원하기 위해 마지막 부분에는 영상 링크를 제공합니다.

위 내용을 요약하면 다음과 같습니다.

- **PART 03**은 구글 애널리틱스 4를 이용하는 사람들을 대상으로 합니다.
- **PART 01, 02**를 완독한 후 **PART 03**을 공부하는 것을 권장합니다.
- **PART 03** 구성 중, 마지막에 AARRR 보고서 제작 영상 링크 첨부합니다.

■ AARRR 분석

AARRR 분석은 Acquisition(유입), Activation(행동), Retention(유지), Revenue(수익), Referral(추천)의 앞 글자를 딴 데이터 분석 모델로, WEB 서비스의 상태를 효과적으로 관리하고 최적화하기 위한 방법입니다.

컨설팅 업체 등에서는 다양한 지표를 활용해 비정형화된 방식으로 보고서를 작성하지만, 본문에서는 GA4의 데이터를 구글 루커 스튜디오에 연결하여 AARRR 분석을 구현합니다.

■ 기원

구글 루커 스튜디오를 이용한 AARRR 보고서는 다수의 유튜브 영상에서 아이디어를 참고했습니다. 하지만 대부분 이미 서비스가 종료된 GA3(Universal Analytics, UA) 데이터를 사용하고 있으며, 국내 실정에는 거의 맞지 않아 사용하기에는 부족함이 많았습니다.

■ 개선

이에 필자는 GA4 데이터를 활용해 국내 마케팅 실정에 맞게 AARRR 보고서를 개선했습니다. 물론 이러한 방식은 기존의 전통적인 AARRR 보고서와는 해석 방식이 다소 다를 수 있지만 실무에서 사용하는 데는 전혀 문제가 없을 것입니다.

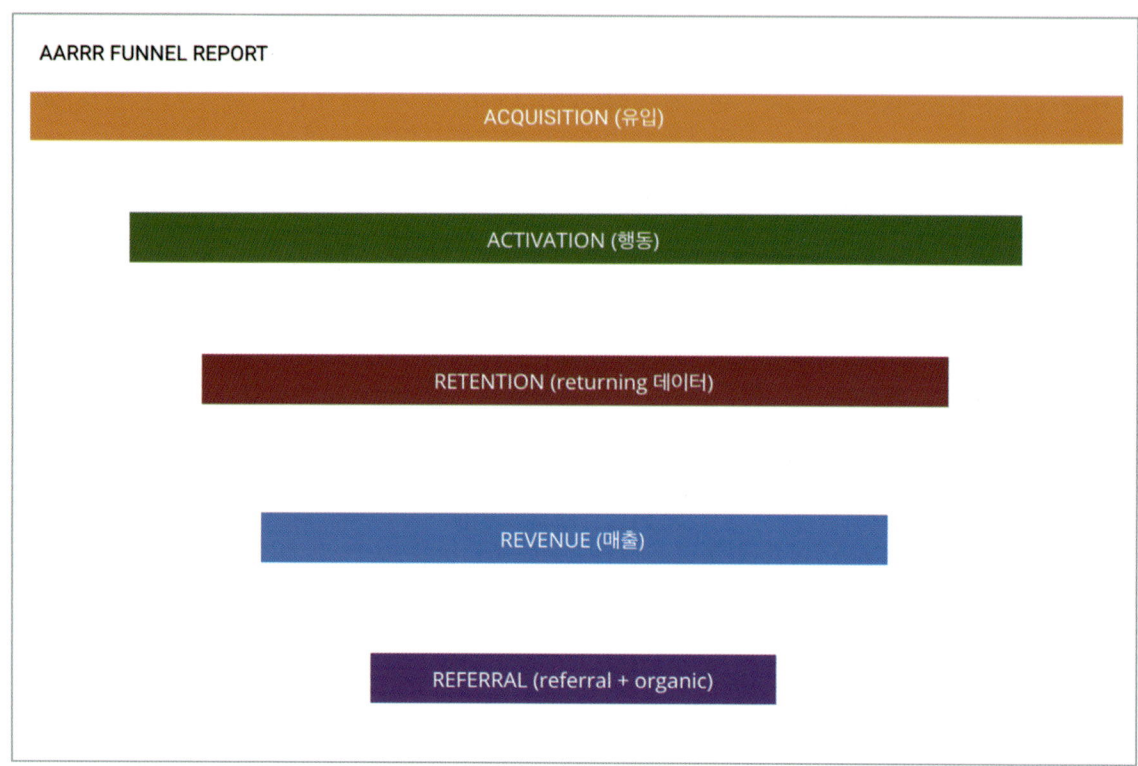

▲ AARRR 보고서의 기본 구조는 깔때기(funnel) 형태입니다.

> **Tip** AARRR 보고서에 자주 언급되는 애널리틱스 4 자체에 대한 설명은 구글 루커 스튜디오를 다루는 책의 성격과 맞지 않아 포함하지 않았습니다. 따라서 GA4 관련 사항은 부록의 필자 유튜브 채널의 영상을 참고하기 바랍니다.

■ 시나리오

운영 중인 GA4 데이터와 연결해서, 인사이트 가득한 AARRR 보고서를 작성하고 공유합니다.

- **데이터** : 설치하고 운영 중인 자사의 GA4 데이터(구글 데모 계정 가능)
- **보고서 기간** : 지난달

- **준비물** : 운영 중인 GA4 계정 및 AARRR 보고서 템플릿
- 최종 결과물은 다음과 같습니다.

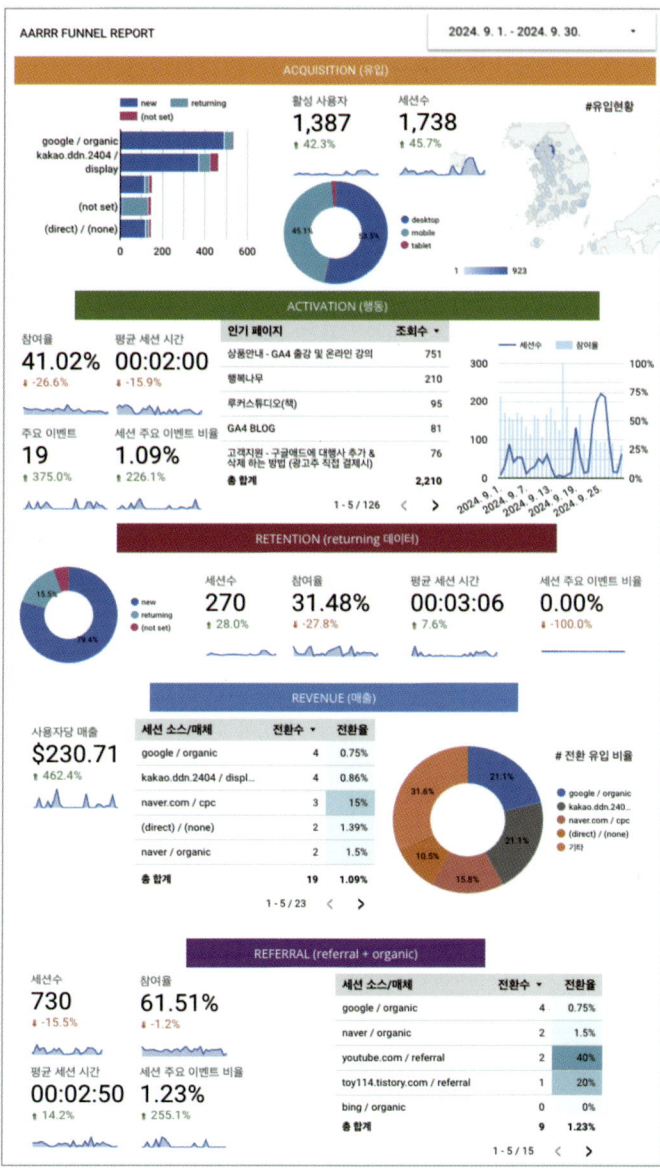

▲ 완료된 AARRR 보고서

■ 자사의 계정 vs 구글 데모 계정

01 자사 데이터 기본 요건

본문에서 실습하는 AARRR 보고서는 직접 운영 중인 자사의 GA4 데이터를 기반으로 제작합니다.

이때의 GA4 데이터는 다음 조건을 모두 만족해야 합니다.

- 현재 유입되는 데이터가 있음
- 최소한 1개 이상의 주요 이벤트가 설치되어 있음

> **Tip** 2024년 상반기에 '전환 이벤트' 용어가 '주요 이벤트'로 변경되었습니다. 즉 전환 이벤트와 주요 이벤트는 같은 의미입니다.

만일 활용할 수 있는 GA4 데이터가 준비되지 않은 경우, 구글에서 제공하는 GA4 데모 계정을 사용할 수 있습니다. 단지 이 경우 다음 내용을 주의해야 합니다(자사 GA4를 이용할 경우 주의사항은 건너뛰어도 됩니다.).

02 데모 계정 주의사항 1: 할당량 초과 에러

구글 데모 계정은 별도의 세팅 없이도 GA4 데이터를 이용할 수 있다는 장점이 있습니다. 하지만 제공되는 구글 데모 계정은 일 쿼리 할당량(Quotas and limits)이 존재하기 때문에 할당량을 초과하는 경우 에러가 매우 자주 발생합니다. 이러한 이유로 할당량 초과 걱정이 없는 자신(혹은 자사)의 GA4 데이터 이용을 권장하는 것입니다.

GA4 할당량의 특징은 다음과 같습니다.

- 실습 도중 갑자기 할당량 초과 에러가 발생하면 당일은 실습이 어렵습니다.
- 할당량 에러에 대한 대책은 없습니다.
- 할당량은 매일 리셋됩니다.
- 한국 시간을 기준으로 주말에는 할당량에서 비교적 자유로운 편입니다.

▲ 할당량 에러가 없는 자사의 GA4 데이터를 권장합니다.

03 데모 계정 주의사항 2 : 최소한 1회 접속 필요

구글 데모 계정의 데이터는 최소한 1회 접속 후에만 사용할 수 있습니다. 따라서 구글 로그인 후 다음과 같은 순서로 접속을 진행합니다. 데모 계정으로 바로가기가 없으므로 번거롭더라도 해당 절차대로 진행해야 합니다.

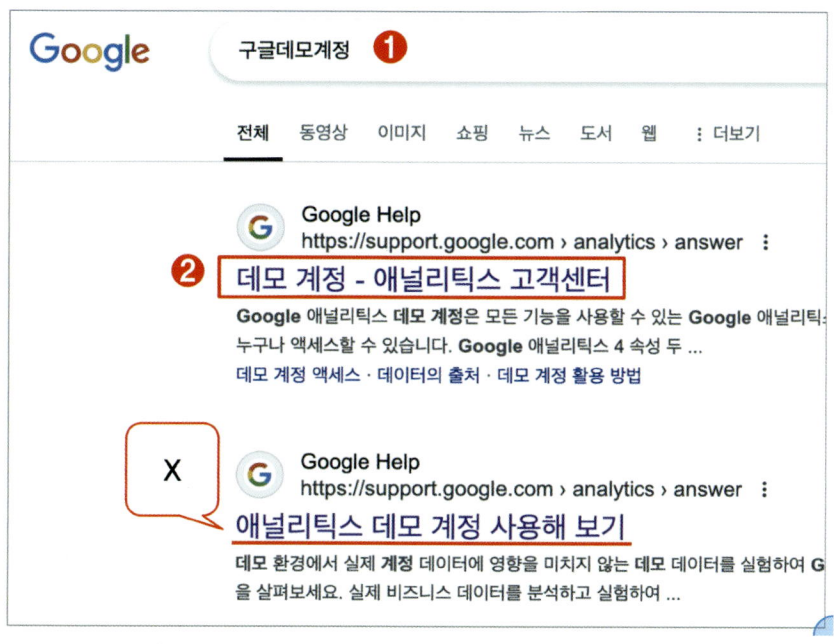

▲ '데모 계정 - 애널리틱스 고객센터' 클릭

❶ 구글 계정으로 로그인을 진행합니다. 앞선 실습과 마찬가지로 구글 계정 로그인은 필수입니다. 로그인 후, 구글 검색창에 '구글데모계정'을 입력합니다.

❷ 검색 결과 화면의 '데모 계정 - 애널리틱스 고객센터'를 클릭합니다.

> **Tip** 다른 링크를 클릭하면 해당 주소를 찾기 어렵습니다. 반드시 '데모 계정 - 애널리틱스 고객센터'를 클릭합니다.

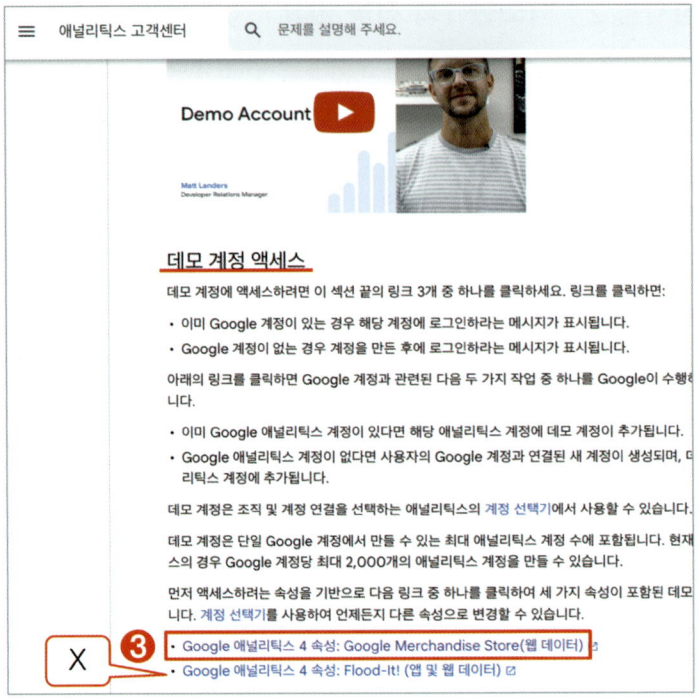

❸ 데모 계정 – 애널리틱스 고객센터를 클릭 후, 데모 계정 액세스 페이지 하단의 **Google 애널리틱스 4 속성: Google Merchandise Store(웹 데이터)**를 클릭합니다.

 ❸ 바로 아래 'Google 애널리틱스 4 속성: Flood-It! (앱 및 웹 데이터)'은 웹+앱 데이터이므로 다소 어려울 수 있습니다. 따라서 처음에는 선택하는 것을 권장하지 않습니다.

구글 애널리틱스 4 데모 계정 화면이 열리면 GA4 데이터를 이용해 차트를 만들 수 있습니다.

▲ 구글 데모 계정은 '모든 계정'으로 표시됩니다.

■ AARRR 템플릿 사본 만들기

AARRR 보고서는 구글 루커 스튜디오의 [빈 보고서] 기능을 사용하여 만들 수 있습니다. 그러나 앞서 진행한 실습과 마찬가지로 미리 제작한 템플릿을 복사해 사용할 것을 권장합니다. 미리 작성한 템플릿을 복사하는 과정은 다음과 같습니다.

▲ 템플릿은 사본으로 만들어야 수정이 가능합니다.

https://blog119.co.kr/looker 접속

❶ [PART 03. AARRR 보고서]의 [보고서 (사본 필수)] ▶ AARRR보고서 템플릿]을 클릭합니다.

❷ 클릭 후 템플릿 화면 우측 상단의 버튼(⋮)을 클릭합니다. 메뉴의 [사본 만들기]를 클릭합니다.

📘 참고 _ 빈 보고서로 직접 만들기

템플릿을 사용하지 않고 새로 만들 때는 빈 보고서에서 테마 및 레이아웃을 '와이드 스크린 세로 모드'로 선택해 만들 수 있습니다.

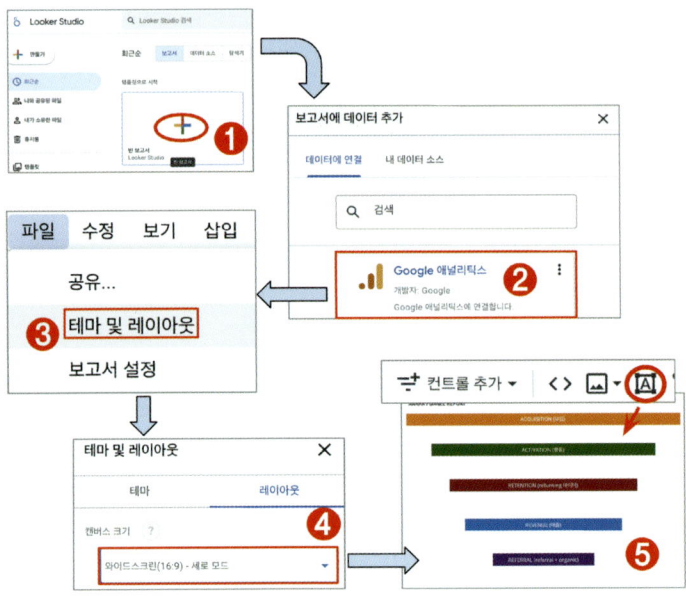

▲ 빈 보고서에서 만들 수 있지만 가급적 템플릿을 권장합니다.

❶ https://lookerstudio.google.com/ 메인 화면에서 [빈 보고서] 버튼을 클릭합니다.

❷ [빈 보고서] 버튼을 클릭한 후, [보고서에 데이터 추가] 창의 [Google 애널리틱스]를 클릭합니다. 로그인한 구글 계정의 GA4 데이터를 연결합니다.

❸ GA4 데이터를 연결한 보고서의 상단 메뉴 중 [파일] 버튼을 클릭합니다. [파일] 버튼을 클릭하여 나타난 메뉴에서 [테마 및 레이아웃]을 클릭합니다.

❹ [테마 및 레이아웃]을 클릭한 후, 화면 우측의 [테마 및 레이아웃] 바의 [레이아웃]을 클릭합니다. [캔버스 크기]를 [와이드 스크린 (16:9) - 세로 모드]로 선택합니다.

❺ [와이드 스크린 (16:9) – 세로 모드] 스크린에 텍스트를 활용하여 보고서를 구성합니다.

■ 데이터 연결

템플릿 사본(혹은 빈 보고서)을 만들었다면, 다음으로 데이터를 연결합니다. 자사의 혹은 GA4 데모 계정을 연결할 수 있습니다.

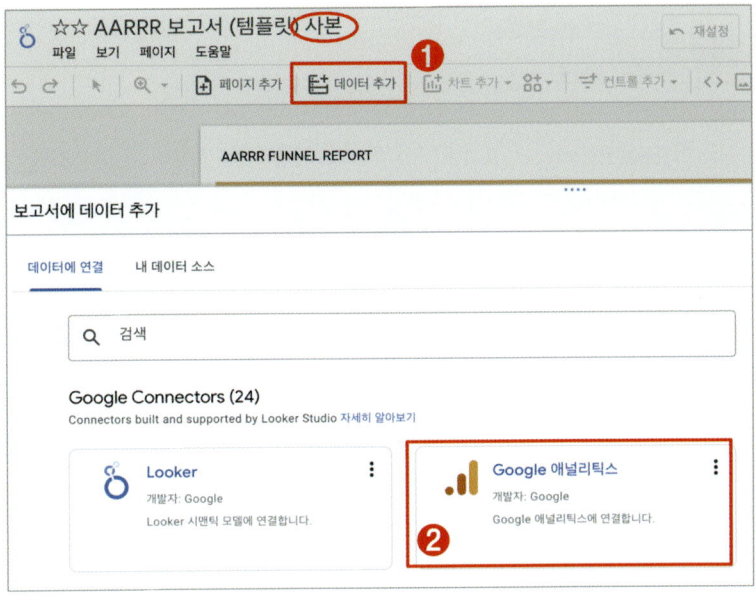

▲ 사본이 아니면 수정할 수 없으므로 주의 바랍니다.

❶ 템플릿의 '사본'임을 확인합니다. 툴바의 [데이터 추가] 버튼을 클릭합니다.
❷ [보고서에 데이터 추가] 창의 [데이터에 연결] 탭에서 [Google 애널리틱스]를 클릭합니다.

▲ 자사 GA4 계정을 권장합니다.

❸ [계정]에서 데이터를 추가할 GA4 계정을 클릭합니다. 오른쪽의 [속성]에서 추가할 데이터를 클릭합니다.
❹ [추가] 버튼을 클릭합니다. 이것으로 데이터 연결이 완료되었습니다.

> **Tip** 구글 데모 계정을 이용할 경우는 속성의 경로(❸)만 달라집니다. Demo Account → GA4 - Google Merch Shop 선택 후 [추가] 버튼을 클릭하면 됩니다.
>
> ▲ 데모 계정을 이용할 때는 '할당량 초과 에러'를 항상 고려해야 합니다.

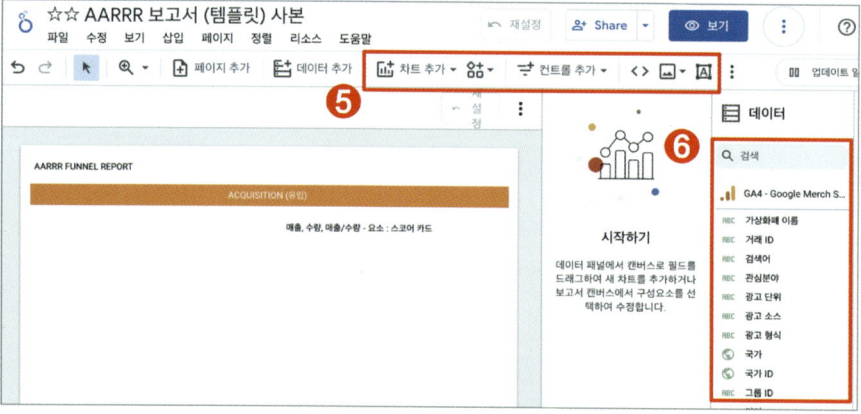

▲ 데이터가 연결되면 보고서의 자유로운 수정이 가능해집니다.

❺ 데이터와 보고서가 연결되어 [차트 추가]와 [컨트롤 추가] 버튼 등이 활성화됩니다.

❻ 우측 '데이터 영역'에 사용 가능한 측정기준과 측정항목이 나타납니다.

이제 보고서 작성에 필요한 기본 준비가 완료되었습니다.

CHAPTER 02. ACQUISITION (유입)

ACQUISITION (유입)은 고객이 어디서, 어떻게 그리고 얼마나 유입되었는지와 추세를 분석하는 영역입니다.

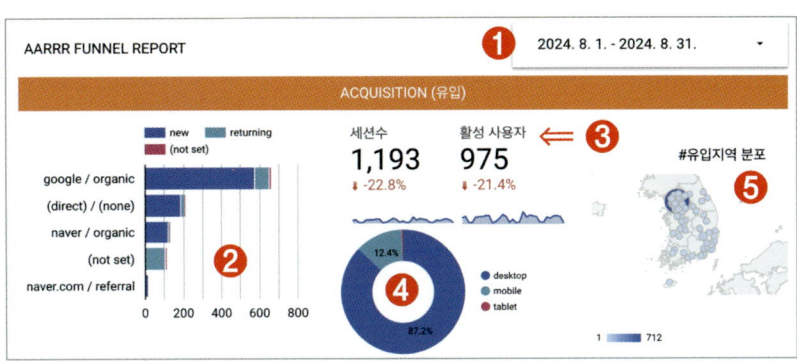

그림 속 각 차트별 의미는 다음과 같습니다.

❶ 보고서의 날짜 필터

❷ 어디서/어떻게(소스/매체별) 유입량 분석

❸ 세션과 사용자 수(=접속 수와 방문자 수)

❹ 유입 기기 비율

❺ 유입 지역

■ 기간 컨트롤

데이터 연결 후, 보고서는 가장 먼저 기간 컨트롤부터 추가합니다.

- **사용 요소** : 기간 컨트롤
- **용도** : 동적 날짜 필터
- **주의사항** : '기본 기간'을 반드시 세팅

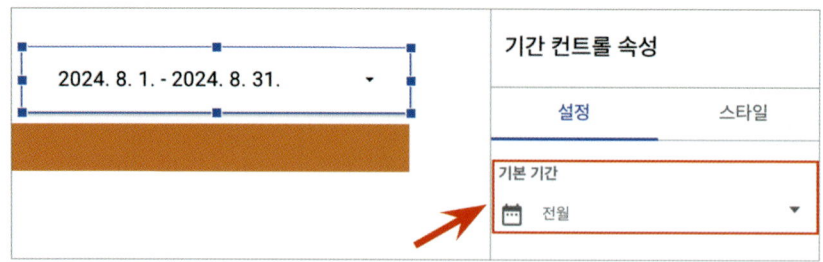

▲ 기본 기간은 공유 시 기본이므로, 반드시 세팅해야 합니다.

기간 컨트롤 추가 방법 및 세팅은 다음과 같습니다.

❶ [컨트롤 추가] 탭 우측 드롭다운(▼) 버튼을 클릭합니다. 메뉴의 [기간 컨트롤]을 클릭합니다.

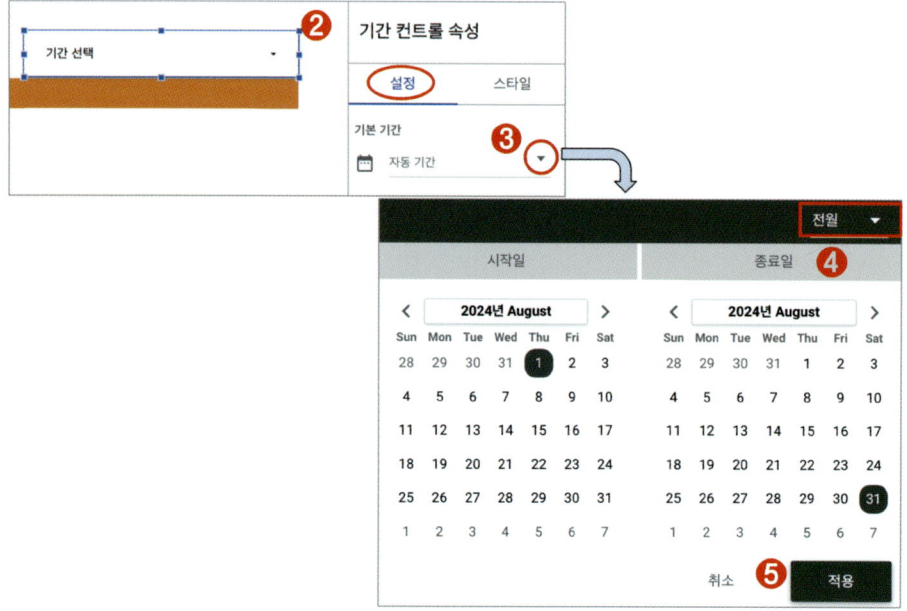

❷ 추가된 기간 컨트롤을 클릭합니다.

❸ [설정] 탭 [기본 기간] 우측의 드롭다운(▼) 버튼을 클릭합니다.

❹ 팝업창 우측 상단의 [자동 기간]을 클릭하여 [전월]로 변경합니다.

❺ [적용] 버튼을 클릭합니다.

■ 유입별 접속 수 비교

일반적으로 소스는 어디서(where), 매체는 어떻게(how)의 의미입니다. 이를 나타내는 측정기준은 '세션 소스/매체'이며, 이때의 측정항목은 접속 수를 의미하는 '세션수'입니다.

- **사용 요소** : 누적 막대 차트
- **장점** : 상호 값 비교
- **제작 포인트** : 가독성 높은 막대 차트 선택(가로 또는 세로)

> **Tip** 해당 데이터는 측정기준의 값이 너무 길어서 가독성이 떨어지므로 가로 형태인 '누적 막대 차트'를 이용해야 합니다.

▲ 가독성을 위해 가로 형태의 '누적 막대 차트'를 선택합니다.

❶ [차트 추가] 탭을 클릭합니다. 탭 하단의 [막대] 섹션에서 [누적 막대 차트]를 클릭합니다.

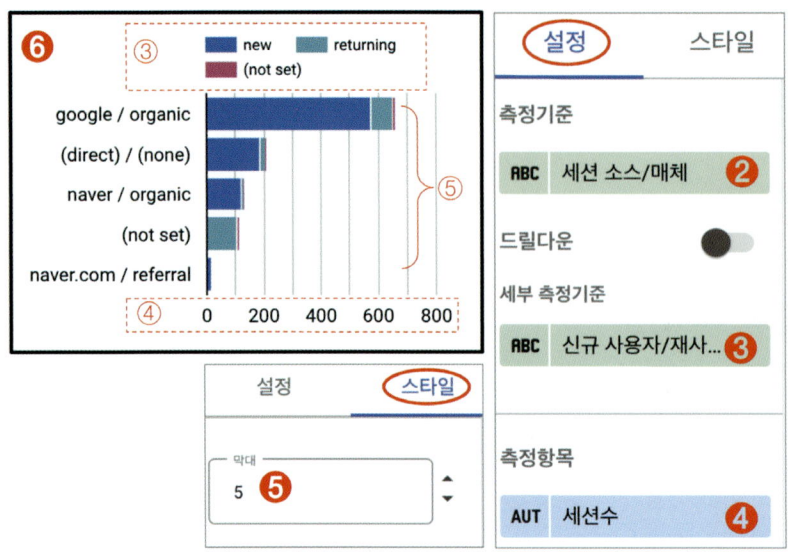

▲ 세팅을 변경하면(❷, ❸, ❹) 차트에 실시간으로 반영(②, ③, ④)됩니다.

> **Tip** 본문의 데이터와 독자의 실습 화면의 데이터가 다른 것은 데이터의 소스가 다르기 때문입니다.

❷ 추가된 '누적 막대 차트'를 클릭하고 우측 [설정] 탭에서 [측정기준]을 [세션 소스/매체]로 세팅합니다.
  • 이때 세션 소스/매체는 '어디서/어떻게'를 의미합니다.

❸ [설정] 탭의 [세부 측정기준]을 [신규 사용자/재사용자]로 세팅합니다.
  • new, returning, (not set) 값으로 구성됩니다.
  • (not set)은 '알 수 없음'의 의미로 해석하면 됩니다.
  • 신규 사용자/재사용자 측정기준은 **PART 03 CHAPTER 04. RETENTION(재방문 데이터)**에서 더 자세히 설명합니다.

❹ [설정] 탭의 [측정항목]을 [세션수]로 세팅합니다.
  • 세션수 = 유입 접속 수

❺ [스타일] 탭을 클릭합니다. [막대]를 클릭하여 '5'로 세팅합니다.
  • 차트의 최대 개수를 조정해서 가독성을 높입니다.

❻ 완성 차트

> **Tip** GA4는 기간 측정기준을 별도로 지정할 필요가 없습니다.
>   • GA4 데이터는 날짜가 자동 연동됩니다.
>   • AARRR 보고서 모든 차트에 적용되므로 이후 언급하지 않습니다.

참고 _ 측정기준/측정항목 쉽게 바꾸는 법

우측 '데이터 영역'에서 드래그앤드롭(drag&drop) 하거나 클릭한 후 검색창에 필드의 이름을 입력하면 쉽게 찾을 수 있습니다. 단, 띄어쓰기 포함해 정확하게 입력해야 합니다.

예를 들어 '세션 소스/매체' 측정기준을 세팅하려면 다음에 ⓐ, ⓑ 방법 중 하나를 선택하여 진행할 수 있습니다.

방법 ⓐ : '데이터영역'에서 '세션 소스'까지만 입력합니다. [세션 소스/매체]를 클릭하여 '속성 영역'의 [측정기준]에 드래그앤드롭(drag&drop)합니다.

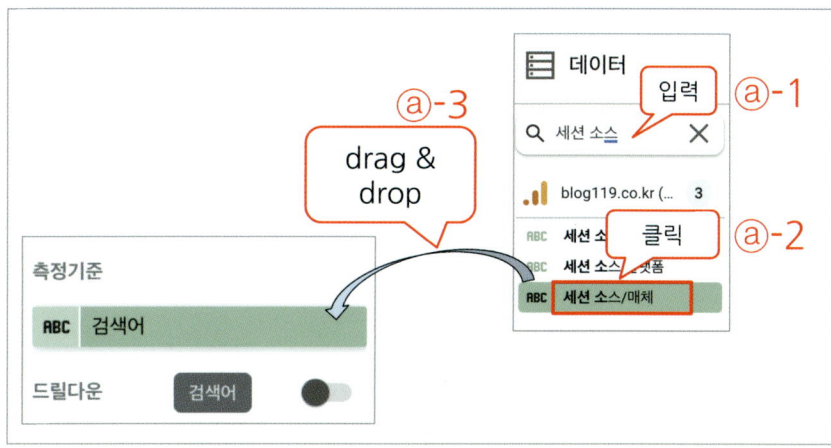

▲ '데이터 영역'에서 찾은 후 드래그앤드롭(drag&drop)하는 방법

방법 ⓑ : '속성영역' [측정기준]에 이미 세팅된 필드를 클릭합니다. 이후 검색창에 '세션 소스'를 입력한 후, [세션 소스/매체]를 선택합니다.

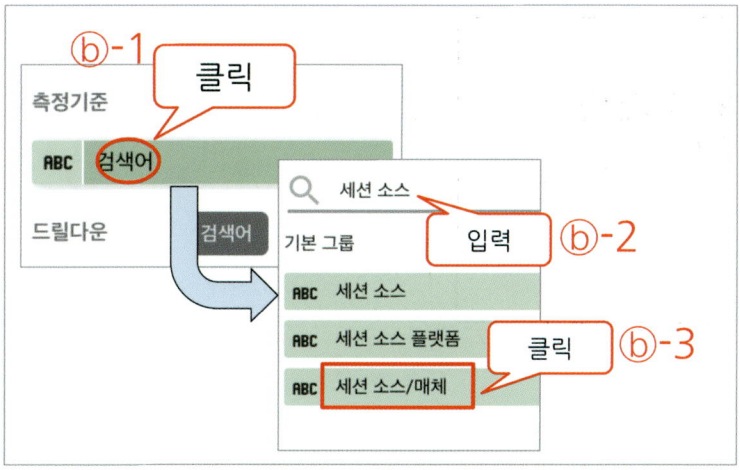

▲ '설정 영역'에서 직접 추가하는 방법

입력을 할 때는 '세션 소스/매체' 전체 텍스트를 입력할 수도 있지만, '세션 소스'까지만 입력해도 선택할 수 있습니다. 단, '세션소스'처럼 띄어쓰기만 틀려도 정상적으로 인식하지 못합니다. 정확한 측정기준 또는 측정항목 명칭을 입력해야합니다.

■ 유입 세션수

세션수는 '로그 분석의 의미가 있는 접속의 수'로서 로그 분석의 기본이 되는 측정항목입니다.

- **사용 차트** : 스코어카드
- **장점** : 한눈에 보이는 핵심 지표
- **단점** : 오직 단 한 개의 측정항목만 표시 가능
- **제작 포인트** : 스파크라인, 비교 기간 등

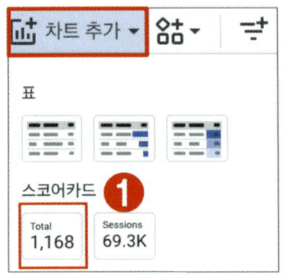

❶ 차트 추가 → 스코어카드

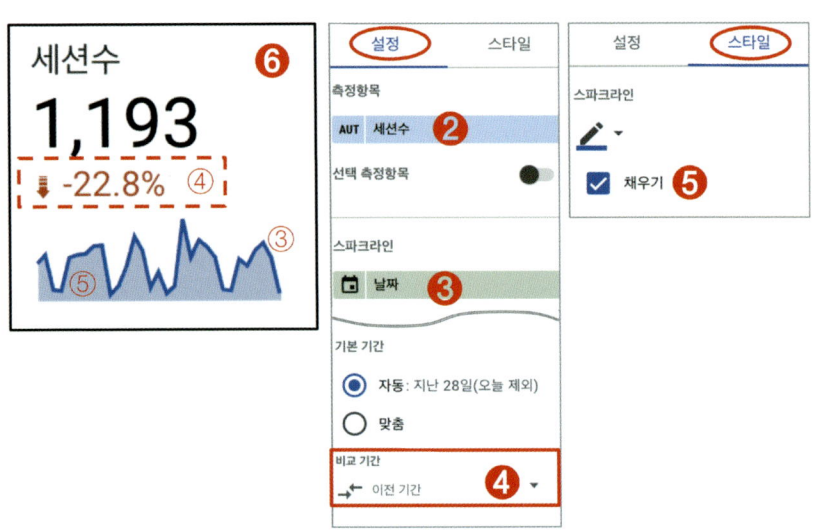

▲ 스코어카드를 클릭해야만 [설정] 탭과 [스타일] 탭을 변경할 수 있습니다.

❷ '스코어 카드'를 클릭하고 우측 [설정] 탭에서 [측정항목]에 [세션수]를 세팅합니다.

❸ [스파크라인]의 [날짜]를 세팅합니다.

❹ [비교 기간]을 [이전 기간]으로 세팅합니다.
- 이전 기간과의 증감을 표시합니다.

> ⚠️ '기본기간'이 아닙니다.

❺ [스타일] 탭을 클릭합니다. [스파크라인]의 [채우기] 체크박스를 체크해 가독성을 높입니다.

❻ 완성

📔 참고 _ 기본기간 vs 비교기간

- [기본 기간]의 [자동]은 기본값입니다.
- [기본 기간]은 상단의 날짜 컨트롤과 연동됩니다.
- [지난 28일(오늘 제외)]는 상단 날짜 컨트롤이 없을 때 범위입니다. 상단 날짜 필터가 있으면 [지난 28일(오늘 제외)]은 무력화되고, 날짜 컨트롤과 동기화합니다.
- [비교 기간]의 [이전 기간]은 스코어카드에 이전 기간과 해당 기간 대비, 데이터의 증분을 표시합니다.

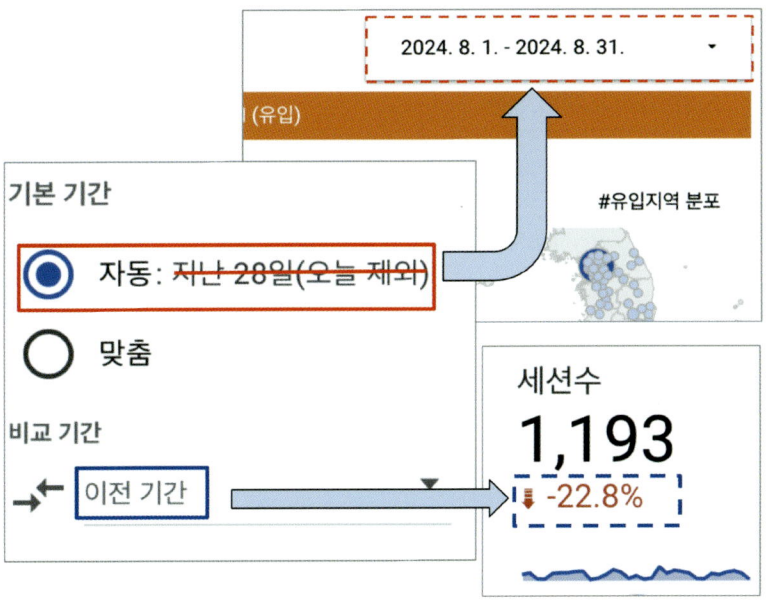

▲ [기본 기간] : [자동]은 특이사항이 아니면 가급적 유지합니다.

■ 활성 사용자 수

활성 사용자 수는 '로그 분석의 의미가 있는 방문자 수'를 의미합니다. 특히 GA4는 상당히 정교한 방법으로 중복을 제거하기 때문에 매우 보수적으로 집계됩니다.

- **사용 차트** : 스코어카드
- **제작 포인트** : 차트 복제

> 스코어카드를 직접 추가하는 것보다는 '복제' 후 측정항목만 바꿔주는 것이 간단합니다.

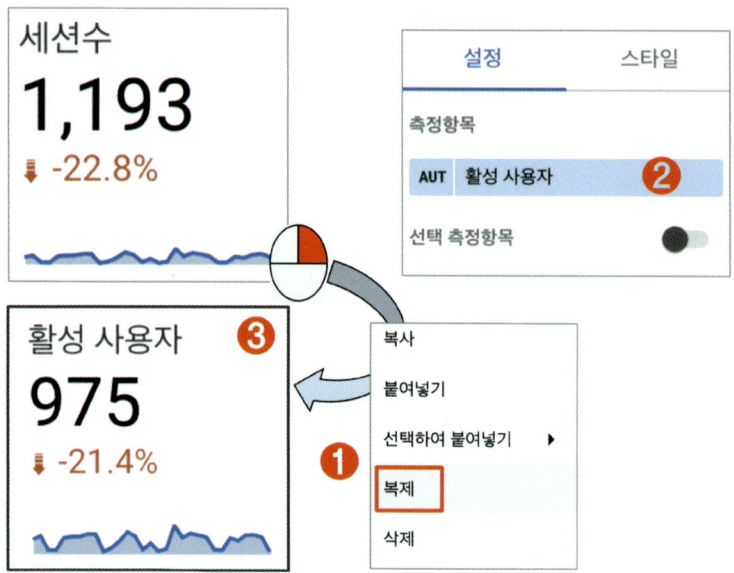

▲ 복제는 작업 속도를 빠르게 해줍니다.

❶ 세션수 스코어카드 복제(스코어카드 우클릭 → 복제)

❷ 복제 후 스코어카드를 클릭 후 [설정] 탭에서 [측정항목]을 [활성 사용자]로 바꿔줍니다.

❸ 완성 차트

> ⚠️ 간혹 버그로 인해 단축키(Ctrl + C 키 / V 키)가 동작하지 않는 경우가 있습니다. 가급적 우클릭 후 메뉴를 통해 복제하는 것을 권장합니다. 참고로 루커 스튜디오 내에서 텍스트를 복사할 때는 단축키, 요소를 복사할 때는 우클릭 후 메뉴에서 진행하는 것이 좋습니다.

▲ 우클릭 후 메뉴에서 복제하는 것을 권장합니다.

■ 유입 기기별 비율

유입된 기기의 종류는 '기기 카테고리'라는 측정기준으로 확인할 수 있습니다.

- **사용 차트** : 도넛 차트
- **장점** : 비율 비교에 적합
- **단점** : 단 1개의 측정항목만 담을 수 있으므로, 꼭 필요한 정보만 선별하는 경험 필요

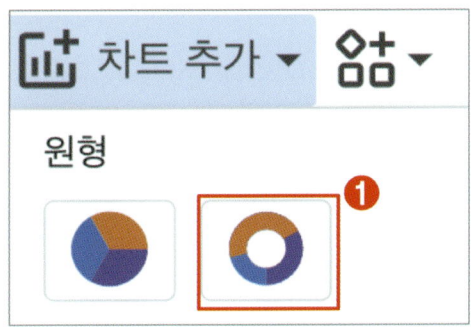

❶ [차트 추가]를 클릭합니다. [원형]의 [도넛 차트]를 클릭합니다.

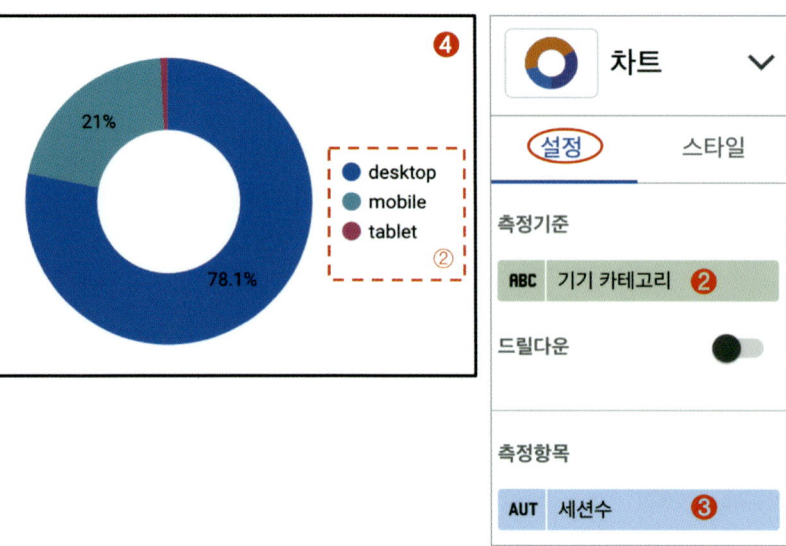

❷ 차트를 클릭하고 우측 [설정] 탭에서 [측정기준]에 [기기 카테고리]를 세팅합니다.

- desktop, mobile, tablet 의 유입을 구별합니다.

❸ [측정항목]에 [세션수]를 세팅합니다.

- AARRR 보고서의 대부분의 측정항목은 [세션수]를 기준으로 작성합니다.

❹ 완성

 도넛 차트는 비율이 기본값입니다. 해당 내용은 '[스타일] 탭 → 라벨 → 비율'에서 '값' 등으로 바꿀 수 있습니다만, '값' 비교는 가급적 막대 차트(Bar Chart)를 권장합니다.

▲ [스타일] 탭 → 라벨에서 변경이 가능합니다.

■ 유입 지역

지역 차트를 이용해 유입된 지역별 데이터를 표시할 수 있습니다.

- **사용 차트** : 지역 차트
- **장점** : 지리적 데이터를 시각적으로 표시 가능
- **단점** : 데이터로 국가 ISO 코드, 영문 지명만을 인식하는 등 사용하기 다소 까다롭습니다. 단, GA4를 연결하면 사용이 어렵지 않습니다.
- **제작 포인트** : 지역 차트 사용

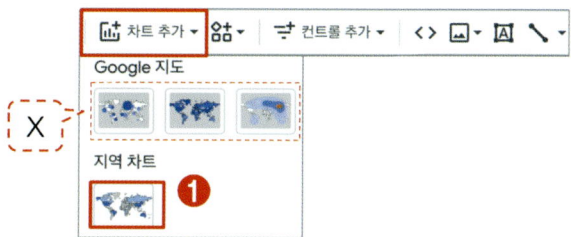

❶ 상단 툴바의 [차트 추가]를 클릭하여, [지역 차트]를 클릭합니다.

 지역 차트 위의 'Google 지도'는 미국 기준으로 되어 있어, 세팅이 복잡하거나 일부 옵션은 지원하지 않습니다. 따라서 '지역 차트'를 이용하는 것이 적절합니다.

구글 루커 스튜디오를 이용해 대한민국을 표시하려면, 반드시 '지역 차트'를 사용하고 '지역 측정기준'과 '확대/축소 영역' 등 몇 가지 세팅을 동시에 해야합니다. 하지만 이러한 방법을 모두 외울 필요는 없습니다. 새로운 보고서를 만들 때도 기존 보고서를 참고해서 제작하면 자연스럽게 익숙해집니다.

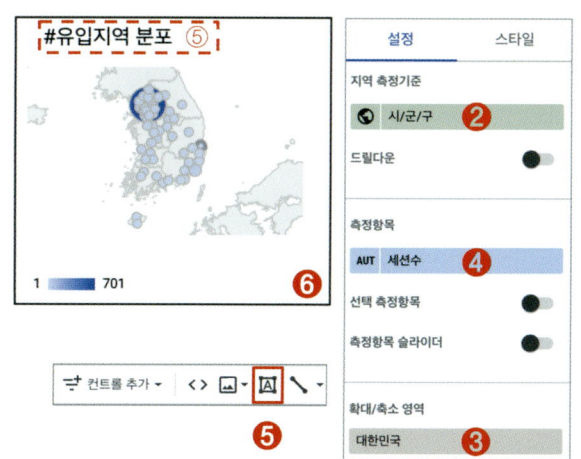

▲ 지도의 3가지 필수 요소 : 지역 차트 + 지역 측정기준 + 확대/축소 영역(❶+❷+❸)

❷ 차트를 클릭하고 우측 [설정] 탭에서 [지역 측정기준]에 [시/군/구]를 세팅합니다.

❸ [설정]에서 [확대/축소 영역]을 [대한민국]으로 세팅합니다.

- ❶, ❷, ❸ 반드시 세팅해야 대한민국 데이터가 표시됩니다. 주의 바랍니다.

❹ [설정]에서 [측정항목]을 [세션수]로 세팅합니다. [세션수]는 의미있는 접속 수입니다.

❺ 상단 툴바의 [텍스트]를 클릭합니다.

- 지역 차트 [스타일] 탭에 별도의 제목 입력란이 있지만 텍스트를 직접 입력하는 것이 다루기 쉽습니다.
- 이외 다양한 도움말도 텍스트를 이용하면 편리합니다.

❻ 완성

CHAPTER 03
ACTIVATION (행동)

ACTIVATION (행동) 영역은 유입된 사용자의 활동 및 전환에 대한 데이터입니다. 즉, 얼마나 오래 머무르고, 어떤 콘텐츠를 소비했으며 최종적으로 전환이 얼마나 되었는지 확인할 수 있습니다.

> **GA4 주요 측정항목**
> - 주요 이벤트 = 전환수
> - 세션 주요 이벤트 비율 = 전환율

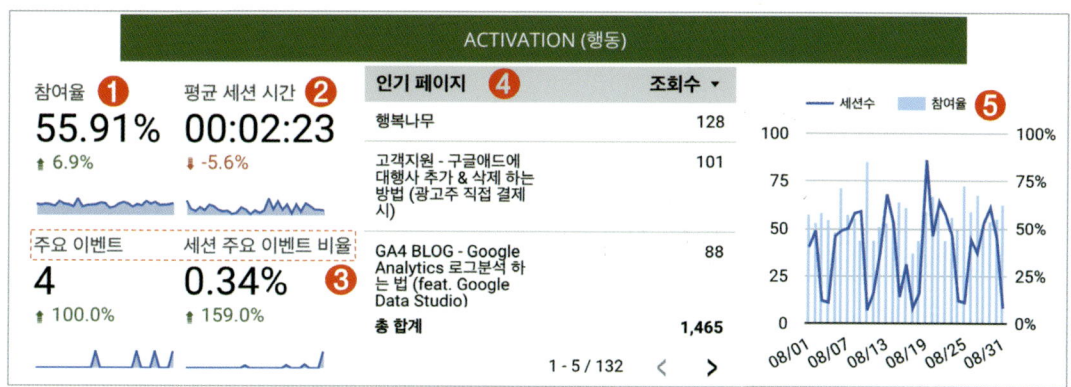

▲ 보고서 영역이 좁으므로 공간을 알뜰하게 사용해야 합니다.

각 차트의 간략한 의미는 다음과 같습니다.

① 고객의 관심 정도 정량화

② 평균 접속 시간 = 평균 체류 시간

③ 전환수와 전환율

④ 인기 페이지 = 킬러 콘텐츠 = 가장 많이 본 페이지

⑤ 세션 및 참여율의 추세

■ 참여 및 전환 데이터

참여 데이터는 고객의 관심도를 정량으로 나타내 주는 값입니다. 특히 추세를 주의 깊게 관찰해야 합니다. 그 외 전환 관련 데이터 (주요 이벤트, 세션 주요 이벤트 비율) 또한 추세만 관찰해도 큰 도움이 됩니다. 전환 데이터는 **CHAPTER 04. RETENTION(재방문 데이터)** 에서 자세히 분석합니다.

> **Tip** GA4 데이터를 분석할 때 가장 중요한 사항은 '추세(TREND)' 그리고 '왜(WHY)?' 입니다. 분석의 경험이 없는 경우, 이보단 데이터의 정확성에만 집중하는 경향이 있습니다. 하지만 GA4의 정확성에는 일정한 한계가 있고 오히려 추세를 분석하기에 특화된 도구입니다.

- **사용 차트** : 스코어카드
- **제작 포인트** : 복제 및 데이터 유형 바꾸기

❶ 세션수 스코어카드 복제를 합니다. 우클릭하여 [메뉴]를 열고 [복제]를 클릭합니다.
❷ 복제된 차트를 클릭하고 우측 [설정] 탭에서 [측정항목]의 [참여율]을 세팅합니다.

마찬가지 방법으로 총 4개의 스코어카드를 복제해서 각각의 측정항목만 바꿉니다.

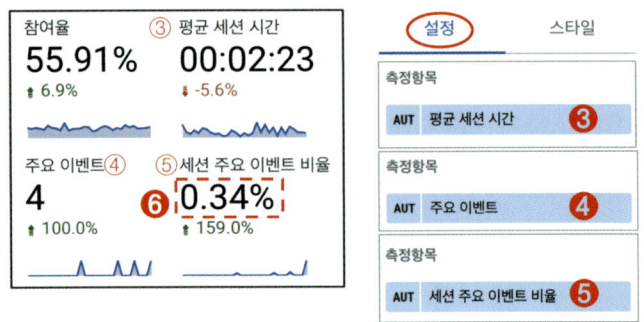

▲ 4개 모두 세션수 스코어카드를 복제해서 측정항목만 바꿉니다.

❸ [설정] 탭의 [측정항목]을 [평균 세션 시간]으로 세팅합니다.
- [평균 세션 시간]은 홈페이지에서 머문 체류 시간을 의미합니다.

❹ [설정] 탭의 [측정항목]을 [주요 이벤트]로 세팅합니다.
- 주요 이벤트 = 전환수 = 해당기간 총 전환 횟수
- 주요 이벤트 측정항목은 GA4에서 해당기간 '주요 이벤트 발생 개수의 총합'입니다.

❺ [설정] 탭의 [측정항목]을 [세션 주요 이벤트 비율]로 세팅합니다.
- [세션 주요 이벤트 비율] = (세션) 전환율

❻ 데이터 유형을 퍼센트(%)로 바꾸어 완성합니다. 데이터 유형을 바꾸는 것은 **01 데이터 유형 바꾸기**에서 자세히 설명하겠습니다.

01 데이터 유형 바꾸기

데이터 유형은 자동으로 인식되는 경우도 있으나, 대부분은 수동으로 데이터 유형을 바꿔줘야 합니다. 데이터 유형에서 비율(%)로 변경해줍니다.

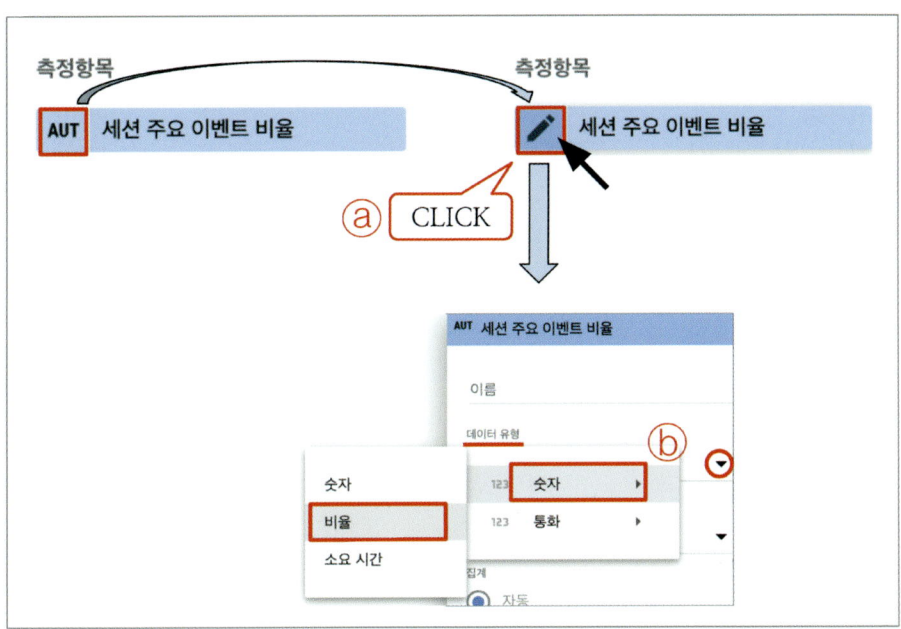

▲ 데이터 유형을 비율(%)등 다양하게 바꿀 수 있습니다.

ⓐ [측정항목]의 [세션 주요 이벤트 비율]에 좌측 AUT 에 마우스 포인터(↖)를 대고 아이콘이 ✎ 로 바뀌면 클릭합니다.

ⓑ 팝업창의 [데이터 유형] 드롭다운(▼) 버튼을 클릭합니다. [숫자]를 클릭한 후, [비율]을 클릭합니다.
- 팝업창에 [적용] 버튼이 없어 창이 닫히지 않는다면, 캔버스 빈 부분을 클릭하는 것으로 설정이 적용됩니다.

📖 **참고 _ '주요 이벤트' vs '주요 이벤트임'**

'주요 이벤트'는 측정항목으로 전환수의 합(숫자)이 들어 있습니다. 반면 '주요 이벤트임'은 true/false 등의 텍스트가 들어 있는 측정기준입니다. 혼용하지 않도록 주의 바랍니다. 참고로 실무에서 '주요 이벤트임' 측정기준은 거의 사용하지 않습니다.

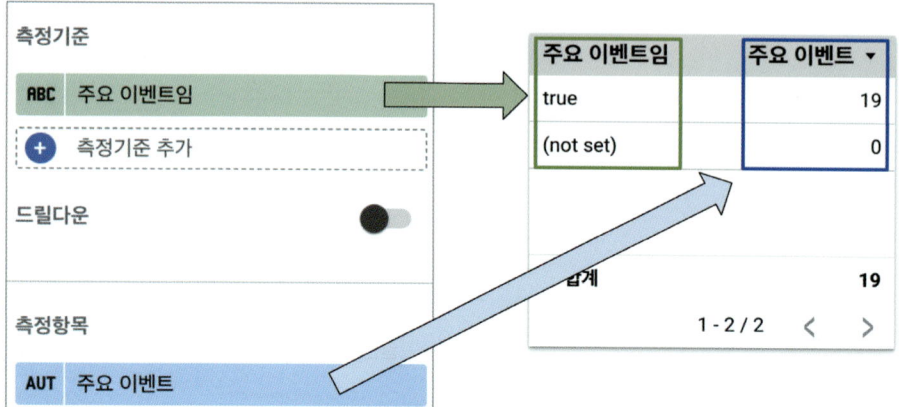

▲ '주요 이벤트임' 측정기준은 거의 사용하지 않습니다.

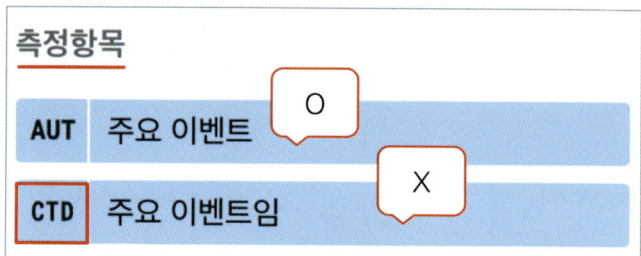

▲ '주요 이벤트임'을 측정항목에 세팅하면 오류가 발생합니다.

■ 인기 페이지

홈페이지에서 사용자가 가장 많이 본 페이지는 '인기 페이지'라고 하며, 이는 킬러 콘텐츠 분석의 기초가 됩니다. 또한 인기 페이지는 SEO 또는 추천 유입을 늘릴 수 있는 많은 정보를 담고 있으므로 주의 깊게 분석해야 합니다.

인기 페이지는 페이지 제목과 조회수로 확인할 수 있습니다.

- **사용 차트** : 표 차트
- **장점** : 문장보다 가독성 높은 차트
- **단점** : 차트 중에 가독성이 가장 낮음
- **제작 포인트** : 별명 등

> ⚠ GA4에서 페이지를 구별하는 방법은 '페이지 제목'과 '페이지 경로'가 있습니다. 이 중 '페이지 제목'이 가독성이 높아 더 많이 사용됩니다. 단, '페이지 제목'을 자사명 한 개로 통일한 사이트라면 이 경우는 어쩔 수 없이 '페이지 경로'를 이용해야 합니다.

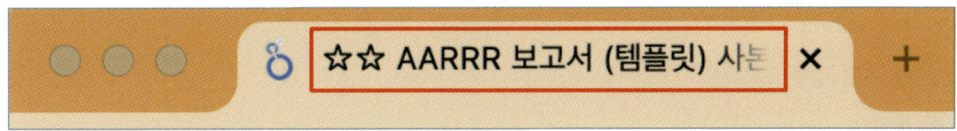

▲ 웹브라우저 페이지 탭 부분에서 페이지 제목은 페이지별로 다르게 표시됩니다.

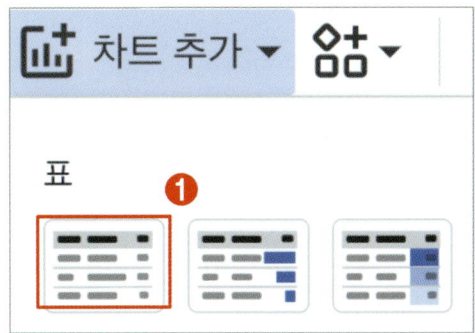

❶ [차트 추가] 탭을 클릭합니다. 표 섹션에서 가장 좌측의 표를 선택합니다.

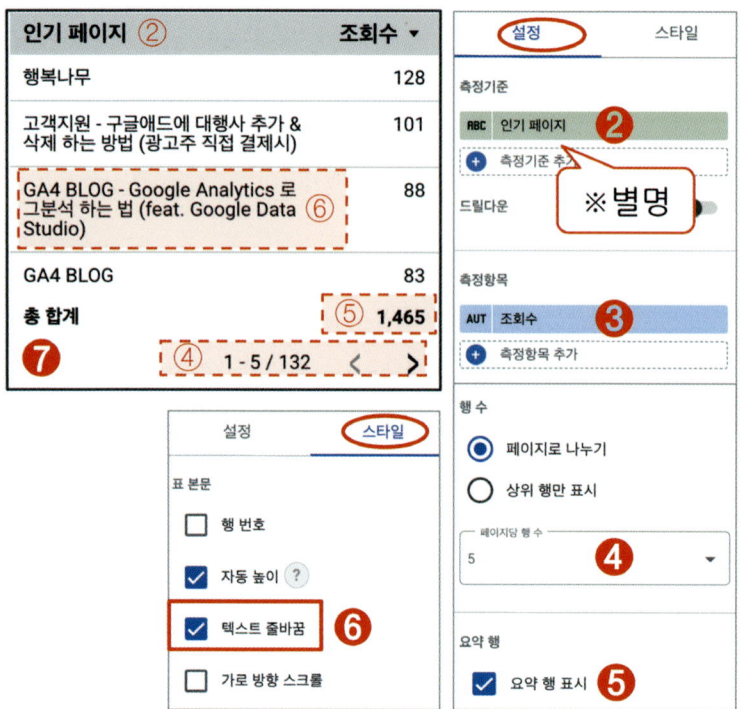

❷ 표 차트를 클릭하고 우측 [설정] 탭에서 [측정기준]을 [페이지 제목]으로 세팅합니다. 그림의 측정기준은 [인기 페이지]로 별명을 적용한 상태입니다. 측정기준 이름에 별명을 적용하는 방법은 다음에 설명할 **01 별명**을 참고 바랍니다.

❸ [설정] 탭의 [측정항목]을 [조회수]로 세팅합니다.

❹ [설정] 탭의 [행 수] 섹션에서 [페이지당 행 수]를 '5'로 세팅합니다. 이로써 표 하단에 페이지를 넘기는 버튼이 생깁니다.

❺ [설정] 탭에서 [요약 행 표시] 체크박스를 체크합니다. 이는 총 합계를 표시해줍니다.

❻ [스타일] 탭을 클릭합니다. [표 본문]의 [텍스트 줄바꿈] 체크박스를 체크합니다.
- 2줄 이상 표현이 가능해집니다.
- 표가 작을 때는 상황에 맞게 사용하는 것이 좋습니다.

❼ 완성

01 별명

ⓐ '페이지 제목' 측정기준 왼쪽에 마우스 포인터(↖)를 대면 아이콘(✏️)이 생기는데 이를 클릭합니다.

ⓑ 팝업창 [이름]란에 '인기 페이지'를 입력한 후, 캔버스의 빈 공간을 부분을 클릭하면 즉시 적용됩니다.

- 수정도 마찬가지로 아이콘(✏️)을 다시 클릭합니다.

ⓒ 별명을 입력하면 '소스 필드' 부분에서 원래 이름을 확인할 수 있습니다.

■ 세션과 참여율 추세

세션과 참여율의 추세는 스코어카드의 '스파크라인'에서 확인할 수 있었지만 시계열 차트를 이용하면 좀 더 자세히 확인할 수 있습니다.

- **사용 차트** : 시계열 차트
- **장점** : 시간에 따른 추세를 확인할 수 있습니다.
- **제작 포인트** : Y축 좌,우 지정

> 시계열 차트는 X축이 '시간'입니다. 그렇지 않으면 단순 '선 차트'입니다.

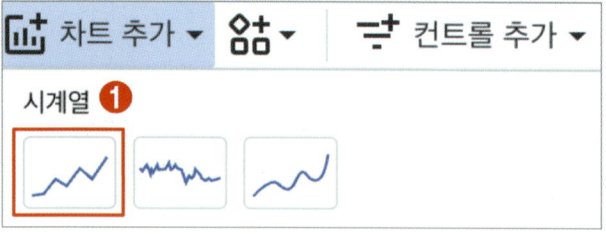

❶ 툴바의 [차트 추가] 버튼을 클릭합니다. [시계열] 중 그림에 표시된 [시계열 차트]를 클릭합니다.

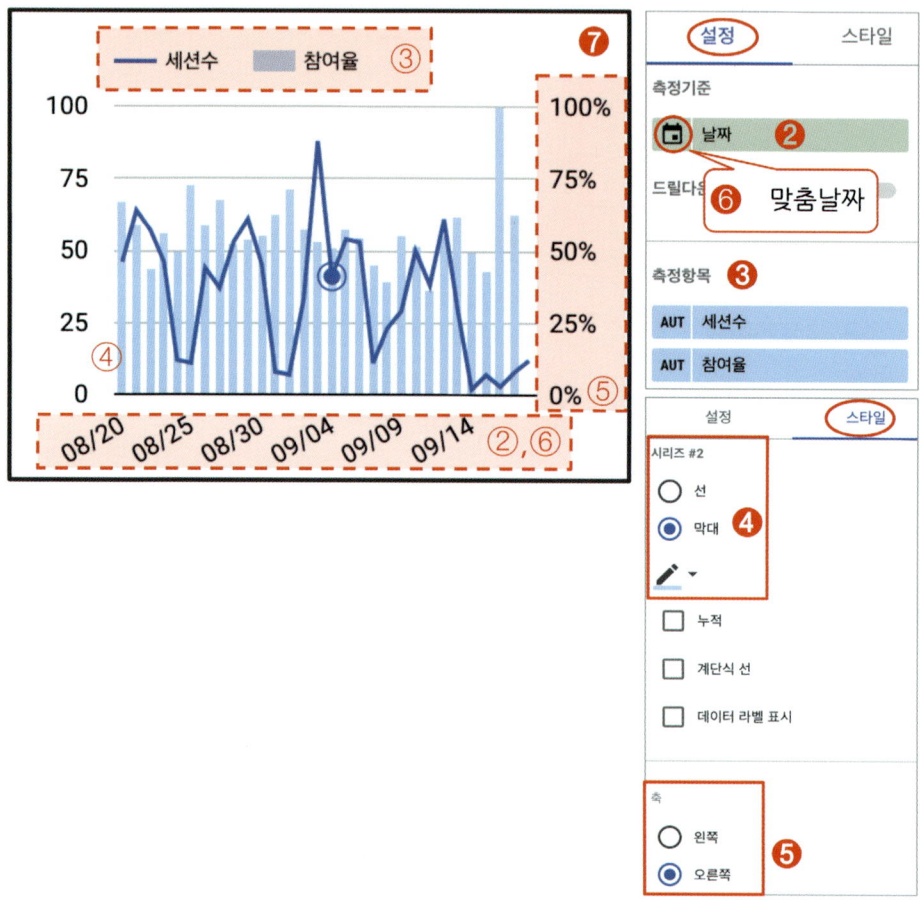

❷ 추가된 차트를 클릭하고 우측 [설정] 탭에서 [측정기준]을 [날짜]로 세팅합니다.
- 시계열 차트이기 때문에 X축이 날짜 필드입니다.

❸ [설정] 탭의 [측정항목]을 [세션수], [참여율]로 세팅합니다.
- 차트의 좌측부터 '시리즈 #1', '시리즈 #2'입니다.
- 순서는 드래그앤드롭(drag&drop)으로 바꿀 수 있습니다.

> **Tip** 세션수와 참여율은 한 개의 차트에 담기에는 범위가 다릅니다. 따라서 시리즈 #2의 참여율은 차트 Y축 우측에 할당해야 합니다.

❹ [스타일] 탭을 클릭하여 [시리즈 #2]의 [막대]를 선택합니다.
  - 시계열 차트에서 측정항목이 2개 이상일 경우 하나는 막대, 하나는 선으로 구별해서 가독성을 높입니다.

❺ [스타일] 탭에서 시리즈 #2 [축]을 [오른쪽]으로 세팅합니다.
  - 참여율 데이터는 최대 100% = 1이며, 세션은 1보다 큰 정수입니다. 따라서 축을 별도로 할당해야 합니다.
  - '시리즈 #2 = 참여율'을 오른쪽 Y축에 할당합니다.

❻ [설정] 탭을 클릭하여 [측정기준]의 [날짜] 필드의 좌측 아이콘(📅)을 클릭해서 날짜의 형식을 바꿉니다. 세팅 방법은 다음에 설명할 **참고_맞춤 날짜**를 참고 바랍니다.

❼ 완성

📖 참고 _ 맞춤 날짜

현재 시계열 차트는 X축이 날짜인데, 기본 날짜 형식은 가독성이 낮습니다. 가독성을 높이기 위해서는 맞춤 날짜 형식을 해야 하는데, 이는 엑셀의 날짜 형식과 동일합니다.

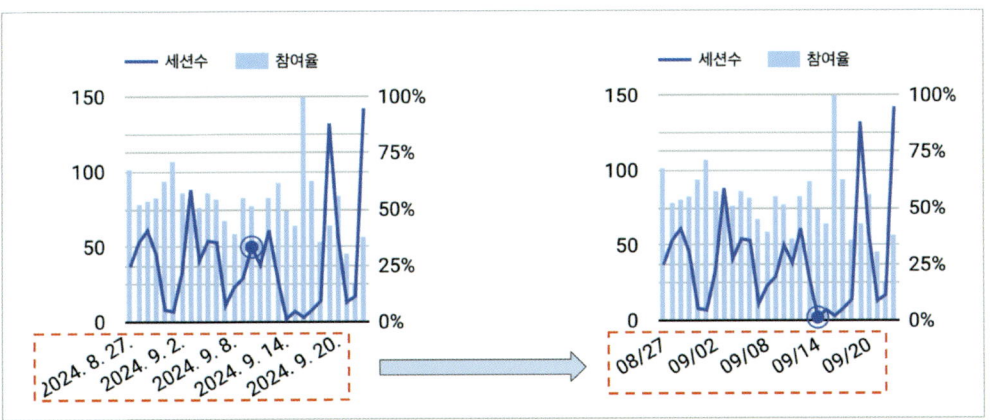

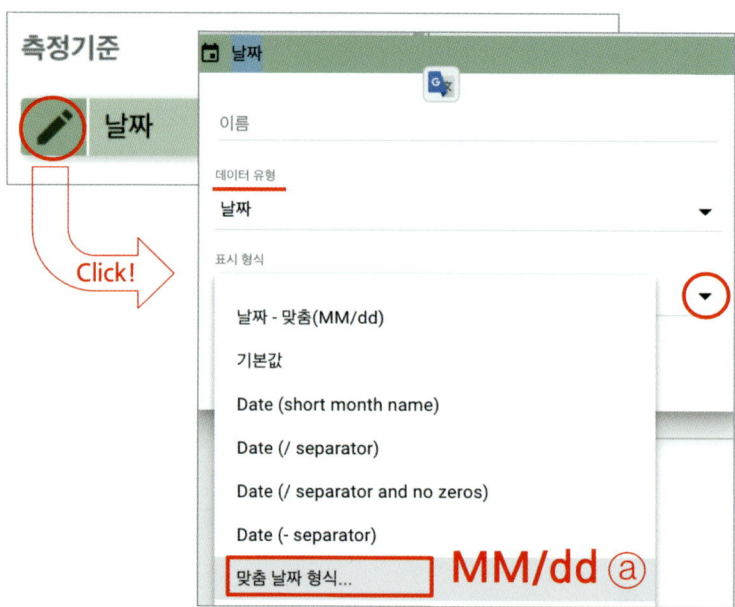

ⓐ [설정] 탭에서 [측정기준]의 [날짜] 필드에 날짜 아이콘(📅)에 마우스 포인터를 대면 연필 아이콘(✏)으로 바뀝니다. → 클릭 후 팝업 화면에서 [표시 형식] 우측의 드롭다운(▼) 버튼을 클릭합니다. → 화면 하단 맞춤 날짜 형식을 클릭하고 'MM/dd'를 입력합니다(대소문자 및 띄어쓰기를 주의합니다.).

CHAPTER 04 RETENTION (재방문 데이터)

RETENTION은 다양한 관점에서 분석이 가능하지만 AARRR 보고서에서는 재 방문자 즉, returning user와 관련된 데이터와 그 추세를 확인합니다.

> **Tip** 재방문 데이터는 리타겟팅 광고를 통해 유입량을 늘릴 수 있습니다.

각 차트의 간략한 의미는 다음과 같습니다.

① 신규 방문자/ 재 방문자 비율
② 재 방문자 기준의 유입 및 참여 데이터

■ 신규 사용자/재사용자 비율

'신규 사용자/재사용자' 비율은 새 방문자와, 재 방문자의 비율을 의미합니다. 이는 구글 루커 스튜디오에서만 사용할 수 있는 독특한 측정기준 입니다.

- **사용 차트** : 도넛 차트

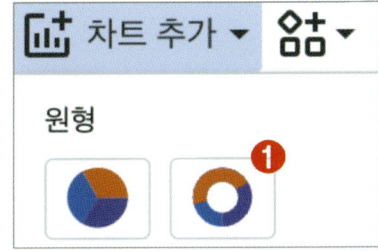

① [차트 추가] 탭을 클릭합니다. [원형] 섹션의 [도넛 차트]를 클릭합니다.

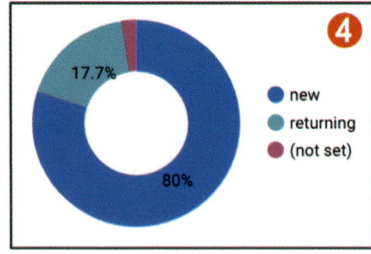
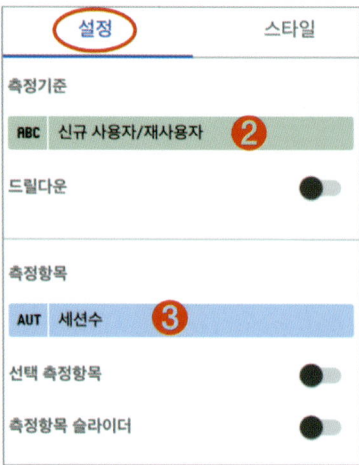

❷ 차트를 클릭하고 우측 [설정] 탭에서 [측정기준]에 [신규 사용자/재사용자]를 세팅합니다. [신규 사용자/재사용자 측정기준]은 다음에 설명할 **참고_신규 사용자/재사용자 측정기준**을 참고 바랍니다.

❸ [설정] 탭에서 [측정항목]에 [세션수]를 세팅합니다.

- 세션수는 GA4의 기본이므로, 가급적 특이사항이 없다면 측정항목은 세션수로 통일하는 것이 좋습니다.

❹ 신규 방문자와 재 방문자의 유입 비율 차트 완성

📘 참고 _ 신규 사용자/재사용자 측정기준

유입된 사용자를 새 사용자, 재사용자로 구분하는 측정기준입니다.

- **측정기준 명칭** : 신규 사용자/재사용자
- **영문** : new/returning
- **분류** : 측정기준

신규 사용자/재사용자 측정기준은 구글 루커 스튜디오에서만 사용할 수 있습니다. 다르게 말하면 GA4에서는 사용할 수 없다는 뜻입니다. 즉, 재 방문자의 구매 비율을 GA4에서는 확인 할 수 없지만 구글 루커 스튜디오는 확인 가능합니다. 이는 다소 어려운 얘기지만, GA4와 구글 루커 스튜디오 보고서 간에는 이러한 미묘한 차이가 있다 정도만 이해하면 됩니다.

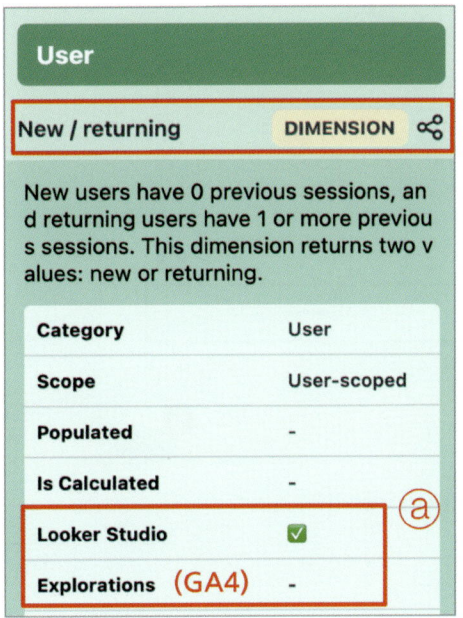
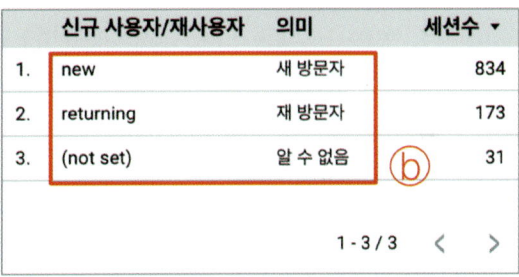

▲ new/returning 측정기준은 구글 루커 스튜디오만 지원합니다.

ⓐ GA4 탐색 보고서에서는 사용할 수 없고 구글 루커 스튜디오에서만 사용 가능하다는 의미입니다.
- 이런 종류의 측정기준과 측정항목이 다소 있는데 https://data.ga4spy.com에서 확인 가능합니다.

ⓑ '신규 사용자/재사용자'의 데이터에는 new, returning, (not set) 등의 텍스트 값이 들어 있으며, '새 방문자, 재 방문자, 알 수 없음' 등으로 해석합니다.
- 값이 텍스트이므로 당연히 측정기준입니다.
- new, returning, (not set) 값을 이용해 필터로 사용할 수 있습니다.

■ 재 방문자 세션수

재 방문자만의 접속수, 즉 재 방문자 세션수는 세션수 스코어카드에 필터를 적용해서 확인합니다. 이처럼 필터는 SQL의 조건문과 같은 역할을 합니다.

> **Tip** SQL은 데이터 베이스와 소통하는 언어입니다. 구글 루커 스튜디오에서는 SQL을 몰라도 드래그앤드롭(drag&drop)만으로 구현할 수 있습니다.

- **사용 차트** : 스코어카드
- **제작 포인트** : 복제, 필터

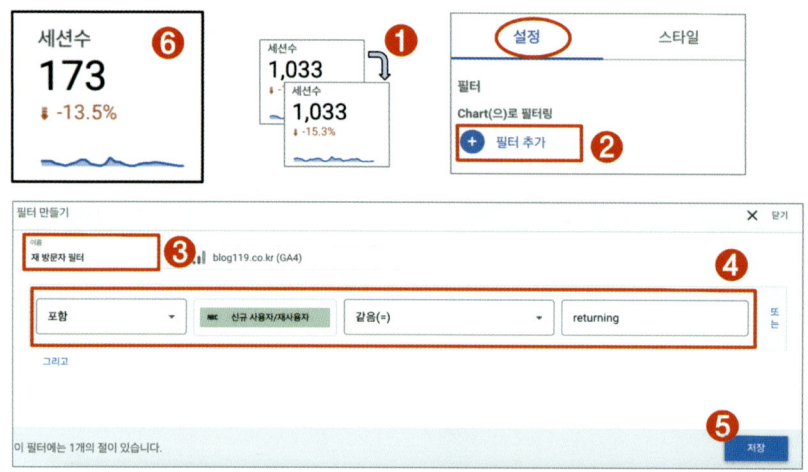

▲ 복사한 세션 스코어카드에 재 방문자 필터를 적용합니다.

❶ ACQUISITION 영역의 [세션수 스코어카드]를 복제합니다.

❷ 복제된 스코어카드를 클릭 후, 우측 [설정] 탭 최하단 [필터 추가] 버튼을 클릭합니다.

[필터 만들기] 팝업창이 열리면 다음과 같이 입력합니다.

❸ **이름** : 재 방문자 필터

❹ **조건 입력**

- **철자법 엄수 (틀리면 동작하지 않습니다)** : returning
- 데이터 중에서 '신규 사용자/재사용자 필드가 returning'인 데이터만 불러오라는 뜻입니다.

❺ [저장] 버튼을 클릭합니다.

❻ 완성

> **Tip** 재 방문자만의 세션수이므로 숫자가 줄어드는 것이 당연합니다. 즉, 숫자 자체보다는 추세에 집중하길 바랍니다.

참고 _ 필터 수정 및 취소

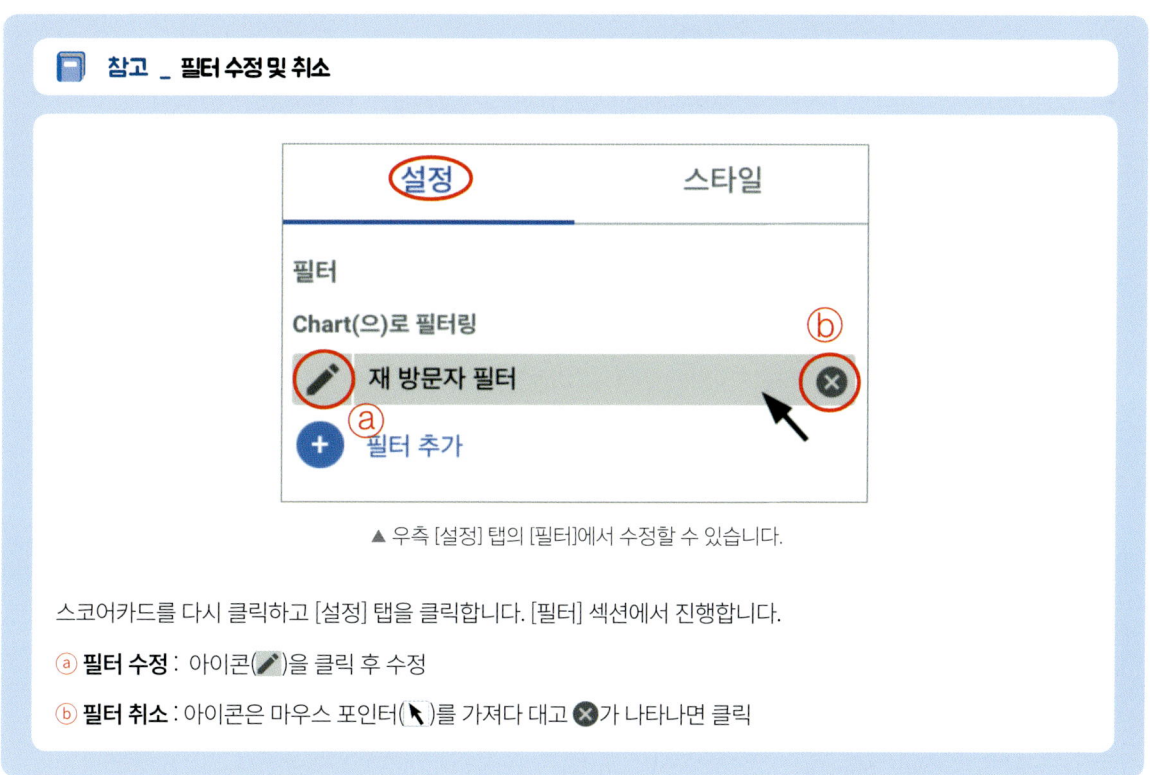

▲ 우측 [설정] 탭의 [필터]에서 수정할 수 있습니다.

스코어카드를 다시 클릭하고 [설정] 탭을 클릭합니다. [필터] 섹션에서 진행합니다.

ⓐ **필터 수정** : 아이콘(✏️)을 클릭 후 수정
ⓑ **필터 취소** : 아이콘은 마우스 포인터(🖱)를 가져다 대고 ⊗가 나타나면 클릭

■ 재 방문자 참여율

재 방문자 기준 참여율 데이터를 확인합니다. 차트, 필터 모두 새로 만들지 않고 재사용합니다.

- **사용 차트** : 스코어카드
- **측정항목** : 참여율
- **제작 포인트** : 필터 및 복제 (재사용)

▲ 필터 클릭기에서 사전에 만든 필터를 클릭 할 수 있습니다.

❶ ACTIVATION 영역의 [참여율 스코어카드]를 복제합니다.

❷ 복제된 스코어카드를 클릭 후, [설정] 탭에서 최하단에 위치한 [필터 추가] 버튼을 클릭합니다.

❸ [재 방문자 필터]를 선택합니다.
- [재 방문자 필터]를 클릭하면 참여율에도 해당 필터가 즉시 적용됩니다.
- 적용할 필터가 없는 경우 하단의 [필터 만들기] 버튼을 클릭하고 다시 필터를 만들 수 있습니다.

❹ 완성

■ 재 방문자의 체류시간과 전환 데이터

세션시간과, 전환율을 재 방문자 기준으로 해석할 수 있습니다.

- **사용 차트** : 스코어카드
- **주요 스킬** : 필터 적용 및 복제

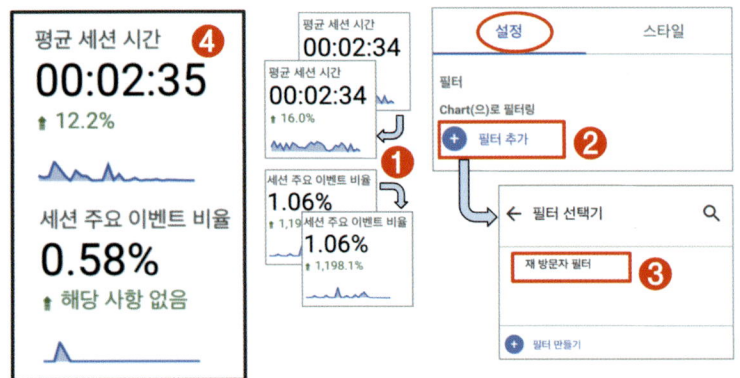

▲ 기존 스코어카드를 복제해 필터를 적용합니다.

❶ ACTIVATION 영역의 다음의 스코어카드를 각각 복제합니다.

- 평균 세션 시간
- 세션 주요 이벤트 비율

❷, ❸ : 각각의 스코어카드에 동일하게 [재 방문자 필터]를 적용합니다.

❹ [평균 세션 시간], [세션 주요 이벤트 비율]에 재 방문자 필터가 적용되었습니다.

01 여러 요소 한 번에 정리

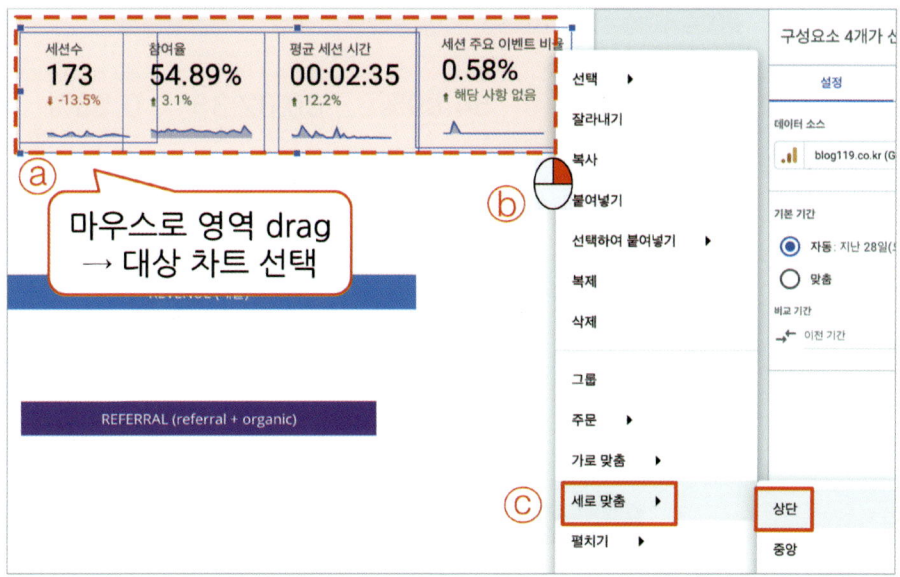

▲ 우클릭 후 다양한 옵션으로 정렬이 가능합니다.

ⓐ 정렬하려는 차트를 마우스로 드래그(drag)하여 모두 선택합니다.

ⓑ 선택한 상태에서 우클릭합니다.

ⓒ [세로 맞춤] → [상단] 메뉴를 클릭합니다.

02 텍스트 박스 가이드 선

텍스트를 클릭한 상태로 마우스를 드래그(drag)하면 여러 가이드 선(ⓓ, ⓔ)이 자동으로 생깁니다. 이를 참고로 적당한 위치를 잡아줄 수 있습니다.

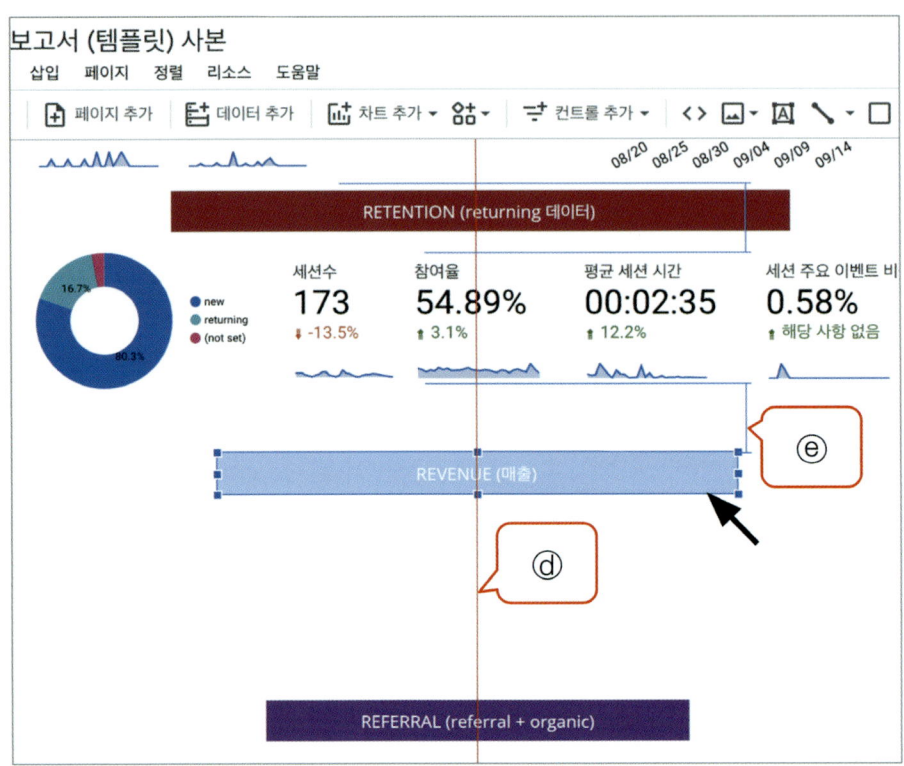

REVENUE (매출)

REVENUE (매출) 영역은 전환에 직접적으로 관련된 소스/매체 즉, 어떤 유입이 전환에 기여했는지를 확인할 수 있습니다. 이를 통해 광고 효율 등 인사이트를 얻을 수 있습니다.

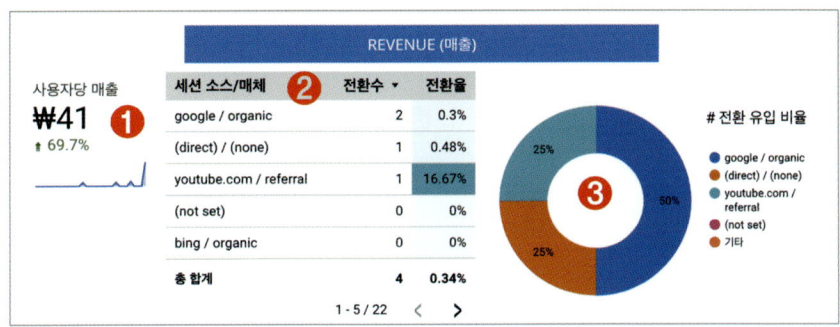

각 차트의 간략한 의미는 다음과 같습니다.

❶ 객단가 = 사용자당 매출
❷ 광고를 포함한 모든 유입의 성과 비교
❸ 유입별 전환 비율 비교

> **Tip** REVENUE 영역은 집행한 광고의 효과를 확인 가능하므로 실무에서도 가장 많이 체크하는 부분입니다.

■ 사용자당 매출 (계산된 필드 추가)

사용자당 매출은, 전체 매출을 사용자로 나눈 일명 객단가입니다.

- **사용 차트** : 스코어카드
- **제작 포인트** : 계산된 필드 추가

> 사용자당 매출은 GA4에 전자상거래가 설치되어 있어야만 값이 반영되며, 최소한 purchase 이벤트에 value 값이 유입되어야 합니다. 이런 내용을 잘 모르거나 전자상거래가 설치되지 않았다면 '사용자당 매출'은 건너뛰어도 됩니다.

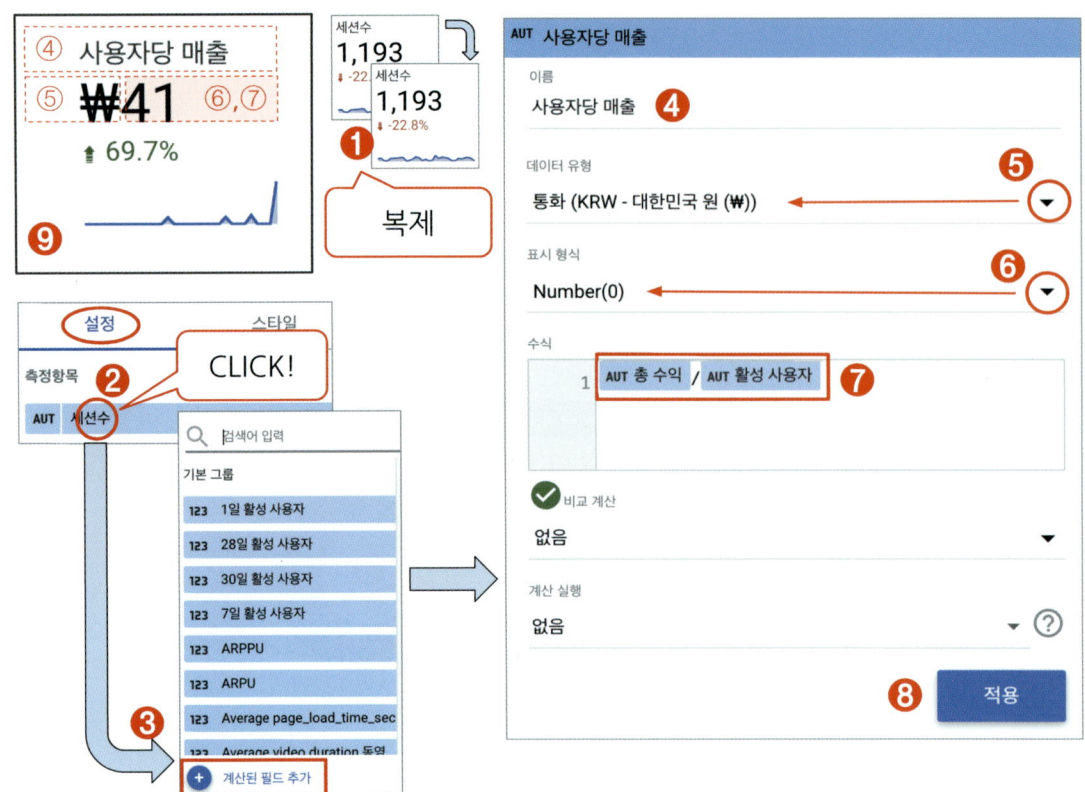

▲ 세션 스코어카드를 복제해서 [계산된 필드 추가]에 함수를 추가합니다.

❶ 세션수 스코어카드를 복제합니다.

❷ 복제된 차트를 클릭하고 우측 [설정] 탭에서 [측정항목]의 [세션수]를 클릭합니다.

❸ 팝업창 하단 [계산된 필드 추가] 버튼을 클릭합니다.

❹ 표시될 이름을 '사용자당 매출'로 입력합니다.

❺ [데이터 유형] 우측 드롭다운(▼) 버튼을 클릭하여 통화(KRW-대한민국 원 (₩))을 선택합니다.

❻ [표시 형식] 우측 드롭다운(▼) 버튼을 클릭하여 [Number (0)]를 선택합니다.
- 소수점 자리 등 서식을 지정할 수 있습니다.
- **Number (0)** : 소수점 자리 없음

❼ **수식입력**
- '총 수익/활성 사용자'를 입력하는데, 입력 도중에 반드시 AUT 총 수익 / AUT 활성 사용자 형태로 자동 변수 처리되어야 합니다. 파란색으로 변수 처리되지 않는다면 맞춤법을 틀리게 입력한 것입니다.
- GA4의 모든 측정항목들은 SUM() 함수를 사용하지 않아도 오류 없이 측정항목으로 인식합니다.

❽ [적용] 버튼을 클릭합니다.

❾ 완성

> **Tip** 수식 수정 시에는 '사용자당 매출' 측정항목 좌측에 마우스 포인터(↖)를 가져다 대면 fx 로 바뀝니다. 이를 클릭하면 수정 팝업이 뜹니다.

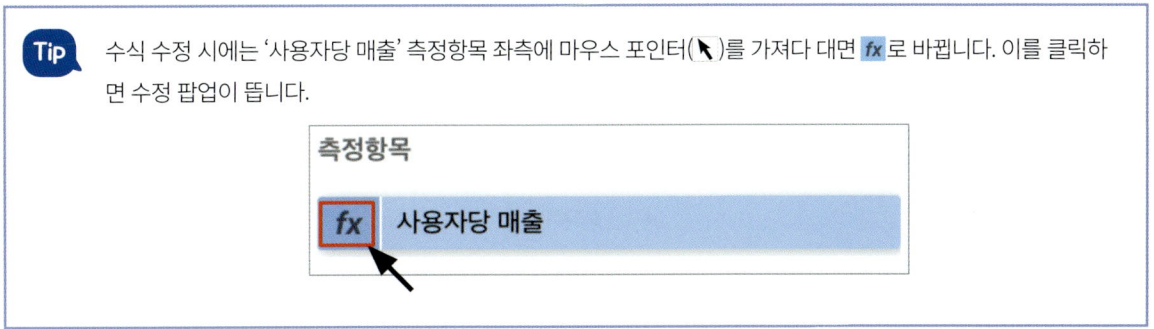

■ 유입별 성과 : 표

광고를 집행하면 그에 대한 결과를 확인하고 차후 예산 집행에 반영해야 합니다. 따라서 성과 분석은 매우 중요한 과정입니다. 여기서는 표를 이용해 확인합니다.

- **사용 차트** : 표 차트
- **장점** : 표는 한 번에 많은 데이터를 표시 할 수 있습니다.
- **단점** : 모든 차트 중에 가독성이 가장 낮습니다.
- **제작 포인트** : 표의 가독성 증가 옵션, 별명

> **Tip** 보고서에서 표는 최소한으로 사용해야 하며, 가독성을 높이는 막대, 히트맵 등의 옵션을 적극 고려해야 합니다.

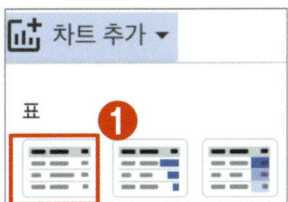

❶ [차트 추가] 탭을 클릭합니다. [표]에서 그림에 표시된 [표]를 선택합니다.

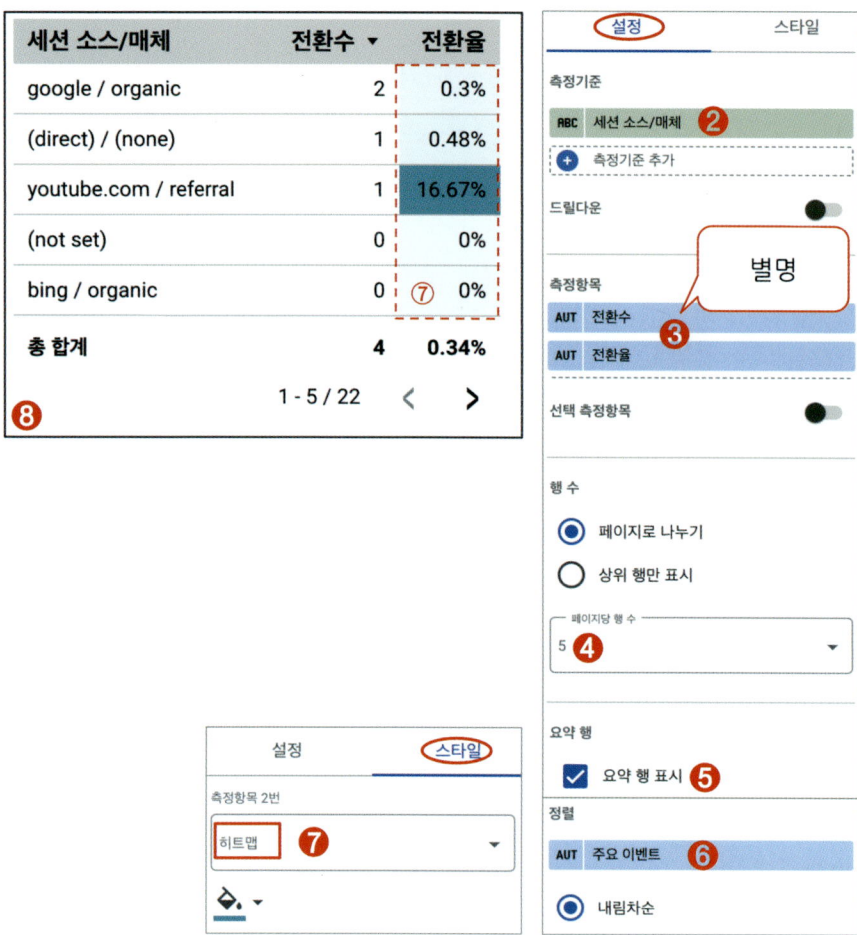

▲ 별명을 사용하면 빠른 인사이트가 가능합니다.

❷ 차트를 클릭하고 우측 [설정] 탭에서 [측정기준]에 [세션 소스/매체]를 세팅합니다.

❸ [설정] 탭 [측정항목]을 다음처럼 세팅합니다.

- [주요 이벤트], [세션 주요 이벤트 비율]을 세팅 후 별명으로 바꿔줍니다.
- **별명** : 주요 이벤트 → 전환수
- **별명** : 세션 주요 이벤트 비율 → 전환율

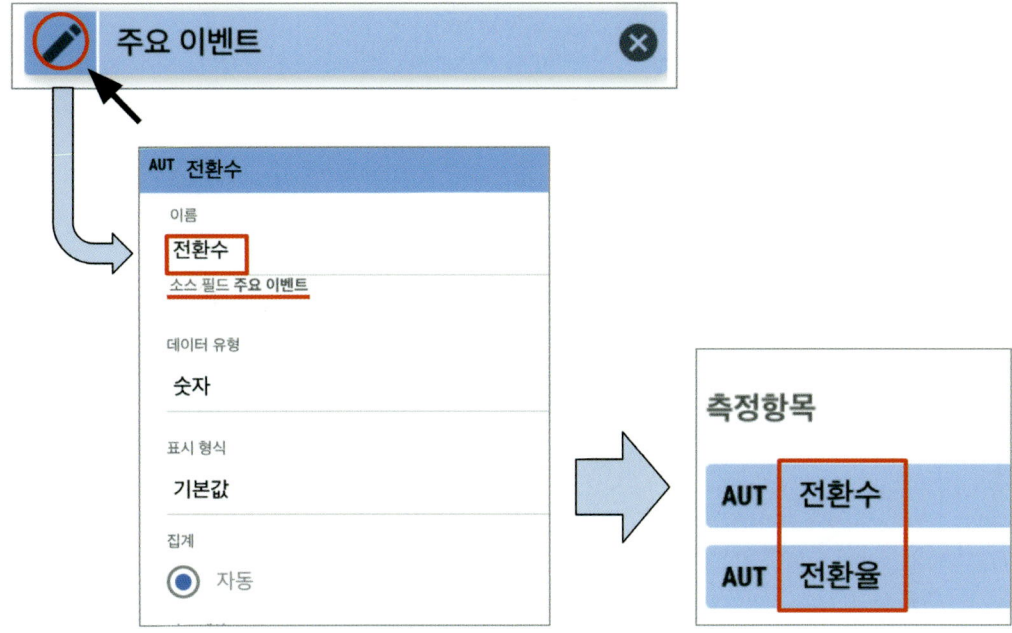

▲ 주요 이벤트, 세션 주요 이벤트 비율 별명 각각 적용

❹ [설정] 탭에서 [행 수]의 [페이지당 행 수]를 '5'로 세팅합니다.
- AARRR 보고서는 영역이 다소 협소하므로 페이지당 5줄 정도가 적당합니다.

❺ [설정] 탭에서 [요약 행 표시] 체크박스를 체크합니다.
- 요약행은 표 하단에 총 합계를 표시해줍니다.

❻ [설정] 탭에서 [정렬]을 [주요 이벤트]로 세팅하고, [내림차순]을 선택합니다.

❼ [스타일] 탭을 클릭합니다. [측정항목 2번]을 [히트맵]으로 선택합니다.
- 측정항목이 2개 이상일 경우 막대, 히드맵 등으로 가독성을 높여야 합니다.
- 표가 [전환수(주요 이벤트)]로 정렬되었으므로, 2번 측정항목인 [전환율(세션 주요 이벤트 비율)]만 히트맵을 표시해도 됩니다.

❽ 완성

> **Tip** 광고 전환 추적은 모든 광고에 UTM이 세팅되어 있어야 좀 더 정확히 세분화됩니다. 또한 UTM은 구글 루커 스튜디오와 무관한 온라인 광고 마케팅 용어입니다.

■ 유입 소스/매체별 성과 비율 : 도넛 차트

유입별 성과를 비율로 확인 할 수 있습니다.

- **사용 차트** : 도넛 차트
- **제작 포인트** : 복제, 차트 변경

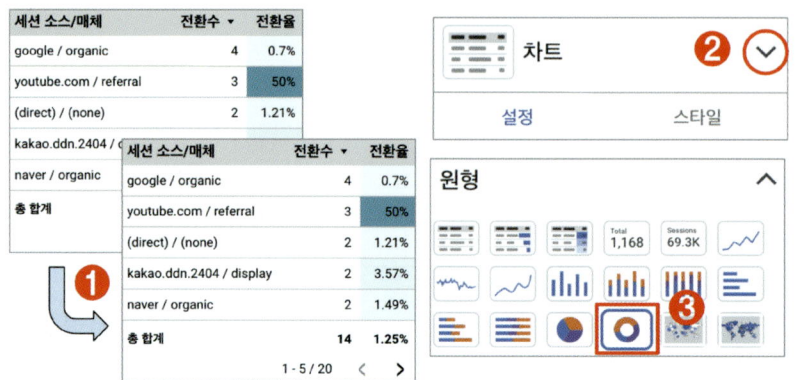

❶ 앞서 제작한 표를 복제합니다.

❷ 차트를 클릭하고 우측 상단 [차트]에서 드롭다운(⌄) 버튼을 클릭합니다.

❸ **차트 변경** : [도넛 차트]를 선택합니다.

> **Tip** 표의 측정항목은 2개이나, 변환 후 도넛 차트의 측정항목은 1개뿐이므로 첫 번째 [주요 이벤트] 측정항목만 남게 됩니다.

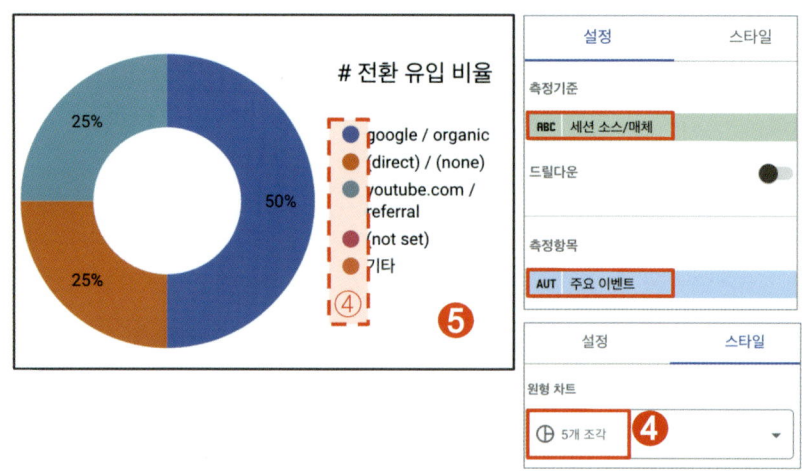

▲ 차트를 변경해도 이전 차트 세팅을 대부분 유지합니다.

❹ 차트를 클릭하고 우측 [스타일] 탭에서 [원형 차트]를 [5개 조각]으로 세팅합니다.
- 표시되는 측정기준의 최대 개수입니다.
- 너무 많은 정보가 담기지 않도록 주의합니다(최대 3~5개 권장).

❺ 완성 차트
- 텍스트를 이용해서 '#전환 유입 비율'를 표시해줍니다.

▲ 텍스트는 상단 툴바에 있습니다.

CHAPTER 06 REFERRAL (referral + organic)

리퍼럴(Referaal) 즉, 추천 유입은 자사 홈페이지의 입소문(바이럴) 정도를 정량적으로 표시해줍니다.

그러나 추천 유입은 고난이도의 마케팅 기법으로서, 일부 커뮤니티를 제외하고 대부분의 상업용 홈페이지는 추천 데이터의 양이 거의 없습니다. 따라서 AARRR 보고서에서는 포털 검색유입(Organic) 데이터도 추가해 보완합니다. 둘 다 일반적인 광고보다도 전환율이 높아, 매출에 큰 도움이 되는 유입입니다. 정리하면 다음과 같습니다.

- **referral** : 링크유입 = 입소문, 백링크 등 관련
- **organic** : 포털 검색유입 = SEO 관련
- **referral, organic의 특징** : 전환율이 매우 높은 유입

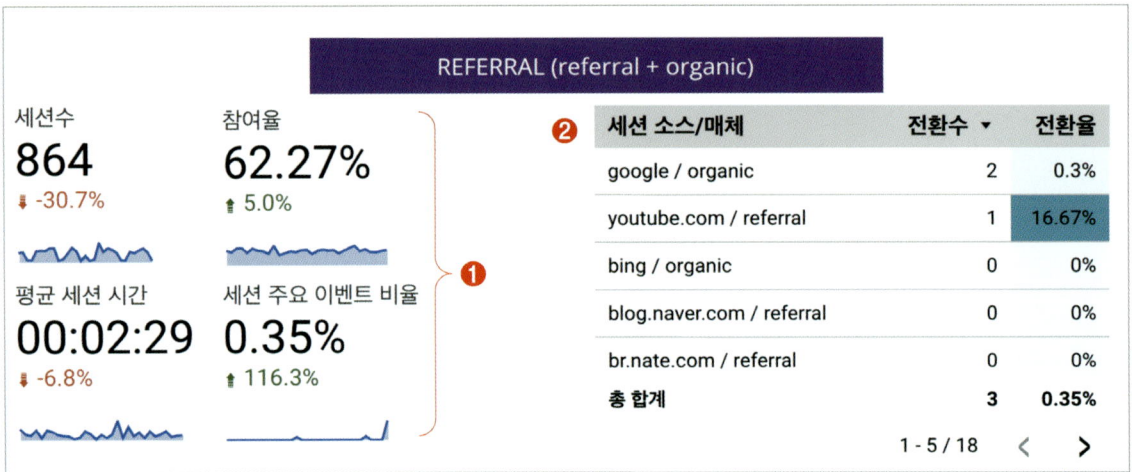

각 차트의 간략한 의미는 다음과 같습니다.

❶ 추천 유입 기준 참여 데이터
❷ 추천 유입 기준 전환 데이터

■ 추천 유입 세션수

추천 유입(Referral)과 함께 자연 검색유입(Organic)도 확인해 입소문과 SEO 정도를 정량적으로 분석합니다.

- **사용 차트** : 스코어카드
- **제작 포인트** : 복제 및 새로운 필터 적용

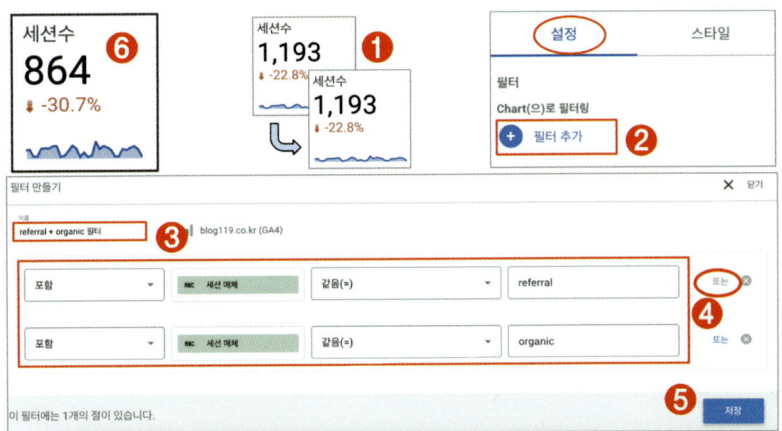

❶ 필터가 적용되지 않은 ACQUISITION 영역의 세션수 스코어카드를 복제합니다.
- ACQUISITION이 아닌 다른 영역의 세션수 스코어카드를 복제해 오면 적용되어 있는 필터를 삭제해야 됩니다.

❷ 필터 추가
- 복제한 차트를 클릭하고 우측 [설정] 탭 [필터] 섹션의 [필터 추가] 버튼을 클릭합니다.
- 만일 이미 필터가 적용되어 있으면 해당 필터에 마우스 포인터(↖)를 가져다 대고, 나타나는 [삭제] 아이콘(✕)을 클릭하면 취소됩니다. 그 후에 다시 필터를 추가합니다.

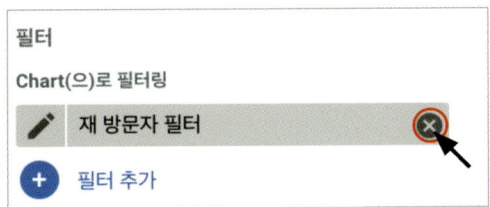

❸ 이름에 'referral + organic 필터'를 입력합니다.

❹ 아래의 내용과 그림을 참고해서 필터의 조건을 입력합니다.
- **세션 매체** : referral = 링크유입
- **세션 매체** : organic = 포털 유입
- referral과 organic은 동시에 적용되지 않으므로 '또는(OR)'으로 연결합니다.
- referral, organic 철자를 주의합니다.

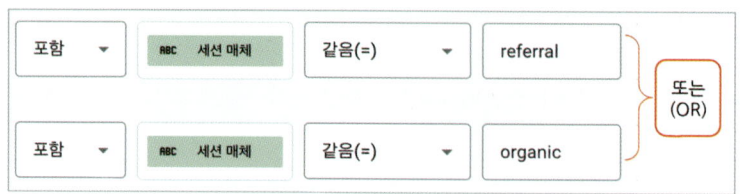

▲ '또는(OR)'으로 추가해야 합니다.

❺ 저장

❻ 'referral + organic 필터'가 적용된 차트 완성

 referral, organic은 '세션 매체' 데이터입니다. '세션 소스' 등으로 잘못 입력하면 데이터가 잡히지 않습니다.

■ 추천 유입 참여율

링크유입(Referral) 또는 자연 검색유입(Organic)의 관심도 정도를 정량화합니다.

- **사용 차트** : 스코어카드
- **제작 포인트** : 복제 및 필터 적용

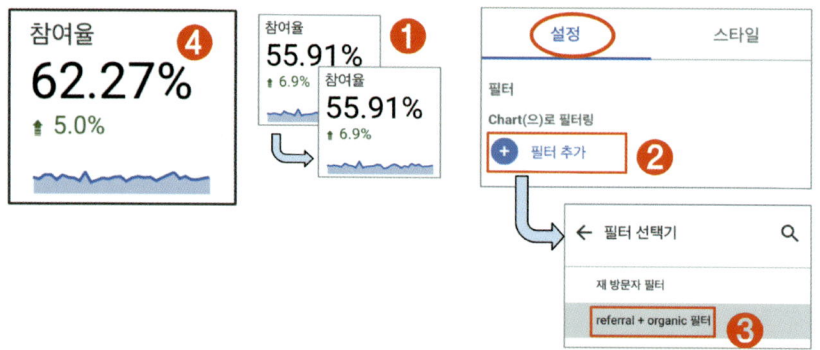

❶ ACTIVATION 영역의 '참여율 스코어카드'를 복제합니다.
  - 가급적 필터가 적용되지 않은 순수한 스코어카드를 이용하는 것이 좋습니다.

❷ 복제한 스코어카드를 클릭 후, 우측 [설정] 탭 최하단에서 [필터 추가]를 클릭합니다.

❸ [referral + organic 필터]를 선택합니다.
  - [referral + organic 필터]가 없으면, 다시 만듭니다.

❹ 필터가 적용된 참여율 스코어카드 완성

■ 추천 유입 체류 시간 및 전환율

추천(Referral)유입 또는 자연 검색유입(Organic)의 평균시간과 전환율 지표를 확인합니다.

- **사용 차트** : 스코어카드
- **추가 학습 목표** : 복제 및 필터 적용

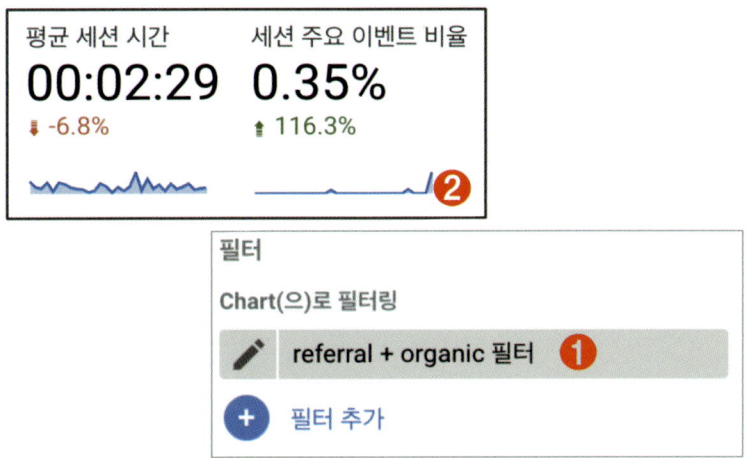

▲ 스코어카드를 복제한 후 [referral + organic 필터]를 각각 적용합니다.

❶ ACTIVATION 영역의 [평균 세션 시간]과 [세션 주요 이벤트 비율] 스코어카드를 복사해, 각각에 [referral + organic 필터]를 적용합니다.

❷ 필터가 적용된 최종 스코어카드

■ 추천 유입 전환분석

추천 유입(Referral) 또는 자연 검색유입(Organic)이 실제 전환에 얼마만큼 기여했는지 확인합니다.

- **사용 차트** : 표
- **추가 학습 목표** : 표 복제 및 필터 적용

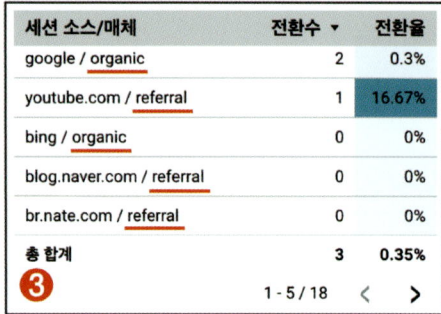
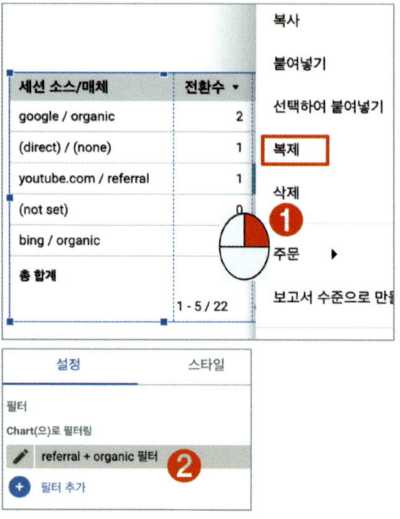

▲ REVENUE의 표를 복제한 후, [referral + organic 필터]를 적용합니다.

❶ REVENUE 영역 표를 우클릭하여 [복제]를 클릭합니다.
- 히트맵 등 서식도 자동 복사됩니다.

❷ 복제한 새로운 표에 필터 적용합니다.
- [설정] 탭에서 [필터] 섹션의 [referral + organic 필터]를 적용합니다.

❸ 차트 완성
- 데이터의 [세션 매체] 부분이 필터를 적용된 결과로 referral 또는 organic만 남게 됩니다.

CHAPTER 07 공유 및 기타

■ 공유

구글 루커 스튜디오에서는 화면 우측 상단에 버튼을 클릭하면 공유 관련 팝업이 나타납니다. 내용은 매우 직관적이지만 몇 가지 주의사항이 있습니다.

- 보안이 중요하다면 [제한됨] 선택합니다.
- 공유 시 편집 권한 부여는 금지합니다.
- 구글링이 가능한 [공개]는 절대 금지합니다.

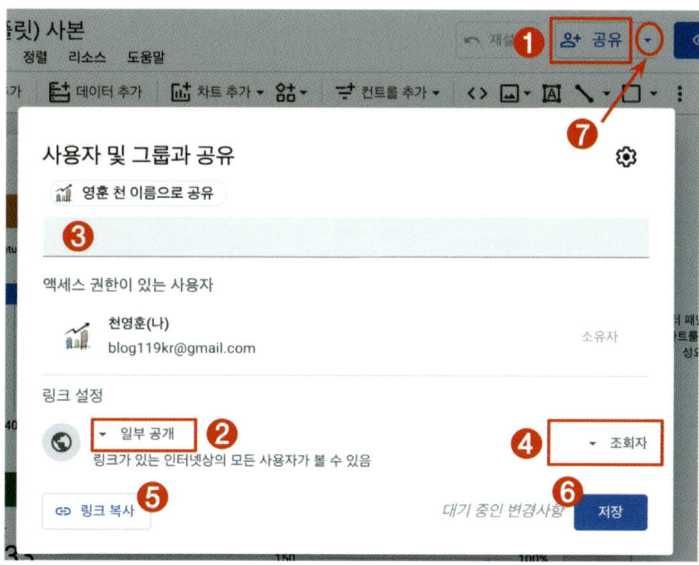

▲ 공유 버튼 클릭 후 팝업에서 세팅합니다.

❶ 공유 버튼을 클릭합니다. 이때 구글 루커 스튜디오 버전에 따라 버튼 명이 'Share'인 경우도 있습니다.

❷ [제한됨]/ [일부 공개]/ [공개] 중 택 1
  - **[제한됨]** : ❸ 영역에 입력된 사람들만 접근 가능
  - **[일부 공개]** : 링크가 있는 모든이 접근 가능
  - **[공개]** : 구글링 가능(권장하지 않습니다.)

❸ ❷에서 [제한됨] 선택 시 사용 가능합니다. 이때는 지메일(Gmail) 계정만 입력할 수 있습니다.

❹ 조회/편집 권한을 부여하며 [조회자]를 권장합니다. (Read ONLY)

❺ 링크 복사
- 이메일, 카톡 등에 사용 가능합니다.
- 웹브라우저 크롬을 권장합니다.

❻ 공유 세팅 저장
- 링크 복사를 못한 경우 ❶부터 다시 진행합니다.

❼ 보고서 다운로드, 예약 설정 등이 가능합니다.

> **Tip** 공유와 예약에 대한 자세한 사항은 **PART 02 데이터 시각화 – CHAPTER 14. 공유**에서 복습할 수 있습니다.

■ AARRR 보고서 입체해석

AARRR 보고서는 실무에서 중요한 지표들을 포함하고 있으며, 해석에는 전문적인 지식이 필요합니다. 따라서 본문에서는 AARRR 보고서의 대강의 내용을 설명하며, 이보다 상세한 내용은 직접 경험하고 해석해야 합니다.

AARRR 보고서는 깔때기처럼 데이터의 범위를 좁히는 구조로 구성되어 있다는 점도 체크합니다.

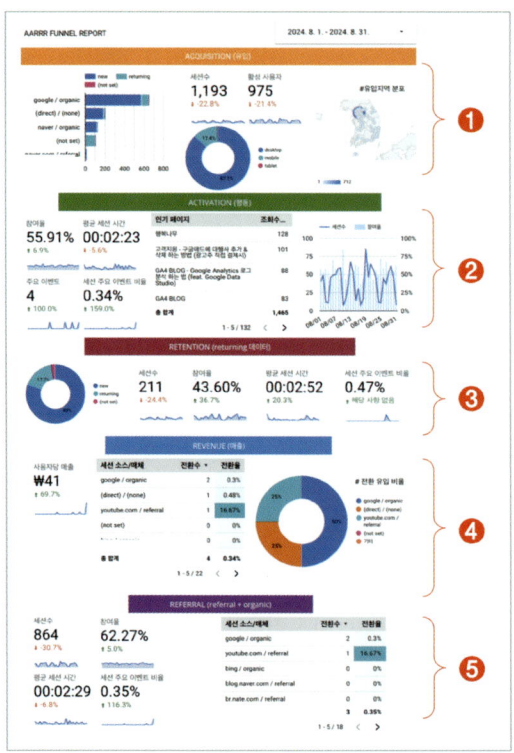

❶ Acquisition (유입)

- 사용자들이 어디서, 어떻게 유입되었는지를 파악합니다.
- 광고를 통한 유입 추세를 확인할 수 있으며, 정확한 분석을 위해 UTM 설정이 필요합니다.

❷ Activation (행동)
- 유입된 사용자가 어떤 행동을 하는지를 확인합니다.
- 주요 이벤트 등의 의미 있는 활동의 추세를 알 수 있습니다.

❸ Retention (유지)
- 재 방문자 데이터를 분석합니다.
- 리타겟팅 데이터는 평균적으로 일반 유입보다 전환율이 높습니다.
- 리타겟팅 광고 등을 통해 Retention (유지) 데이터를 늘릴 수 있습니다.

❹ Revenue (수익)
- 매출에 영향을 미친 소스/매체를 분석합니다.
- UTM을 이용하면 어느 광고가 매출에 영향을 주었는지를 쉽게 파악할 수 있으며, 이를 통해 의사결정을 할 수 있습니다.

❺ Referral (추천)
- 링크 유입과 SEO 관련 데이터를 포함합니다.
- 링크 유입은 대부분 입소문에 의해 발생하며, 매출에 큰 영향을 줍니다. 그러나 추천 마케팅은 난이도가 높기 때문에 지속적으로 유의미한 데이터 양을 만들기가 매우 어렵습니다. 따라서 SEO 데이터를 추가 함으로서 이를 보완합니다.
- SEO 데이터는 자연 검색 유입(organic)에 반영되며, 광고비 절감에 기여합니다.
- 링크 유입과 SEO는 전환율이 매우 높으므로 지속적인 관리가 필요합니다.

> **Tip** **AARRR 제작 유튜브 영상(QR 첨부)**
> - GA4 데모 계정을 사용하여 제작되었습니다.
> - 일부 측정항목과 측정기준은 다를 수 있습니다.
>
>
> AARRR 보고서

■ 데모 계정 AARRR 완성본 - 사본 만들기

지금부터 소개하는 '데모 계정 AARRR 보고서 완성본 – 사본 만들기'는 '구글 데모 계정'을 이용해 만든 보고서를 복제하는 과정입니다. 본 내용을 자사의 GA4 계정으로 혹은 처음부터 데모 계정으로 **PART 03**을 실습한 독자 모두 실습하기 바랍니다. 이 과정을 통해 구글 루커 스튜디오를 좀 더 원활하게 활용하는 방법을 습득할 수 있습니다.

> ⚠ PART 03의 서두에 데모계정은 할당량 제한 때문에 사용이 어렵다고 언급한 바 있습니다. 이에 대한 해결책은 여전히 없지만, 약간의 우회 방법은 있습니다. 단지, 처음부터 이 방법을 언급하지 않은 이유는 할당량 에러가 발생해도 보고서를 통째로 복사할 수는 있지만, 차트를 하나하나 만들 때는 진행이 불가능했기 때문입니다.

구글 데모 계정 데이터 승인 얻기

AARRR 보고서 사본을 만들려면 최소 1회 이상 구글 데모 계정에 접속해야 합니다. 그래야 구글 데모 계정 데이터를 이용할 수 있는 권한을 얻게 됩니다. 최소 1회 접속은 구글 데모 계정으로 **PART 03**을 진행한 독자는 진행할 필요가 없으며, 자사의 계정으로 진행한 독자들만 진행하면 됩니다.

> ⚠ '계정'과 '속성'은 사실상 부모-자식 같은 관계로 GA4에서는 분명히 다른 의미입니다. 하지만 본문에서는 편의상 '속성'이라는 표현을 최대한 줄이고 혼동을 방지하기 위해 '○○○ 데이터' 등의 표현을 사용했습니다.

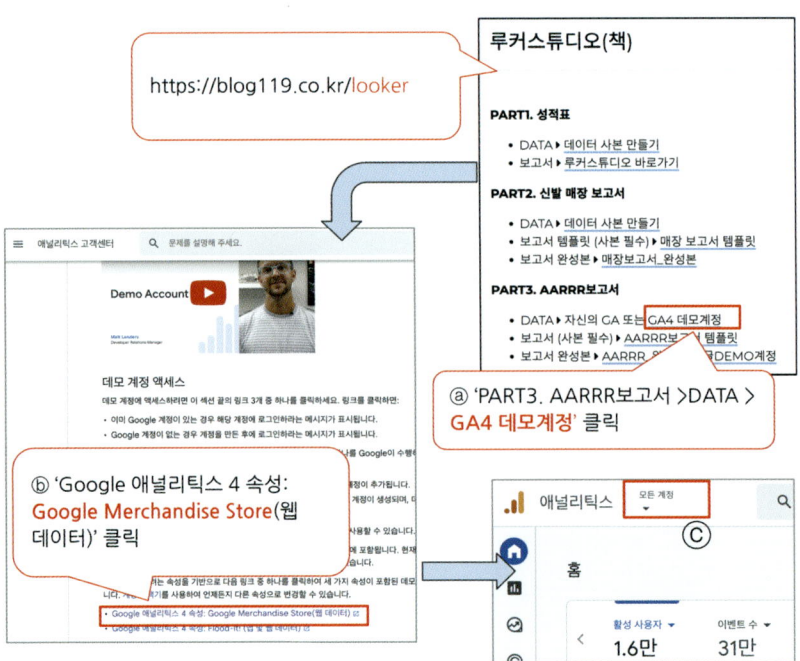

▲ 데모 계정을 최소 1회 접속 (Google Merchandise Store)

ⓐ GA4 데모 계정 소개 페이지로 이동합니다.
　https://blog119.co.kr/looker 접속
- PART 03. > 보고서 완성본 > GA4 데모 계정 클릭
- 데모 계정은 바로 가기가 없고 반드시 소개 페이지에서 진행해야 합니다.

ⓑ 소개 페이지 중간 영상 아래 링크를 클릭합니다.
- 'Google 애널리틱스 4 속성: Google Merchandise Store(웹 데이터)'를 클릭합니다.
- 'Flood-It! (앱 및 웹 데이터)'은 클릭하지 않습니다.

ⓒ 링크를 클릭하면 구글 애널리틱스 데모 화면으로 이동합니다.
- 데모 계정의 특징은 상단에 '모든 계정'이라는 표시가 있습니다.
- 이제부터 데모 계정 데이터를 사용할 수 있습니다.

> **Tip** ⓐ ~ ⓒ 이외에 구글링을 통해 접근하는 방법도 있습니다. **PART 03 - CHAPTER 01 자신의 계정 vs 구글 데모 계정** 부분을 참고 바랍니다.

02 AARRR 보고서 사본 만들기

제공한 사본을 클릭하면 즉시 완성된 보고서를 확인할 수 있지만, '속성영역'을 어떻게 구성했는지 확인하려면 수정 권한이 필요하고 결국 자신의 소유인 '사본'으로 만들어야 합니다.

사본을 만드는 과정은 이미 진행했던 실습과 크게 다르지 않습니다. 사본과 데이터 연결 과정에서 'Demo Account → GA4 - Google Merch Shop'을 선택하는 것이 핵심입니다.

> ⚠️ 만드는 과정에서 할당량 에러가 발생해도 사본 복사 자체는 가능합니다. 따라서 에러를 무시하고 그대로 진행합니다.

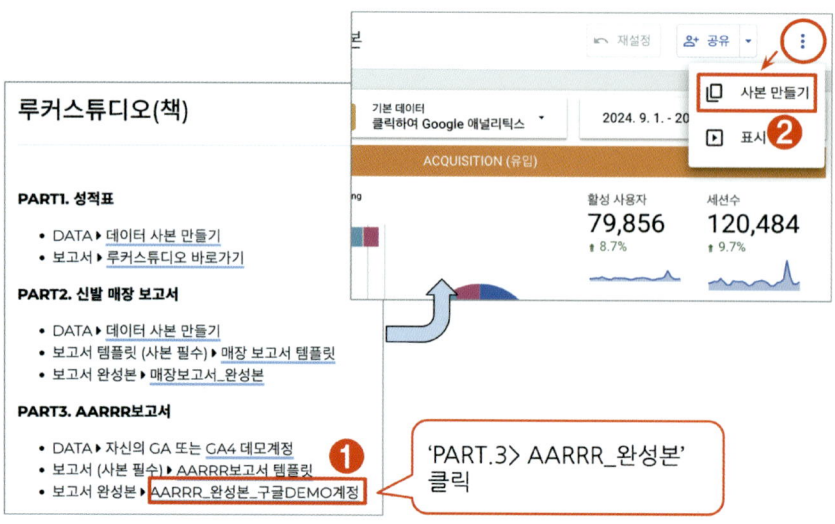

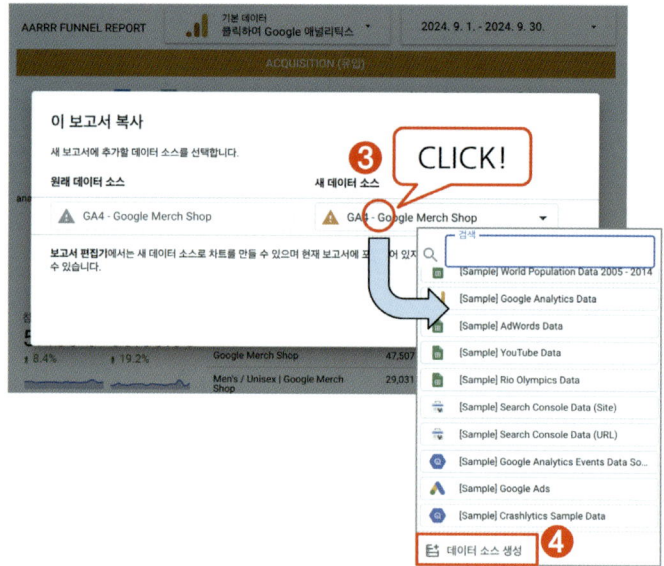

https://blog119.co.kr/looker 접속 후

❶ 'PART 03. AARRR보고서 > 보고서 완성본 > AARRR_완성본_구글DEMO계정'을 클릭합니다.
- 완성된 보고서를 즉시 확인할 수 있습니다.
- 할당량 에러가 발생해도 무시합니다.

❷ AARRR 보고서 원본의 화면 우측 상단(⋮) 버튼을 클릭합니다. [사본 만들기]를 클릭합니다.

❸ [이 보고서 복사] 팝업창의 [새 데이터 소스]를 클릭합니다.

❹ 스크롤 후 메뉴 최하단의 [데이터 소스 속성]을 클릭합니다.

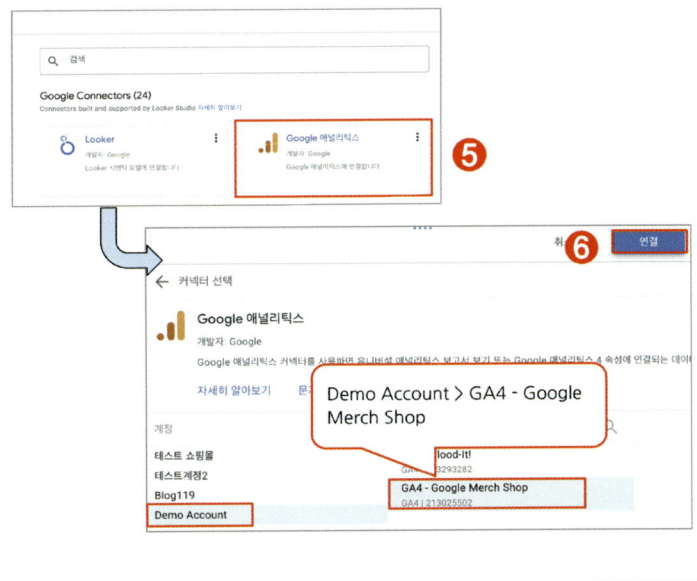

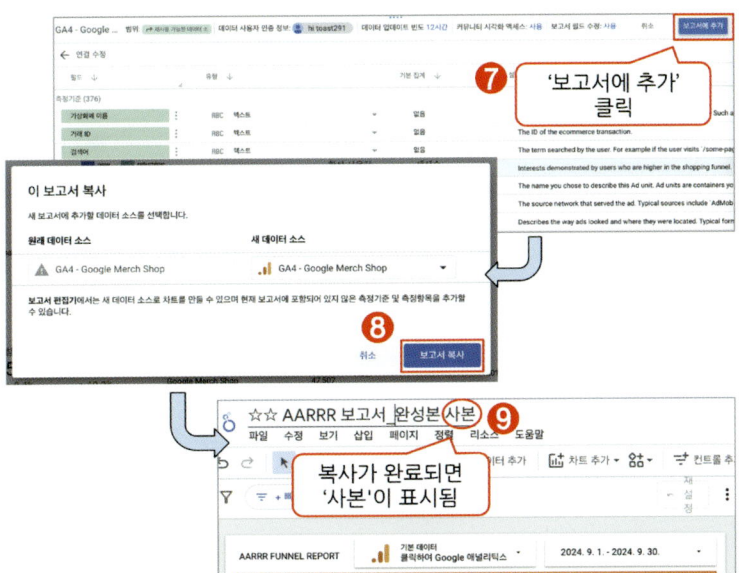

❺ [Google 애널리틱스]를 클릭합니다.

❻ [계정]의 Demo Account를 클릭합니다. [속성]의 [GA4 - Google Merch Shop]을 클릭 후, 화면 우측 상단의 [연결] 버튼을 클릭합니다.

> **Tip** 데모 계정에 1회 이상 접속하지 않으면 'Demo Account'가 보이지 않습니다.

❼ 필드 점검 화면에서 [보고서에 추가] 버튼을 클릭합니다.

❽ [이 보고서 복사] 팝업창의 [보고서 복사] 버튼을 클릭합니다.

❾ AARRR 사본 복사 완료
- 데모 계정과 연결된 보고서입니다.
- 복사가 완료되면 제목에 '사본'이 표시됩니다.

03 사본 AARRR 보고서 활용

복사가 완료된 AARRR 보고서 사본을 활용하는 방법은 보고서의 요소를 하나하나 클릭하면서, 우측 '속성 영역'의 [설정]탭과 [스타일]탭이 어떻게 세팅되어 있는지 확인하는 것입니다. 이렇게 다른 사람이 만든 템플릿을 확인하는 것은 차트 학습에 많은 도움이 됩니다.

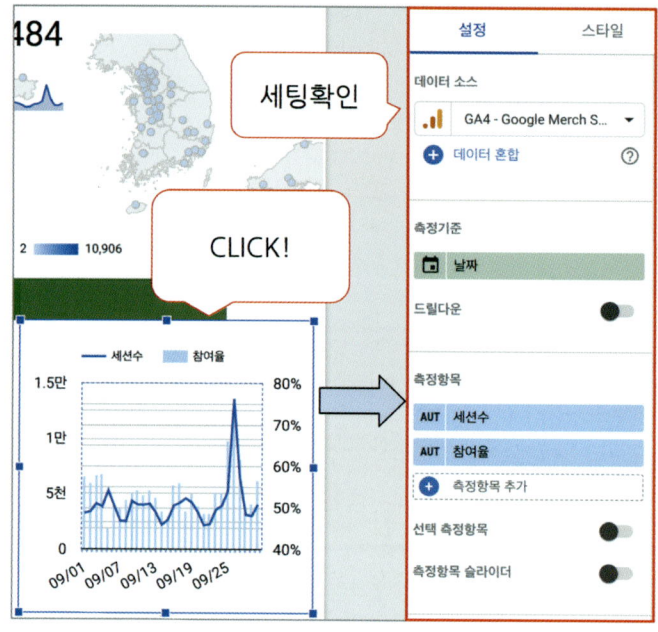

▲ 만들어진 요소를 클릭해 보고 설정을 확인할 수 있습니다.

더불어 보고서 상단의 '데이터 제어 컨트롤'을 이용하면 복사한 보고서를 자사의 GA4 데이터와 연결할 수도 있습니다. 단지 GA4 세팅이 서로 다를 수 있으므로 일부 차트에 데이터가 반영되지 않을 수 있습니다.

 '데이터 제어 컨트롤'은 처음 등장하는 컨트롤인데, 실무에서 다수의 GA4 계정을 운영하지 않는 한 사용 빈도가 매우 낮습니다. 설사 다수의 계정이 있다고 해도 각 GA4마다 세팅이 다르기 때문에 보고서를 범용으로 사용하기는 무리가 있습니다. 즉, 필자가 제공한 AARRR 완성본 이외에는 '데이터 제어 컨트롤'은 거의 사용하지 않으므로 별도의 추가 설명은 하지 않습니다.

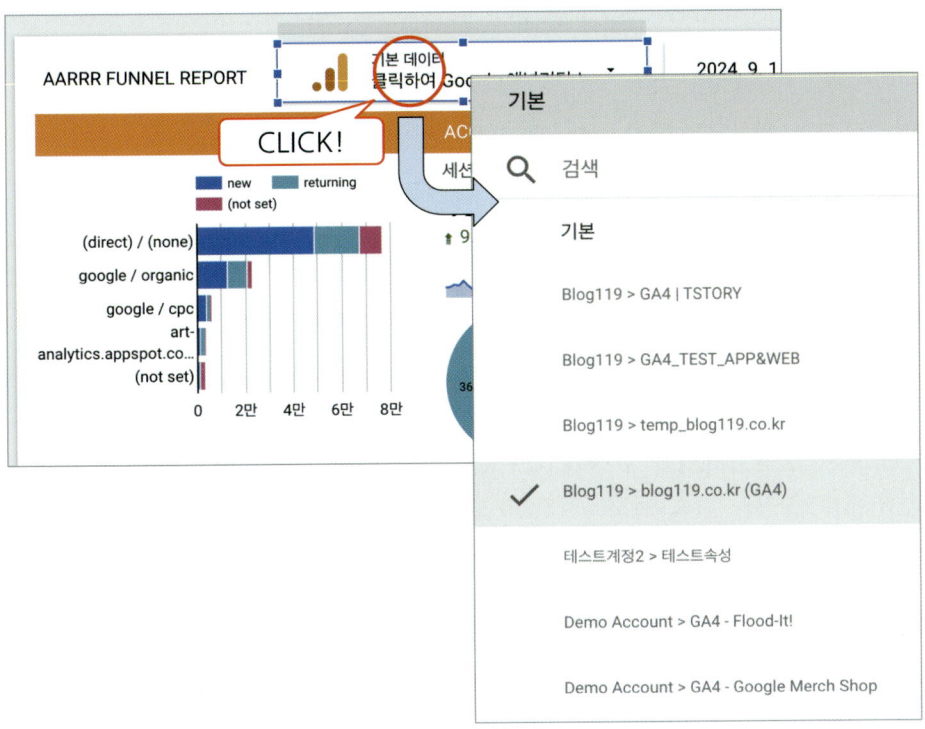

▲ '데이터 제어 컨트롤'에서 자사의 GA4와 연결할 수 있습니다.

04 할당량 에러 대처

데이터 일 할당량 제한은 GA4 기본적인 사항으로 심지어 자사의 GA4와 구글 루커 스튜디오를 연결할 때도 에러가 발생할 수 있습니다. 하지만 자사의 할당량은 충분하기 때문에 걱정할 필요가 거의 없습니다. 이에 반해 데모 계정은 전 세계에서 접속하다 보니 할당량 에러가 (매우) 자주 발생합니다. 물론 일 할당량 에러이므로, 다음 날 접속하면 대부분 해결되지만 그 외에는 해결책이 없습니다.

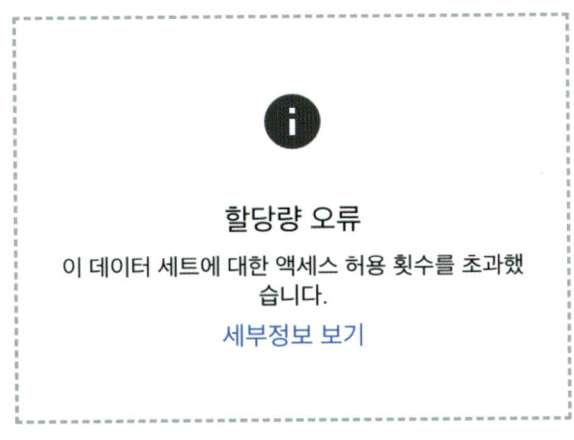

▲ 할당량 오류 해결은 사실상 불가능합니다.

하지만 통째로 복사한 보고서에서는 약간의 트릭이 가능합니다. 단지 트릭 또한 근본적인 해결책이 아니므로 한가지가 막히면 다른 시도가 필요합니다.

시도 1 화면 새로 고침 : 윈도우 : F5 키 / Mac OS : ⌘ + R 키

할당량 에러가 발생하면 키보드의 F5 키를 눌러서 화면 새로 고침을 진행하면 일부 개선되기도 합니다. 주의할 것은 새로 고침 자체가 추가 쿼리를 하는 것이므로 너무 잦은 새로고침은 오히려 좋지 않습니다. 키보드의 F5 키를 누르고 나서는 잠시 기다리는 습관도 중요합니다.

시도 2 데모 계정의 Flood It! 소스 이용

데모 계정에는 'GA4 - Google Merch Shop' 이외에 'GA4 - Flood It!'이라는 또 다른 데이터도 있습니다. 단지 해당 데이터가 'WEB+APP 데이터' 형태로 해석이 다소 어렵습니다. 그러다 보니 본문에서도 진행하지 않았고, 실제로 전 세계적으로도 'Google Merch Shop'보다는 접속이 적어서 할당량이 조금 여유로운 편입니다. 하지만, 'Flood It' 역시 오래지 않아 할당량이 소진되어 버립니다.

- **GA4 - Google Merch Shop** : WEB 데이터
- **GA4 - Flood It!** : WEB+APP 데이터

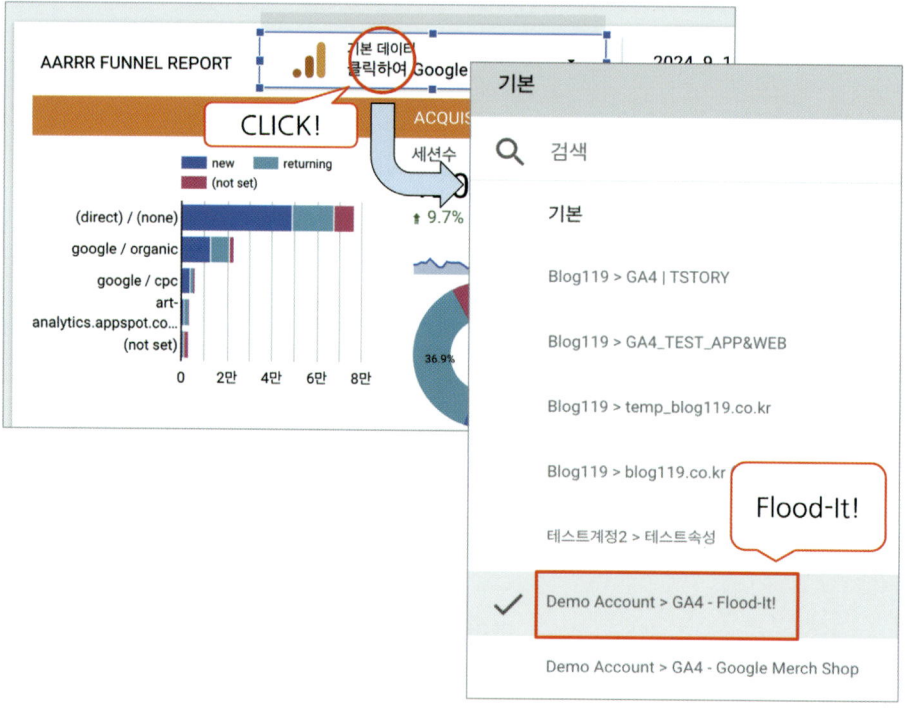

시도 3 주말 이용

필자가 테스트를 하거나 강의를 진행하다 보면 주말에 비교적 할당량 에러가 발생하지 않는 패턴이 있었습니다. 정확한 이유는 알 수 없지만 아마도 전 세계 사용자들도 주말보다는 평일에 더 많이 접속하기 때문인 것으로 보입니다.

이렇듯 여기 제시한 다양한 시도는 임시 방편입니다. 결국, 자사의 GA4를 연결해서 진행하는 것이 가장 안전합니다.

■ 끝이 아닌 시작입니다

이제 여러분은 기본적인 차트 이용법을 충분히 익혔으며, 이 책에서 다룬 차트만으로도 실무에 부족함 없이 활용할 수 있습니다. 또한 N차 반복 학습을 통해 구글 루커 스튜디오에 익숙해지면, 다른 시각화 도구도 쉽게 다룰 수 있을 것입니다. 모든 시각화 도구가 측정기준과 측정항목의 조합을 기본으로 하기 때문입니다. 더 나아가 기초가 탄탄하다면, 복잡한 데이터도 효과적으로 시각화할 수 있습니다. 만일 더 많은 차트가 궁금하거나 혹은 필요하다면, 필자의 채널을 포함한 다양한 유튜브 자료를 참고 바랍니다. 지속적인 학습과 실습을 통해 데이터 시각화 능력을 더욱 발전시킬 수 있습니다.

이제 여러분은 데이터를 통해 이야기를 전달할 준비가 되어 있습니다. 계속해서 학습하고 발전해 나가세요!

링크 모음

루커스튜디오 영상모음

저자 유튜브채널

그 외 링크

- https://blog119.co.kr/looker 페이지 백업 링크
  https://blog.naver.com/ti0905/222492557382
- 차트의 종류
  https://support.google.com/looker-studio/answer/13590887
- 구글 루커 스튜디오 프로(유료 버전)
  https://support.google.com/looker-studio/answer/13715508

저자 협의
인지 생략

데이터시각화를 하는 가장 쉬운 방법
by 구글 루커 스튜디오

1판 1쇄 인쇄	2024년 12월 05일
1판 1쇄 발행	2024년 12월 10일

지 은 이 천영훈
발 행 인 이미옥
발 행 처 디지털북스
정   가 20,000원
등 록 일 1999년 9월 3일
등록번호 220-90-18139
주   소 (04997) 서울 광진구 능동로 281-1 5층 (군자동 1-4, 고려빌딩)
전화번호 (02)447-3157~8
팩스번호 (02)447-3159

ISBN 978-89-6088-471-7 (93000)
D-24-16
Copyright ⓒ 2024 Digital Books Publishing Co., Ltd